U0268449

Excel 高效办公应用

案例+技巧+视频

刘霞 / 编著

全能手册 —— 适用于 Office —— 2013/2016/2019/2021 版本

职场实例·思维导图·技巧速查·避坑指南

拓展技能·图解步骤·视频教学·资源附赠

北京理工大学出版社
BEIJING INSTITUTE OF TECHNOLOGY PRESS

内 容 简 介

《Excel高效办公应用全能手册（案例＋技巧＋视频）》一书以 Excel 2019 为操作平台，系统、全面地讲解 Excel 在日常工作中的实际应用方法、操作技巧等，同时详细说明数据处理的思路和经验。

第一篇：办公实战应用篇（第 1~6 章），以销售、人力资源、财税等工作领域的真实案例为载体，详细介绍和讲解在 Excel 中进行数据录入、编辑、计算、统计和分析及可视化的具体方法和应用技巧，帮助读者迅速掌握数据处理的实战技能。

第二篇：办公技巧速查篇（第 7~13 章），主要针对第一篇中未曾涉及的 Excel 知识点进行查漏补缺，从 Excel 基础操作，数据录入、清洗与整理，排序和筛选，预测和分析，数据透视表和数据透视图，公式与函数，图表等方面全面介绍了 98 个相关操作技巧，读者在掌握 Excel 实际应用的"硬核"技能的同时，也能学到更多的 Excel 巧用之道。

本书内容系统全面、案例丰富、实用性强，非常适合职场人士用以精进 Excel 的应用技术、技能和技巧，也适合基础薄弱又想迅速掌握 Excel 技能以提高工作效率的读者使用。同时，本书还可作为各类职业院校、计算机培训机构相关专业的教学参考书。

图书在版编目（CIP）数据

Excel高效办公应用全能手册：案例+技巧+视频 / 刘霞编著. --北京：北京理工大学出版社，2022.1

ISBN 978-7-5763-0904-1

Ⅰ．①E… Ⅱ．①刘… Ⅲ．①表处理软件－手册 Ⅳ.①TP391.13-62

中国版本图书馆CIP数据核字（2022）第015483号

出版发行 / 北京理工大学出版社有限责任公司
社　　　址 / 北京市海淀区中关村南大街 5 号
邮　　　编 / 100081
电　　　话 / （010）68914775（总编室）
　　　　　　（010）82562903（教材售后服务热线）
　　　　　　（010）68944723（其他图书服务热线）
网　　　址 / http：//www.bitpress.com.cn
经　　　销 / 全国各地新华书店
印　　　刷 / 三河市中晟雅豪印务有限公司
开　　　本 / 710 毫米 ×1000 毫米　1 / 16
印　　　张 / 18.5　　　　　　　　　　　　　　责任编辑 / 多海鹏
字　　　数 / 470 千字　　　　　　　　　　　　文案编辑 / 多海鹏
版　　　次 / 2022 年 1 月第 1 版　2022 年 1 月第 1 次印刷　　责任校对 / 周瑞红
定　　　价 / 79.00 元　　　　　　　　　　　　责任印制 / 李志强

　　Excel 是微软公司出品的 Microsoft Office 办公软件的组件之一，是一款拥有强大的数据统计与分析功能的电子表格工具，已被广泛地应用于销售、管理、财经、金融等众多领域，更是广大职场人士工作中必不可少的"高效神器"。若要全面提高工作效率，必须熟练掌握 Excel 的应用方法和各种技能技巧。本书系统、全面地介绍 Excel 的实际应用方法和 98 个操作技巧，帮助读者打磨出更锋利坚韧的 Excel 工具，能够在工作中游刃有余、从容自若地解决各种数据难题。

一、本书的内容结构

　　本书讲解了 Excel 实战应用方法，并涵盖 Excel 基础操作、数据处理、动态分析及数据可视化等方面的 98 个操作技巧。本书主要知识框架如下图所示。

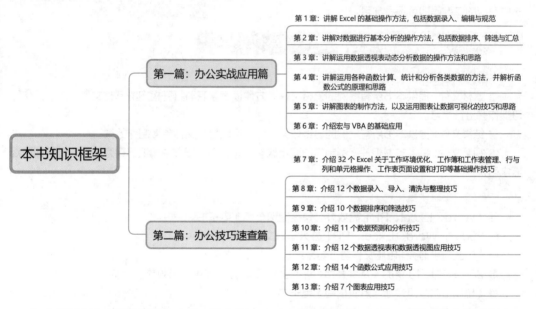

　　（1）通过办公实战应用篇的内容，学习将 Excel 中的各种工具、函数、功能充分应用到实际工作中的方法、技能和技巧，以及数据处理与分析的思路和经验。

　　（2）通过办公技巧速查篇的内容，学习实际案例中不曾涉及的操作技巧，学会举一反三，拓展思路，巧妙地利用 Excel 的各项功能，高效地处理工作中更多、更复杂的数据问题。

　　（3）本书基于 Excel 2019 编写，建议读者结合 Excel 2019 进行学习。Excel 2010/2013/2016 的功能与 Excel 2019 大同小异，本书内容同样适用于上述 Excel 版本的软件。

二、本书的内容特色

（1）职场案例，丰富翔实。本书精心安排了数十个真实的职场案例来讲解 Excel 的运用方法，涉及行业非常广泛，主要包括行政、销售、人力资源、财税等常见领域，可以让读者产生代入感，置身于真实的工作场景之中学习真正的实战技能。

（2）思路清晰，图文并茂。本书打破了传统的讲解模式，在第一篇中每章的章首页给出思维导图，以说明案例的操作思路。通过浅显易懂的文字讲解和直观清晰的步骤图解，帮助读者更快速地理解并掌握每个案例的知识点和实际应用的方法与思路。

（3）技巧速查，拿来即用。本书第二篇将 Excel 中重要但比较碎片化的知识点汇总、整理后，提炼成 98 个精简的实用技巧，既有利于读者日常阅读学习和动手练习，又能在读者急需时迅速查询到解决问题的方法，并能运用到工作当中。

（4）技巧提示，及时充电。本书在各章中均穿插设置了"小提示"或"小技巧"板块，对正文中介绍的应用方法、技能技巧等重点知识进行补充提示，及时为读者充电加油，帮助读者尽快熟悉各项实际操作技能。

（5）教学视频，直观易学。本书相关内容的讲解都配有同步的多媒体教学视频，用微信扫一扫书中对应的二维码即可观看学习。

三、本书的配套资源及赠送资料

本书同步学习资料

❶ 素材文件：提供本书所有案例的素材文件，方便读者学习时打开指定的素材文件，然后同步练习操作并进行学习。

❷ 结果文件：提供本书所有案例的最终效果文件，可以打开文件参考制作效果。

❸ 视频文件：提供本书相关案例制作的同步教学视频，扫一扫书中知识标题旁边的二维码即可观看学习。

额外赠送学习资料

❶《Word、Excel、PPT 高效办公快捷键速查表》电子书。

❷ 2000 个 Word、Excel、PPT 办公模板文件。

❸《电脑新手必会：电脑文件管理与系统管理技巧》电子书。

❹ 200 分钟共 10 讲的《从零开始：新手学 Office 办公应用》视频教程。

❺《电脑日常故障诊断与解决指南》电子书。

备注：以上资料扫描下方二维码，关注公众号，输入"185470"，即可获取配套资源下载方式。

本书由刘霞编写，其具有多年的一线商务办公教学经验和办公实战应用技巧。

另外，由于计算机技术发展较快，书中疏漏和不足之处在所难免，恳请广大读者指正。

读者信箱：2315816459@qq.com

读者学习交流 QQ 群：431474616

目录

第一篇 办公实战应用篇

第1章 Excel 基础操作：数据录入、编辑与规范 2
1.1 创建员工信息管理表 3
　　1.1.1 绘制员工信息管理表的框架 4
　　1.1.2 高效且规范地录入员工基本信息 5
1.2 编辑和规范员工信息管理表的样式 ...10
　　1.2.1 设置单元格对齐方式 11
　　1.2.2 设置字体和单元格背景 12
　　1.2.3 调整行高和列宽 13
本章小结 14

第2章 Excel 数据基本分析：排序、筛选与汇总 15
2.1 排序员工信息管理表 16
　　2.1.1 普通排序：升序和降序排序 17
　　2.1.2 自定义排序：添加关键字排序和自定义序列排序 18
2.2 筛选产品销售明细表 21
　　2.2.1 常规筛选：单字段和多字段筛选 22
　　2.2.2 自定义筛选：自定义条件筛选 ...23
2.3 汇总部门销售日报表 25
　　2.3.1 按日期汇总销售数据 26
　　2.3.2 按部门和员工汇总销售数据 ...26
　　2.3.3 合并计算汇总销售业绩 28
本章小结 30

第3章 Excel 数据动态分析：数据透视表的应用 31
3.1 制作员工工资数据透视表 32
　　3.1.1 创建和布局数据透视表 33
　　3.1.2 动态分析工资数据 35
3.2 制作全年产品销售数据透视表 38
　　3.2.1 创建多重合并计算区域的数据透视表 40
　　3.2.2 运用切片器筛选产品销售数据 43
　　3.2.3 运用日程表筛选销售日期 45
　　3.2.4 快速编制产品销售月报表 47
本章小结 48

第4章 Excel 数据计算、统计和分析：函数公式应用 49
4.1 人力资源数据计算和统计 50
　　4.1.1 制作劳动合同管理表 51
　　4.1.2 制作员工生日统计表 59
　　4.1.3 制作部门员工信息查询表 62
　　4.1.4 计算员工工资薪酬数据 70
4.2 进销存数据统计和分析 82
　　4.2.1 建立基础信息档案 84
　　4.2.2 制作采购入库和销售出库 88
　　　　　明细表 88
　　4.2.3 制作动态打印表单 92
　　4.2.4 动态汇总进销存数据 99
4.3 财务数据管理和分析 103
　　4.3.1 制作和统计收款数据 105
　　4.3.2 计算固定资产折旧数据 112
　　4.3.3 应收账款的账龄分析 122
　　4.3.4 打造增值税数据管理系统 126
本章小结 137

第5章 Excel 数据可视化：图表应用 138
5.1 制作销售收入分析图 139

5.1.1 制作销售收入迷你图...........140
5.1.2 制作月销售收入趋势图........142
5.1.3 制作产品销售对比图...........146
5.2 制作指标达成数据创意图表...152
5.2.1 制作柱状水位图...............154
5.2.2 制作旗帜升降图...............155
5.2.3 制作圆环图...................158
5.2.4 制作球形水位图...............160
5.3 制作利润数据动态分析图表........163
5.3.1 制作利润数据动态瀑布图......164
5.3.2 制作利润月度数据动态三维
饼图...........................167
5.3.3 制作利润季度数据动态
组合图.........................169
本章小结...................................171

第6章 Excel 宏与 VBA 的基础
应用.......................172
6.1 录制宏整理工作表格式...............173
6.1.1 录制整理格式的宏.............174
6.1.2 使用和管理宏.................175
6.1.3 查看和管理宏的安全性.........178
6.2 VBA 基础编程........................179
6.2.1 自动创建工作簿目录...........180
6.2.2 高亮显示被选中单元格
所在行.........................183
6.2.3 批量创建工作簿...............184
6.2.4 自定义函数获取工作表名称...185
本章小结...................................187

第二篇　办公技巧速查篇

第7章 Excel 基础操作技巧速查...190
7.1 Excel 工作环境优化技巧..........191
001 快速隐藏或展开功能区.........191
002 自定义快速访问工具栏.........191
003 调整 Enter 键的光标移动方向...193
004 设置"最近"使用的文档数目...193
005 在"最近"列表中固定常用
工作簿.........................193

006 更改新建工作簿的默认字体
和字号.........................194
007 自定义状态栏的显示内容.......195
7.2 Excel 工作簿管理技巧..........195
008 启动 Excel 时一次性打开
多个工作簿.....................195
009 将 Excel 工作簿保存为模板...196
010 调整自动恢复文件的间隔时间，
有效保障数据安全...............197
011 将低版本文件转换为高版本
文件...........................197
012 将工作簿标记为最终状态........198
013 为工作簿设置打开或修改
权限密码.......................199
014 为工作簿结构设置保护密码...199
015 共享工作簿，与他人协作
编辑...........................200
7.3 Excel 工作表管理技巧..........201
016 批量添加多个工作表...........201
017 调整工作表的排列顺序.........202
018 快速切换工作表...............203
019 将工作表复制到其他工作簿中...203
020 设置工作表的操作权限.........204
021 设置工作表允许编辑区域
的权限.........................204
7.4 行、列和单元格操作技巧..........205
022 批量插入、删除连续的多行或
多列...........................205
023 巧用定位功能一键删除不连续
的空行或空列...................206
024 双击鼠标一秒定位至列表
最后一行.......................207
025 运用名称框定位目标单元格
或区域.........................207
026 在单元格中添加批注并设置
批注格式.......................208
7.5 工作表页面设置和打印技巧........209
027 重复打印标题行...............209
028 不打印单元格填充色...........210
029 设置打印批注的位置...........211

030 自定义页眉和页脚信息............211
031 在其他工作表中共享打印
设置.............................212
032 批量打印全部工作表............213

第 8 章 Excel 数据录入、导入、清洗与整理技巧........214

8.1 数据的录入和导入技巧............215
033 通过批量选定操作快速录入
相同数据.........................215
034 运用快捷键一秒输入当前日期
和时间...........................215
035 通过自定义填充序列快速批量
填充数据.........................216
036 导入互联网数据，及时掌握
数据动态变化.....................216
037 批量导入图片并自动匹配名称...217

8.2 数据清洗和整理技巧............219
038 运用去重工具"秒杀"重复
数据.............................219
039 运用条件格式突出显示重复
数据.............................220
040 设置数据查找范围，提高搜索
效率.............................220
041 查找并替换目标数据及单元格
格式.............................221
042 开启后台错误检查将文本批量
转换为数字.......................222
043 巧用选择性粘贴将文本批量
转换为数字.......................223
044 巧用快捷键和查找替换功能
计算文本算式.....................224

第 9 章 Excel 数据排序和筛选技巧.........225

9.1 数据的排序技巧............226
045 对数据进行横向排序............226
046 按文本笔画排序............227
047 按单元格颜色排序............227

9.2 数据的筛选技巧............228

048 巧用筛选功能批量删除多余行...228
049 筛选日期时取消日期自动分组...229
050 根据指定的星期数筛选数据....230
051 按单元格颜色筛选数据............231
052 设置复杂条件进行高级筛选....232
053 运用高级筛选将筛选结果复制
到其他区域.......................233
054 巧用查找功能和快捷键横向
筛选数据.........................234

第 10 章 Excel 数据预测和分析技巧.........235

10.1 运用预测分析工具预测和分析数据............236
055 预测未来销售收入趋势............236
056 运用单变量求解预算数据........237
057 使用模拟运算表测算未来的
销售收入.........................238
058 使用方案管理器测算数据，
找出最优方案.....................239

10.2 运用条件格式工具分析和展示数据............241
059 运用数据条直观对比数据大小...241
060 设置最值，增强数据条的对比
效果.............................241
061 使用箭头图标集表示数据范围...242
062 仅在符合或不符合条件的
单元格中添加图标.................243
063 调整互相冲突的条件格式规则
的优先级.........................244
064 停止执行互不冲突但优先级
较低的条件格式规则...............245
065 巧用数据条制作正反条形
"图表".........................245

第 11 章 Excel 数据透视表 / 图应用技巧.........247

11.1 数据透视表的应用技巧............248
066 创建自带内容和布局的数据
透视表...........................248

067 自定义数据透视表名称...........248

068 设置空白单元格和错误值的
显示内容 249

069 在每个项目后面添加空白行....249

070 在数据透视表中添加计算字段...250

071 在多个数据透视表中共享
筛选器 251

072 巧用"向导"将二维表转换为
一维表 252

073 巧用"显示报表筛选页"功能
批量创建并命名工作表...........253

11.2 数据透视图的应用技巧.............255

074 一步到位创建数据透视表和
数据透视图 255

075 在数据透视图中筛选数据 ...256

076 隐藏和显示数据透视图中的
字段按钮 256

077 将数据透视图保存为静态图表...257

第 12 章 Excel 函数公式应用
技巧............................258

12.1 公式编写与审核技巧.................259

078 快速调用函数的两种方法 259

079 处理公式返回的 8 种错误值 ...260

080 审核检查公式错误 262

081 启用"迭代计算"允许公式
循环引用....................................264

12.2 函数应用技巧..........................265

082 运用 MID 函数从身份证号码
中提取出生日期和性别...........265

083 运用 MAX 函数匹配个人
所得税的税率 266

084 巧用 MOD 函数设置条件格式
实现自动隔行填充 266

085 运用 SUBTOTAL 函数计算
筛选数据 267

086 运用 WEEKDAY 函数制作动态
考勤表头并标识周末日期 268

087 运用 WEEKDAY 函数制作
动态万年月历 269

088 运用 TEXTJOIN 函数实现
一对多查询 271

089 运用 HYPERLINK 函数创建
工作簿目录.................................273

090 运用 GET.WORKBOOK 宏
表函数自动创建工作簿目录....275

091 巧用 FILES 宏表函数批量提取
文件名后批量修改文件名........277

第 13 章 Excel 图表应用技巧 279

13.1 基本图表的布局技巧 280

092 分离饼图中的单个饼块，突出
重点数据 280

093 在图表中显示数据源中隐藏的
数据 280

094 在图表中筛选数据 281

095 自定义图表中的数字格式 282

096 解决坐标轴标签倾斜问题 282

13.2 创意图表的布局技巧 283

097 设置填充方式实现水位图
效果 283

098 制作动态图表，突出显示选中
的数据点 284

第一篇

办公实战应用篇

第1章

Excel 基础操作：数据录入、编辑与规范

本章导读

　　Excel 是一款功能强大的数据处理和分析的办公软件。在工作中运用 Excel 管理数据，不仅能够大幅度提升工作效率，而且能够保证数据的准确性、保证工作质量。但是，要使 Excel 充分发挥作用，前提是必须做好最基础的数据录入、编辑与规范工作，保证原始数据及格式的完整和规范。本章以制作员工信息管理表为例，介绍 Excel 中的数据录入、编辑与规范等基础操作。

知识技能

本章相关案例及知识技能如下图所示。

```
                                         ┌─ 绘制员工信息管理表的框架
                      创建员工信息管理表 ──┤
                                         └─ 高效且规范地录入员工基本信息
  知识技能 ──────┤
                                                  ┌─ 设置单元格对齐方式
                      编辑和规范员工信息管理表的样式 ─┼─ 设置字体和单元格背景
                                                  └─ 调整行高和列宽
```

1.1　创建员工信息管理表

案例说明

　　员工信息管理表是公司人力资源部门制作的最基础和最常用的一种表格，主要用于存储员工的个人基本信息，包括员工编号、员工姓名、性别、身份证号码、出生日期、学历、部门等信息。本案例制作完成后的效果如下图所示（结果文件参见：结果文件 \ 第 1 章 \ 员工信息管理表 .xlsx）。

扫一扫，看视频

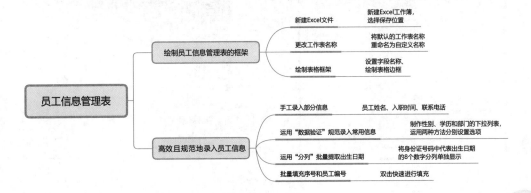

思路分析

　　公司人力资源部门在设计员工信息管理表时，需要注意一个问题：员工基本信息的作用不仅要用于查询，还要为其他相关管理表格提供数据源；不仅要录入信息，还要全面考虑后续其他环节对员工信息的调用，所以一定要注意数据的规范性。同时，还应尽可能地运用技巧进行批量操作，提高工作效率，并保证原始数据的准确性。本节首先绘制表格框架，录入员工的姓名、性别、身份证号码、联系电话等基本信息，然后对序号和员工编号进行批量填充，并运用数据验证规范录入部门信息，运用分列快速提取员工的出生日期。本案例的具体制作思路如下图所示。

员工信息管理表
- 绘制员工信息管理表的框架
  - 新建Excel文件 —— 新建Excel工作簿，选择保存位置
  - 更改工作表名称 —— 将默认的工作表名称重命名为自定义名称
  - 绘制表格框架 —— 设置字段名称、绘制表格边框
- 高效且规范地录入员工信息
  - 手工录入部分信息 —— 员工姓名、入职时间、联系电话
  - 运用"数据验证"规范录入常用信息 —— 制作性别、学历和部门的下拉列表，运用两种方法分别设置选项
  - 运用"分列"批量提取出生日期 —— 将身份证号码中代表出生日期的8个数字分列单独显示
  - 批量填充序号和员工编号 —— 双击快速进行填充

1.1.1 绘制员工信息管理表的框架

在绘制员工信息管理表的框架之前，首先应新建一个 Excel 文件，用于存储表格及将要录入表格中的信息。

1. 新建 Excel 文件

新建 Excel 文件的基本步骤是：打开 Excel 2019 即自动生成一个空白工作簿，选择文件的保存位置，编辑工作簿名称后进行保存。

步骤 01 打开 Excel 2019 软件，此时自动创建了一个空白工作簿，按组合键 Ctrl+S，弹出"文件"对话框，单击"另存为"选项下的"浏览"按钮，如下图所示。

步骤 02 ❶弹出"另存为"对话框，选择保存位置；❷在"文件名"文本框中输入文件名称"员工信息管理表"；❸单击右下角的"保存"按钮，完成文件的保存操作，如下图所示。

步骤 03 保存成功后，Excel 工作簿的文件名称已经更新，并显示在窗口顶端，如下图所示。

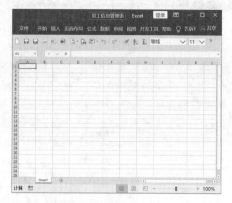

2. 重命名工作表

一个 Excel 工作簿由数个工作表组成，工作表名称默认为 Sheet1、Sheet2 等。为了便于区分和管理，应对工作表进行重命名。

步骤 01 右击 Sheet1 工作表标签，选择快捷菜单中的"重命名"命令，如下图所示。

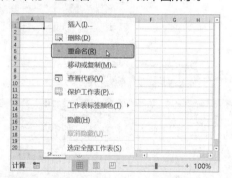

步骤 02 输入工作表名称为"员工信息"，如下图所示，便完成了工作表的重命名操作。

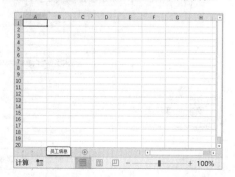

3. 绘制表格基本框架

制作任何一张表格，都应先绘制好表格的基本框架。具体来说，就是要设置表格的标题、表头的字段名称，绘制表格边框等。

步骤 01 ❶ 在 A1 单元格中输入表格的标题"××市××有限公司员工信息管理表"；❷ 在 A2:J2 单元格区域的各单元格中依次输入字段名称"序号""员工编号""员工姓名""性别""身份证号码""出生日期""学历""入职时间""部门""联系电话"，如下图所示。

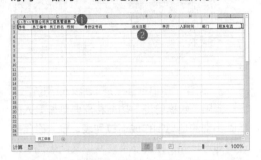

步骤 02 按员工人数绘制表格边框（应包括表头），这里设定员工为 60 人。❶ 选中 A2:I62 单元格区域；❷ 单击"开始"选项卡"字体"组中的"边框"下拉按钮 ；❸ 选择"所有框线"命令，如下图所示。

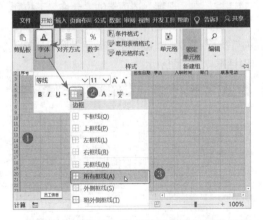

绘制完成的员工信息管理表的框架效果如下图所示。

1.1.2　高效且规范地录入员工基本信息

录入员工基本信息时，需要根据不同类型的信息运用不同的录入方法。其中，可以批量录入的信息包括"序号""员工编号"；可以运用"分列"功能从身份证号码中批量提取的信息是"出生日期"。另外，对于"性别""学历""部门"等常用信息可以运用"数据验证"功能制作下拉列表，录入时在其中选择，既能规范录入内容，又能提高工作效率。除此之外，其他信息直接手工录入即可。

1. 手工录入部分信息

由于每位员工的姓名、身份证号码、入职时间、联系电话都不尽相同，也不存在必然的联系，因此这些信息一般难以批量操作，需要手工录入。

步骤 01 在 C3 和 J3 单元格直接录入第一位员工的姓名和联系电话，无须设置单元格格式，如下图所示。

步骤 02 设置入职时间和身份证号码列的单元格格式。在此之前，需要分别将单元格格式设置为"日期"和"文本"格式，否则日期排列不整齐，身份证号码无法完整显示。例如，录入"110100198206280031"后，单元格中将显示"1.101E+17"。❶ 右击 E 列，选择快捷菜单中的"设置单元格格式"命令；❷ 弹出"设置单元格格式"对话框，选中"数字"选项卡

中"分类"列表框的"文本"选项；❸ 单击"确定"按钮，关闭对话框，如下图所示。

步骤 03 ❶ 右击 H 列，同样打开"设置单元格格式"对话框，选中"数字"选项卡中"分类"列表框的"日期"选项；❷ 在右侧的"类型"列表框中选中"2012-03-14"格式；❸ 单击"确定"按钮，关闭对话框，如下图所示。

步骤 04 录入身份证号码和入职时间及其他员工的信息。由于已设置好单元格格式，因此在录入入职时间时按照"yyyy-m-d"的格式录入即可。例如 2011 年 6 月 16 日，只需录入"2011-6-16"，单元格内自动显示为"2011-06-16"。信息录入完成后的效果如下图所示。

2. 运用"数据验证"规范录入常用信息

运用"数据验证"功能将需要频繁录入的相同类别的信息制作成下拉列表，录入时直接选取即可。如此既能节省时间，又能规范录入内容，避免手工录入出错。

步骤 01 制作"性别"的下拉列表。❶ 选中 D3:D62单元格区域，单击"数据"选项卡中"数据工具"组的"数据验证"下拉按钮，选择"数据验证"命令；❷ 弹出"数据验证"对话框，在"设置"选项卡的"允许"下拉列表中选择"序列"选项；❸ 在"来源"文本框中输入"男,女"；❹ 单击"确定"按钮，关闭对话框，如下图所示。

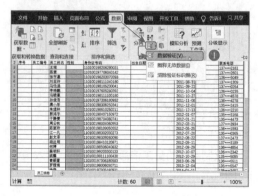

小提示

　　序列来源中逗号的作用是将选项间隔开，注意必须在英文状态下输入逗号。若在中文状态下输入逗号，Excel 会将"男，女"视为一个选项。

　　设置完成后，单元格右侧出现下拉按钮 ▼，单击该按钮即展开下拉列表，选择其中一个选项即可快速录入信息，如下图所示。

步骤 02 制作"学历"和"部门"的下拉列表。"学历"和"部门"的备选项的数量较多，不同于"性别"仅有"男"和"女"两个选项，如果在"数据验证"对话框的"来源"文本框中直接输入备选项，并不能提高工作效率。因此，预先另制表格设置好所有备选项后，只需要在"来源"文本框中引用备选项所在单元格区域即可。❶ 单击"员工信息管理表"工作表标签右侧的"新建工作表"按钮 ⊕，即可生成一个新的工作表；❷ 将工作表重命名为"数据验证序列"；❸ 绘制表格并分别输入"学历"和"部门"信息；❹ 切换至"员工信息"工作表，选

中 G3:G62 单元格区域，打开"数据验证"对话框，同样在"设置"选项卡的"允许"下拉列表中选择"序列"；❺ 单击"来源"文本框，切换至"数据验证序列"工作表，选中 A3:A7 单元格区域即可自动设置好"来源"文本框；❻ 单击"确定"按钮，关闭对话框，如下图所示。

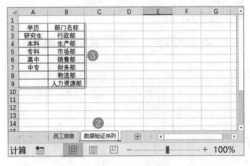

　　按照同样的操作方法制作"部门"的下拉列表。制作完成后输入"学历"和"部门"信息，如下图所示。

3. 运用"分列"提取出生日期

众所周知，我国的居民身份证号码由 18 位数字组成。其中第 7~14 位共 8 位数字，代表出生年、月、日。因此，不必手工录入出生日期，只需利用身份证号码的这一特征，在 Excel 中运用"分列"功能将出生日期从身份证号码中批量提取出来，并以"日期"格式单独显示，从而大幅度提高工作效率。

步骤 01 选中 E3:E62 单元格区域，单击"数据"选项卡中"数据工具"组的"分列"按钮，如下图所示。

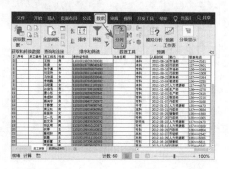

步骤 02 ❶ 弹出"文本分列向导 – 第 1 步，共 3 步"对话框，选中"固定宽度"单选按钮；❷ 单击"下一步"按钮，如下图所示。

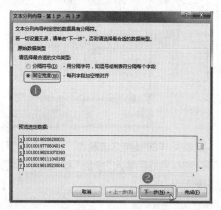

步骤 03 ❶ 弹出"文本分列向导 – 第 2 步，共 3 步"对话框，在"数据预览"框中，分别在身份证号码的第 6 位和第 7 位数字之间及第 14 位和第 15 位数字之间单击，建立两条分列线；❷ 单击"下一步"按钮，如下图所示。

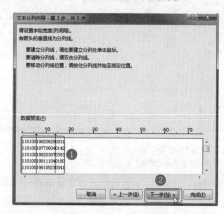

步骤 04 ❶ 弹出"文本分列向导 – 第 3 步，共 3 步"对话框，选中"数据预览"框中的第 1 列数字，选中"列数据格式"选项组的"不导入此列（跳过）"单选按钮后，第 1 列标题显示为"忽略列"，用同样的方法将第 3 列忽略；❷ 选中"数据预览"框中的第 2 列数字，选中"列数据格式"选项组的"日期"单选按钮，右侧列表框的格式默认为"YMD"（年月日），不做更改；❸ 在"目标区域"文本框中将默认的单元格地址"$E$3"修改为"$F$3"；❹ 单击"完成"按钮即可完成分列，如下图所示。

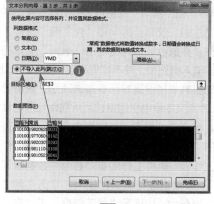

之前未对 F3:F62 单元格区域的格式进行设置，即默认为"常规"格式，因此分列完成后出生日期的显示效果如下图所示。

步骤 05 为使日期排列整齐划一，可将 F3:F62 单元格格式设置为"日期"格式，选择类型为"2012-03-14"（具体设置方法请参考本节"1. 手工录入部分信息"中步骤 03 的介绍）。完成效果如下图所示。

4. 批量填充序号和员工编号

一份规范的表格通常需要设置序号，代表信

息数量和顺序。同时，为了便于后续管理员工信息，还应当赋予每位员工一个编号。序号和员工编号的设置非常简单，只需两步即可迅速完成。

步骤 01 在 A3 单元格中输入数字"1"，在 B3 单元格中输入"HY001"（员工编号前面一般添加公司名称中的关键词拼音的首字母），如下图所示。

步骤 02 ❶ 选中 A3:B3 单元格区域，将鼠标指针移至 B3 单元格右下角，此时鼠标指针变为十字形；❷ 双击即可快速填充"序号"和"员工编号"，如下图所示。

1.2 编辑和规范员工信息管理表的样式

案例说明

扫一扫，看视频

日常工作中，一个完善、规范的 Excel 工作表，不仅要对表格中的数字格式进行规范设置，还应在表格整体的外观样式上有所体现。本节将对 1.1 节制作的员工信息管理表的外观样式进行调整和设置，使原本粗糙的工作表升级为整洁、美观、规范的工作表。本案例调整后的效果如下图所示（结果文件参见：结果文件 \ 第 1 章 \ 员工管理信息表 1.xlsx）。

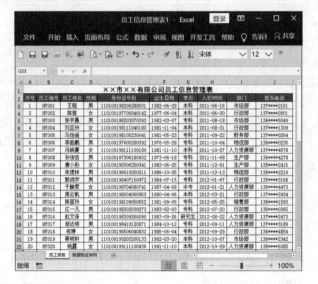

思路分析

调整表格样式主要从以下几个方面入手：标题、表头和表体的字体，单元格中数据的对齐方式，行高和列宽等。本案例的具体制作思路如下图所示。

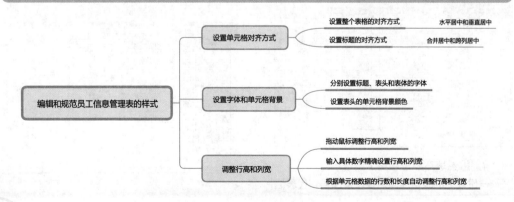

1.2.1 设置单元格对齐方式

单元格对齐方式有很多种，通常使用的方式有水平方向的左对齐、居中或右对齐及垂直方向的垂直居中等。另外，标题通常设置为合并居中或跨列居中。

1. 设置整个工作表中单元格的对齐方式

为了提高工作效率，在设置单元格对齐方式时，可先对整个工作表进行批量设置，再单独设置部分有特殊要求的单元格格式。

步骤 01 全选工作表。打开"素材文件\第 1 章\员工信息管理表 1.xlsx"文件，单击"员工信息"工作表左上角，即行号 1 和列标 A 的交叉处的全选按钮 ◢，选中整个工作表，如下图所示。

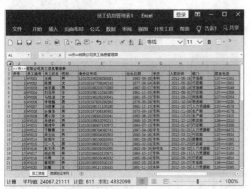

步骤 02 设置居中方式。单击"开始"选项卡中"对齐方式"组的"垂直居中"按钮 ，再单击"水平居中"按钮 。此时工作表中所有单元格的对齐方式已同步呈现效果，如下图所示。

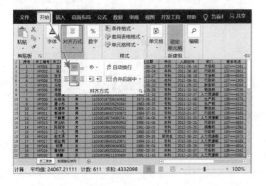

2. 设置表格标题的单元格对齐方式

规范的表格标题通常应设置为"合并居中"。但是，这种对齐方式将会影响后续的数据排序，对此设置为"跨列居中"即可避免对后续数据排序的影响。两种对齐方式的操作方法如下：

步骤 01 设置合并居中。其实质是将选中的单元格区域合并为一个单元格，合并后仅保留最左列，即第一个单元格中的数据，其他单元格中的数据将被消除。因此，合并后的单元格地址就是被选中区域中最左列的单元格地址。

选中 A1:J1 单元格区域，单击"开始"选项卡中"对齐方式"组的"合并后居中"按钮 ，如下图所示。

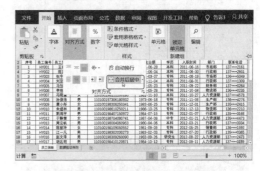

设置合并居中后的效果如下图所示。

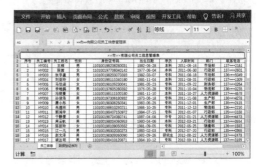

步骤 02 设置跨列居中。其作用是不合并所选单元格，但是同样能实现合并居中的视觉效果。❶选中步骤 01 合并后的 A1 单元格，再次单击"合并后居中"按钮 ，取消合并居中；❷选中 A1:J1 单元格区域，打开"设置单元格格式"对话框，切换至"对

齐"选项卡；❸在"水平对齐"下拉列表中选择"跨列居中"选项；❹单击"确定"按钮，关闭对话框，如下图所示。

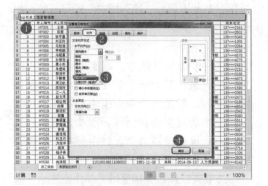

设置跨列居中后的效果如下图所示。

小提示

跨列居中的原理是以所选单元格区域中包含数据内容的最后一个单元格为起点向右进行跨列并居中。例如，选中A1:J1单元格区域设置跨列居中，如果A1和B1单元格中均包含数据，那么设置后的效果是只有B1单元格中的数据居于B1:J1单元格区域之中，而A1单元格中数据的对齐方式不变。

1.2.2 设置字体和单元格背景

Excel 默认的字体为"等线"，字号为"11"，但是在实际工作中，通常是将标题、表头和表体的字体、字号设置为不同的格式，同时，将表头所在单元格区域填充颜色，以作区分。调整时，同样可以采取批量操作，即先对整个工作表按照表体所要求的字体进行设置，再单独设置标题和表头的字体。本案例将对"员工信

息"工作表中的表体、标题和表头设置以下字体和字号。

- 表体：字体为"宋体"，字号为"12"。
- 标题：字体为"黑体"，字号为"16"。
- 表头：字体为"黑体"，字号为"12"。

步骤 01 设置表体和标题的字体。❶全选工作表，单击"开始"选项卡中"字体"组的"字体"下拉按钮；❷在"字体"下拉列表中选择"宋体"，在"字号"下拉列表中选择"12"，如下图所示（选中A1单元格，按照同样的操作将标题的字体设为"黑体"，字号设为"16"）。

步骤 02 设置表头的字体、单元格背景色和字体颜色。❶选中 A2:J2 单元格区域，将字体设为"黑体"，字号设为"12"；❷单击"开始"选项卡中"字体"组的"填充颜色"下拉按钮，在颜色列表中选择一种颜色；单击"字体颜色"下拉按钮，在颜色列表中选择"白色"，此时单元格已同步呈现效果，如下图所示。

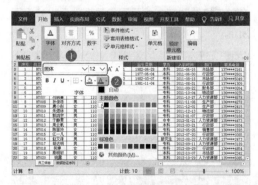

小技巧

（1）设置字体：如果下拉列表中的字体选项太多，不方便快速选到目标字体，则可以直接在"字体"文本框中输入字体名称。例如，输入"楷体"，即可将字体设置为楷体。

（2）设置字号：如果下拉列表中没有列出需要的字号，也可以直接输入。例如，下拉列表中没有13号，同样可以在"字号"文本框中直接输入"13"。

1.2.3　调整行高和列宽

行高和列宽可以通过多种方法进行快速调整，如直接拖动、设置行高和列宽的具体数字，还可以设置为自动调整行高和列宽。各种操作方法都非常简单，下面分别介绍。

1.　拖动鼠标指针调整行高

拖动鼠标指针调整行高或列宽的操作步骤是：选中整行或整列，拖动鼠标指针即可。一般情况下，表体中每一行的行高应当相等，因此这种方法更适宜调整行高。下面对"员工信息"工作表中的表体部分进行调整。

步骤 01 框选行区域。鼠标指针移至行号"3"处，鼠标指针变为右箭头➡，按住鼠标左键，拖动至第 62 行后释放鼠标左键，即可选中第3 行到第 62 行单元格区域，如下图所示。

步骤 02 调整行高。将鼠标指针移至行号右侧任意两行中间的边框处，按住鼠标左键，当鼠标指针变为十字形后，向下或向上拖动即可将

行高调大或调小，将行高调整到合适的高度后释放鼠标左键，如下图所示。

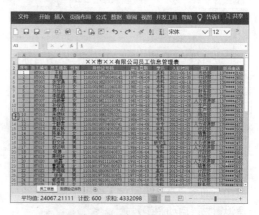

2.　精确设置行高和列宽

一般情况下，表格中各列的列宽都不尽相同，通常只能选中单列后逐列调整。除了可用拖动鼠标指针的方法调整外，还可以设置精确的行高和列宽数字。下面调整"员工信息"工作表中 E 列（身份证号码）的列宽。

步骤 01 选中整列。将鼠标指针移至列号"E"处，鼠标指针变为 ↓，右击即可选中整列，同时弹出快捷菜单，选择其中的"列宽"命令，如下图所示。

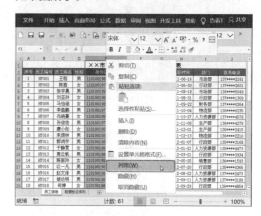

步骤 02 设置列宽。❶弹出"列宽"对话框，显示当前的列宽数字"17.63"；❷重新输入数字，如"20"；❸单击"确定"按钮，关闭对话框，如下图所示。

设置行高的精确数字时，同样右击目标行处，在弹出的快捷菜单中选择"行高"命令，打开"行高"对话框输入数字即可。

3. 自动调整行高和列宽

除了手动调整行高和列宽外，还可以设置自动调整，即行高和列宽会根据单元格内数据的行数和长度自动调整为最合适的高度和宽度。下面将"员工信息"工作表中单元格的列宽设置为"自动调整列宽"。

步骤 01 设置自动调整列宽。❶ 全选工作表，单击"开始"选项卡中"单元格"组的"格式"下拉按钮；❷ 选择"自动调整列宽"命令，如下图所示。

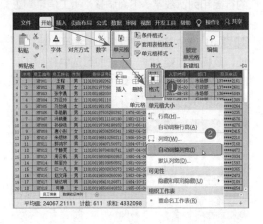

步骤 02 查看效果。选中 E 列，将鼠标指针移至右侧 E 列和 F 列之间的边框处，鼠标指针变为十字形后，单击并按住鼠标左键，可以看到列宽已自动调整为"19.88"，如下图所示。

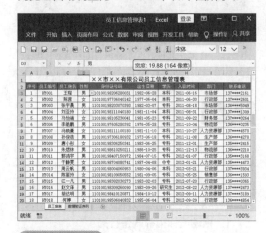

本章小结

本章通过创建和编辑员工信息管理表这一案例，系统地讲解了 Excel 2019 工作簿与工作表的创建和保存，数据录入和编辑技巧，数据验证和分列功能的初级应用，表格样式的编辑和规范设置方法等知识。在学习本章内容时，首先应熟练掌握最基础的数据录入和编辑，以及表格样式调整方法与技巧，进一步掌握数据验证和分列功能的应用方法。

✎ 读书笔记

第2章

Excel 数据基本分析：排序、筛选与汇总

本章导读

　　日常工作中，随时需要对 Excel 表格中的各种数据进行一些基本的、初步的分析操作。例如，将数据按照一定的顺序进行排序、在众多数据信息中筛选出符合条件的数据、根据指定条件汇总各项数据等。对此，Excel 提供了实用功能，充分掌握操作方法即可轻松、高效地完成这些工作。本章将介绍如何运用 Excel 中的排序、筛选及分类汇总命令对数据进行基本分析。

知识技能

本章相关案例及知识技能如下图所示。

知识技能

- 排序员工信息管理表
  - 普通排序：升序和降序排序
  - 自定义排序：添加关键字排序和自定义序列排序

- 筛选产品销售明细表
  - 常规筛选：单字段和多字段筛选
  - 自定义筛选：自定义条件筛选

- 汇总部门销售日报表
  - 按日期汇总销售数据
  - 按部门和员工汇总销售数据
  - 合并计算汇总销售业绩

2.1 排序员工信息管理表

案例说明

扫一扫，看视频

人力资源部门负责管理企业所有员工的信息，时常需要将员工的基本信息以各种方式进行排序，以便做一些初步、简单的数据统计和分析。在 Excel 中，对数据排序的方法有多种，如普通的升序和降序排序、选择条件进行自定义排序，还可以自行编辑序列进行排序。本案例中员工信息管理表的自定义排序效果如下图所示（结果文件参见：结果文件＼第 2 章＼员工信息管理表 2.xlsx、员工信息管理表 3.xlsx、员工信息管理表 4.xlsx）。

序号	员工编号	员工姓名	性别	身份证号码	出生日期	学历	入职时间	部门	联系电话
2	HY002	陈茜	女	110100197706040142	1977-06-04	本科	2011-06-30	行政部	137****2601
4	HY004	刘亚玲	女	110100198111040180	1981-11-04	本科	2011-08-31	行政部	137****1309
13	HY013	周云帆	男	110100198004060953	1980-04-06	本科	2012-03-21	行政部	137****3934
11	HY011	郭鸿宇	男	110100198407150972	1984-07-15	专科	2012-01-07	行政部	135****3168
15	HY015	江一凡	男	110100198302030273	1983-02-03	专科	2012-07-20	行政部	135****0365
18	HY018	何婷	女	110100198506040832	1985-06-04	专科	2012-09-29	行政部	136****4854
24	HY024	谢浩明	男	110100198106100870	1981-06-10	专科	2014-03-10	行政部	137****3634
34	HY034	钟洁薇	女	110100196909260532	1969-09-26	专科	2015-03-03	行政部	136****0562
37	HY037	杨宏睿	男	110100198306250530	1983-06-25	专科	2015-08-11	行政部	137****1857
40	HY040	李子恒	男	110100199309190350	1993-09-19	专科	2015-08-30	行政部	136****2362
22	HY022	罗楷瑞	男	110100198006030711	1980-06-03	高中	2013-12-04	行政部	135****5547
31	HY031	廖佳薇	女	110100197109150761	1971-09-15	高中	2014-10-14	行政部	136****5644
48	HY048	尹旭	男	110100198611250772	1986-11-25	本科	2016-05-19	生产部	136****5575
8	HY008	孙俊浩	男	110100197306180932	1973-06-18	本科	2011-11-08	生产部	136****4278
9	HY009	唐小彤	女	110100198306250341	1983-06-25	专科	2011-12-01	生产部	135****2415
29	HY029	吕玉	女	110100198610290572	1986-10-29	专科	2014-07-22	生产部	136****2828

思路分析

对于员工信息管理表，主要可以对以下几种数据进行排序：按出生日期进行排序，可以随时获取员工年龄；按入职时间和部门进行多条件排序，可以统计各部门员工的工龄长短；按员工学历和部门进行自定义排序，可以分析各种学历的分布情况，等等。运用排序分析数据的具体思路如下图所示。

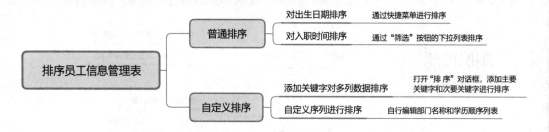

2.1.1　普通排序：升序和降序排序

Excel 排序中最普通的排序就是仅对一列数据进行升序或降序排序。具体操作方法都非常简单，而且可以通过不同的途径进行快速排序。下面演示升序和降序排序的操作方法。

1. 通过快捷菜单执行排序命令

通过 Excel 的快捷菜单可以快速完成升序或降序排序的操作。下面对员工的出生日期进行排序。

步骤 01 升序排序。❶ 打开"素材文件\第2章\员工信息管理表 2.xlsx"文件，右击"员工信息"工作表中的 F2 单元格（"出生日期"字段），选择快捷菜单中的"排序"命令；❷ 展开二级菜单，选择"升序"命令，如下图所示。

步骤 02 查看排序结果。此时"出生日期"字段已按照从小到大的顺序排列，与出生日期匹配的年龄的排列顺序则是从大到小。同时，其他字段下的数据也自动对应出生日期的顺序变化而改变顺序，如下图所示。

2. 单击功能区按钮执行排序命令

直接单击功能区的"升序"或"降序"按钮也可以完成排序操作。

步骤 01 降序排序。选中 F2 单元格，单击功能区中"数据"选项卡中"排序和筛选"组的"降序"按钮，如下图所示。

步骤 02 查看排序结果。此时"出生日期"字段按照从大到小的顺序排列，可以看到年龄的排列顺序变化为从小到大。同样，其他字段下数据的排列顺序也跟随出生日期的顺序发生改变，如下图所示。

3. 通过"筛选"按钮的下拉列表执行排序命令

如果需要频繁地对数据进行排序操作，可以添加"筛选"按钮，选择下拉列表中的"升序"或"降序"命令会更加方便和快捷。下面对入职时间进行升序排序，以便比较员工的工龄长短。

步骤 01 添加"筛选"按钮。选中 I2 单元格（"入职时间"字段），单击"数据"选项卡中"排序和筛选"组的"筛选"按钮，如下图所示。

步骤 02 进行排序操作。❶ 此时可看到 A2:L2 单元格区域中的全部单元格右侧均出现下拉按钮，即"筛选"按钮，单击 I2 单元格（"入职时间"字段）的下拉按钮；❷ 选择"降序"命令，如下图所示。

步骤 03 查看排序结果。此时已将入职时间按照从小到大的顺序排列。同时，I2 单元格右侧的筛选按钮中出现箭头↓，即变为，代表此列数据是降序排列的，如下图所示。

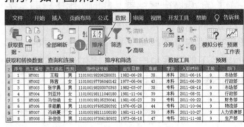

小提示

　　添加"筛选"按钮时，并非必须选中需要排序的字段名称所在单元格，只需选中表格区域内任一单元格即可添加成功。如果选中的单元格未在表格区域内，则无法添加"筛选"按钮。

2.1.2　自定义排序：添加关键字排序和自定义序列排序

　　前面 2.1.1 节介绍的普通排序一般只能对单列数据进行单一的升序和降序排序。实际工作中，通常需要对数据进一步做较为复杂的排序。例如，需要同时根据员工的年龄、入职时间、性别进行排序；按照自定义的部门名称顺序进行排序等。

1. 添加关键字排序

　　这种排序操作的关键点是：设置一个唯一的主要关键字，添加多个次要关键字。因此，在进行排序之前，必须确定参与排序的字段名称的主次及前后顺序。例如，是先对员工的年龄进行排序还是对性别进行排序。先被排序的字段为主要关键字，其他字段为次要关键字，也应当依次确定排序的顺序。下面根据员工性别、出生日期、入职时间这三个关键字进行排序。

步骤 01 设置排序条件。❶打开"素材文件\第2章\员工信息管理表3.xlsx"文件，单击"数据"选项卡中"排序和筛选"组的"排序"按钮；❷弹出"排序"对话框，设置"主要关键字"为"性别"，"排序依据"默认为"单元格值"，设置"次序"为"升序"；❸单击两次左上角的"添加条件"按钮，即可在"主要关键字"下方添加两行"次要关键字"；❹依次将"出生日期"和"入职时间"设置为"次要关键字"，设置"排序依据"和"次序"；❺单击"确定"按钮，完成排序，如下图所示。

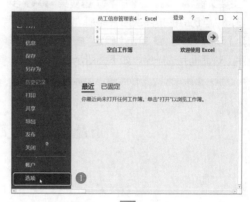

步骤 02 查看排序结果。完成排序后，即可看到表格中"性别""出生日期""入职时间"三个字段下的数据的排列顺序及字段之间数据的排序关系，如下图所示。

序号	员工编号	员工姓名	性别	身份证号码	出生日期	年龄	学历	入职时间	工龄
				×× 市 ×× 有限公司员工信息管理表					
23	HY023	徐俊	男	1101001973051809 31	1973-05-18	47	专科	2014-01-11	6
8	HY008	孙传杰	男	1101001973061809 32	1973-06-18	47	专科	2011-11-08	9
6	HY006	李皓鹏	男	1101001976052803 92	1976-05-28	44	专科	2011-10-04	9
32	HY032	王俊晴	男	1101001980030305 53	1980-03-03	40	中专	2015-01-18	5
13	HY013	周云帆	男	1101001980040609 63	1980-04-06	40	专科	2012-03-21	8
28	HY028	杨子尚	男	1101001980041003 50	1980-04-10	40	专科	2014-07-11	6
22	HY022	罗樯瑞	男	1101001980060307 11	1980-06-03	40	高中	2013-12-04	7
35	HY035	胡林	男	1101001980071607 30	1980-07-16	40	中专	2015-02-25	5
52	HY052	汪小宇	男	1101001980110402 40	1980-11-04	40	专科	2016-09-09	4
53	HY053	朱吴凡	男	1101001981052308 13	1981-05-23	39	中专	2016-09-20	4
24	HY024	谢浩明	男	1101001981060100 70	1981-06-01	39	专科	2014-03-10	6
30	HY030	向沐阳	男	1101001981110800 32	1981-11-08	39	本科	2015-02-03	5
33	HY033	肖显龙	男	1101001981111006 31	1981-11-10	39	专科	2015-02-03	5
38	HY038	刘子俑	男	1101001981112002 32	1981-11-20	39	专科	2016-06-11	4
3	HY003	张宇昊	男	1101001982030703 93	1982-03-07	38	专科	2011-08-18	9
51	HY051	雷维翔	男	1101001982030702 51	1982-03-07	38	高中	2016-08-08	4

2. 自定义序列排序

Excel 对于不同类型数据的排序规则一般是：数字类数据按照数字大小进行降序或升序排列；文本类数据依次按照字符的拼音字母或笔画顺序，根据英文字母的排列顺序进行升序或降序排列。例如，对销售部和人力资源部按升序排列，排序结果是"人力资源部，销售部"。但是这种排序方法很多时候都无法满足实际排序要求，对此，Excel 提供了"自定义序列"功能，用户自行设置序列后，即可根据指定的顺序进行升序或降序排列。

下面在"员工信息管理表 4.xlsx"文件中的"员工信息"工作表中自定义部门和学历序列，并按照指定次序进行排序。

步骤 01 添加自定义序列。❶打开"素材文件\第2章\员工信息管理表4.xlsx"文件，单击"文件"选项卡，弹出对话框，选择"选项"选项；❷弹出"Excel选项"对话框，单击左侧列表框中"高级"选项的"编辑自定义列表"按钮；❸弹出"自定义序列"对话框，

在"从单元格中导入序列"文本框中设置"学历"序列（切换至序列所在工作表，框选单元格区域即可）；❹单击"导入"按钮，即可将其添加至"自定义序列"文本框中（重复第❸和第❹步设置"部门"序列）；❺单击"确定"按钮，关闭"自定义序列"及"Excel选项"对话框，如下图所示。

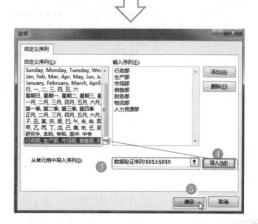

步骤 **02** 自定义序列排序。❶ 打开"排序"对话框，选择"次序"下拉列表中的"自定义序列"选项；❷ 弹出"自定义序列"对话框，选中"自定义序列"列表框中的部门序列；❸ 单击"确定"按钮，关闭对话框；❹ 返回"排序"对话框，可看到"次序"框中已列示出部门序列，设置"主要关键字"为"部门"；❺ 重复第❶~❹ 步设置"学历"的排序次序并添加"次要关键字"为"学历"即可；❻ 单击"确定"按钮，关闭"排序"对话框完成排序，如下图所示。

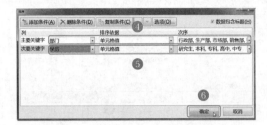

步骤 **03** 查看排序结果。完成排序后，可以看到工作表中"部门"和"学历"字段下的数据排列顺序，以及字段之间数据的排序关系，如下图所示。

小提示

添加自定义序列时，也可以通过"排序"对话框"次序"下拉列表中的"自定义序列"选项快速打开"自定义序列"对话框。但是注意与通过"Excel选项"对话框打开对话框的区别：无法从单元格中导入序列，只能依次手工输入序列名称后单击"添加"按钮才能添加成功。

✎ 读书笔记

_____

_____

_____

_____

2.2 筛选产品销售明细表

案例说明

　　产品销售明细表是按照日期顺序记载产品销售的数量、单价、金额及其他相关销售数据的明细表。由于表格需要列出每种产品的每日销售数据，所以数据通常多达数千条。在处理销售数据时，需要根据不同的条件，从不同的角度进行数据分析，例如，根据某个日期段的销售数据分析产品畅销或滞销的原因；根据某个指定产品的销售数据找出与其他产品的差异；根据指定的区间销售金额分析影响销售的主要因素等。这就需要掌握多种不同的方式对数据进行各种筛选，才能在海量的数据中快速挑选出目标数据。本节以产品销售明细表为例，介绍两种筛选数据的方法和操作步骤，包括常规筛选和自定义筛选。

扫一扫，看视频

　　在"产品销售明细表"数据表中进行自定义筛选后的效果如下图所示（结果文件参见：结果文件 \ 第 2 章 \ 产品明细管理表 1.xlsx、产品销售明细表 2.xlsx、产品销售明细表 3.xlsx）。

销售日期	产品名称	数量	原价	折扣	折后单价	销售金额	折扣金额
			××公司2020年下半年产品销售明细表				
2020-07-01	产品A	116	112.70	5%	107.10	12423.60	649.60
2020-07-01	产品B	92	96.50	-	96.50	8878.00	0.00
2020-07-01	产品C	77	72.30	12%	63.62	4899.00	668.10
2020-07-01	产品D	61	56.90	5%	54.06	3297.40	173.50
2020-07-01	产品E	76	113.70	5%	108.02	8209.10	432.10
2020-07-01	产品F	87	55.80	10%	50.22	4369.10	485.50
2020-07-02	产品A	110	112.70	10%	101.43	11157.30	1239.70
2020-07-02	产品B	104	96.50	-	96.50	10036.00	0.00
2020-07-02	产品C	111	72.30	10%	65.07	7222.80	802.50
2020-07-02	产品D	86	56.90	-	56.90	4893.40	0.00
2020-07-02	产品E	68	113.70	8%	104.60	7113.10	618.50
2020-07-02	产品F	67	55.80	8%	51.34	3439.50	299.10
2020-07-03	产品A	63	112.70	8%	103.68	6532.10	568.00
2020-07-03	产品B	109	96.50	10%	86.85	9466.70	1051.80

思路分析

　　常规筛选是指 Excel 根据表格中每列数据的共同特点生成筛选条件，可以在各列中选择条件进行筛选，一般可用于日期筛选、文本筛选。自定义筛选功能则提供了多个筛选条件，可以在其中选择定义条件，如设置数字大于、小于或等于某个数字，一般用于数字区间筛选。本案例的具体操作思路如下图所示。

```
筛选产品销售明细表
├─ 常规筛选
│   ├─ 单字段筛选    按单列字段筛选销售数据
│   └─ 多字段筛选    在多个字段中设置条件筛选销售数据
└─ 自定义筛选
    ├─ 日期筛选      按指定的日期期间筛选销售数据
    └─ 数字筛选      按指定的数字区间筛选销售数据
```

2.2.1 常规筛选：单字段和多字段筛选

普通自动筛选是筛选中最快捷且十分常用的一种筛选方法。具体操作非常简单，只需单击目标字段右侧的"筛选"按钮，在下拉列表中选择指定条件或直接输入关键字即可快速列出全部目标数据（暂时隐藏不符合条件的数据）。

1. 单字段筛选

单字段筛选是指仅以某一列字段作为条件，筛选出其他列中符合条件的全部数据。下面按照日期筛选 2020 年 8 月的产品销售数据。

步骤 01 选择筛选条件。❶打开"素材文件\第2章\产品销售明细表1.xlsx"文件，其中包含产品A~F在2020年7—12月的每日销售数据共1104条。选中表格区域中任一单元格，按组合键Ctrl+Shift+L即可在各列字段快速添加"筛选"按钮；❷单击A2单元格（"销售日期"字段）右侧的筛选按钮▼，在弹出的下拉列表中取消选中"全选"选项，选中"八月"选项；❸单击"确定"按钮完成筛选操作，如下图所示。

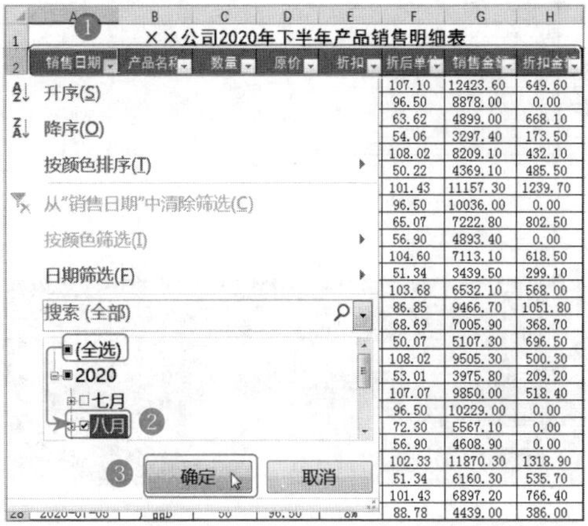

步骤 02 查看筛选结果。完成筛选操作后，可以看到 A2 单元格（"销售日期"字段）右侧的"筛选"按钮变为▼，代表该字段为筛选条件字段，同时行号全部标注为蓝色。表格中仅列示了2020年8月的全部日期的产品销售数据，如下图所示。

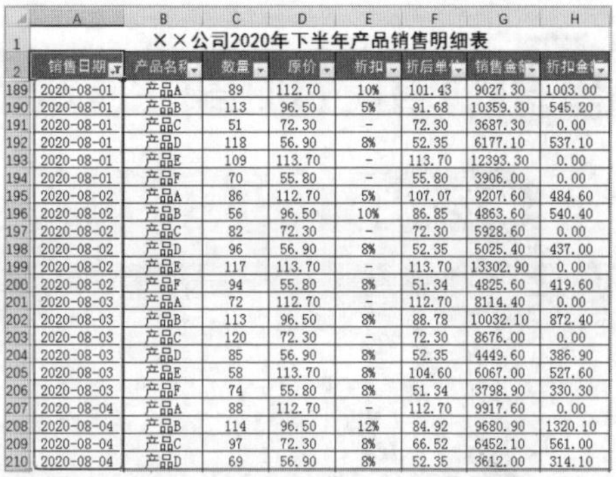

步骤 03 清除筛选。进行下一项筛选之前，需要将前面的筛选结果清除，才能保证后面的筛选结果正确。❶单击 A2 单元格（"销售日期"字段）右侧的"筛选"按钮▼；❷选择下拉列表中的"从'销售日期'中清除筛选"命令。

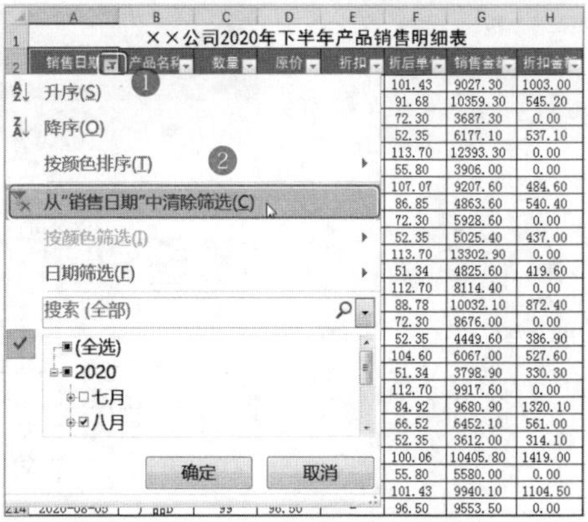

筛选其他字段数据时，重复步骤 01~03 的操作即可。

2. 多字段筛选

多字段筛选是在多个字段下设置条件进行筛选。操作方法也非常简单，只需依次单击各字段右侧的"筛选"按钮，在下拉列表中选择条件即可。但是,执行多字段筛选需要注意一点：首先要明确筛选字段及条件的主次顺序，才能准确筛选出目标数据。下面继续在"产品销售明细表1.xlsx"文件中进行多字段筛选操作。筛选顺序为"产品名称"→"销售日期"→"折扣"，筛选条件为"产品 B"在 2020 年 10 月中折扣率为"10%"的销售数据。

步骤 01 设置多个筛选条件。依次单击B2、

A2、E3 单元格右侧的"筛选"按钮▽，分别在下拉列表中设置上述筛选条件。例如，第 1 个筛选条件是"产品名称"—"产品 B"，在下拉列表中取消选中"全选"选项，选中"产品 B"选项，单击"确定"按钮，如下图所示。

步骤 02 查看筛选结果。3 个筛选条件设置完成后，可看到表格仅列出了同时符合 3 个条件的销售数据，如下图所示。

步骤 03 一键清除全部筛选结果。清除筛选结果时，如果从筛选按钮的下拉列表中操作，只能逐一清除单列筛选结果，影响工作效率。在这种情形下，单击"数据"选项卡中"排序和筛选"组的"清除"按钮即可一键清除全部筛选结果，如下图所示。

小技巧

筛选数据时，如果目标字段下拉列表中的选项过多，不便选择筛选条件时，可以直接在"搜索"文本框中输入唯一关键字。例如，筛选 2020 年 11 月销售数据，只需输入"十一"即可准确筛选出目标数据。

2.2.2 自定义筛选：自定义条件筛选

当常规筛选无法充分满足实际工作中对数据的筛选要求时，可以运用 Excel 提供的"自定义筛选"功能，定义各种筛选条件，查询符合条件的数据。下面以"产品明细销售表 2"文件为例，介绍几种比较常见和具有代表性的自定义筛选方法。

1. 按指定的日期期间筛选销售数据

对于日期数据的自定义筛选，Excel 在筛选按钮的下拉列表中提供了多种条件的快捷命令，如本月、上月、下月等，直接选择即可完成筛选。如果需要另行指定日期期间，也可以通过选择快捷命令"介于"，打开"自定义自动筛选方式"对话框来设置筛选条件。下面筛选 2020 年 10 月 9 日至 10 月 31 日的产品销售数据。

步骤 01 设置筛选条件。❶打开"素材文件\第 2 章\产品销售明细表 2.xlsx"文件，单击 A2 单元格（"销售日期"字段）右侧的"筛选"按钮▽；❷选择下拉列表中的"日期筛选"命令；❸展开二级列表，选择"介于"命令；❹弹出"自定义自动筛选方式"对话框，在"在以下日期之后或与之相同"右侧的文本框中输入起始日期"2020-10-9"，默认选中"与"单选按钮，不做更改，在"在以下日期之前或与之相同"右侧的文本框中输入截止日期"2020-10-31"；❺单击"确定"按钮。

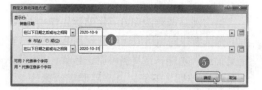

步骤 02 查看筛选结果。完成筛选后，可以看到表格列出了自 2020 年 10 月 9 日至 2020 年 10 月 31 日的销售数据，如下图所示。

	A	B	C	D	E	F	G	H
1			××公司2020年下半年产品销售明细表					
2	销售日期	产品名称	数量	原价	折扣	折后单	销售金额	折扣金额
603	2020-10-09	产品A	108	112.70	--	112.70	12171.60	0.00
604	2020-10-09	产品B	76	96.50	5%	91.68	6967.30	366.70
605	2020-10-09	产品C	95	72.30	5%	68.69	6525.10	343.40
606	2020-10-09	产品D	66	56.90	5%	54.06	3567.60	187.80
607	2020-10-09	产品E	111	113.70	10%	102.33	11358.60	1262.10
608	2020-10-09	产品F	50	55.80	--	55.80	2790.00	0.00
609	2020-10-10	产品A	59	112.70	--	112.70	6649.30	0.00
610	2020-10-10	产品B	116	96.50	--	96.50	11194.00	0.00
611	2020-10-10	产品C	115	72.30	8%	66.52	7649.30	665.20
612	2020-10-10	产品D	104	56.90	5%	54.06	5621.70	295.90
613	2020-10-10	产品E	69	113.70	5%	108.02	7453.00	392.30
614	2020-10-10	产品F	118	55.80	5%	53.01	6255.20	329.20
615	2020-10-11	产品A	112	112.70	--	112.70	12622.40	0.00
616	2020-10-11	产品B	96	96.50	5%	91.68	8800.80	463.20
617	2020-10-11	产品C	111	72.30	10%	65.07	7222.80	802.50
618	2020-10-11	产品D	110	56.90	12%	50.07	5257.60	716.90
619	2020-10-11	产品E	113	113.70	--	113.70	12848.10	0.00
620	2020-10-11	产品F	59	55.80	5%	53.01	3127.60	164.60
621	2020-10-12	产品A	101	112.70	10%	101.43	10244.40	1138.30
622	2020-10-12	产品B	75	96.50	8%	88.78	6658.50	579.00
623	2020-10-12	产品C	93	72.30	10%	65.07	6051.50	672.40
624	2020-10-12	产品D	106	56.90	5%	54.06	5729.80	301.60
625	2020-10-12	产品E	68	113.70	8%	104.60	7113.10	618.50
626	2020-10-12	产品F	119	55.80	10%	50.22	5976.20	664.00
627	2020-10-13	产品A	100	112.70	10%	101.43	10143.00	1127.00
628	2020-10-13	产品B	102	96.50	--	96.50	9843.00	0.00
629	2020-10-13	产品C	95	72.30	--	72.30	6868.50	0.00

2. 按指定的数字区间筛选销售金额

对于数字的自定义筛选，Excel 也提供了多个条件的快捷命令，如"等于""大于""小于""高于平均值"等，还可以指定数据区间进行筛选。下面筛选销售金额 ≤ 5000 元（包含本数）和 ＞ 12000 元的数据（不包含本数）。

步骤 01 设置筛选条件。❶打开"素材文件\第2章\产品销售明细表 3.xlsx"文件，单击 G2 单元格（"销售金额"字段）右侧的"筛选"按钮▾；❷选择下拉列表中的"数据筛选"命令；❸展开二级列表，选择"介于"命令；❹弹出"自定义自动筛选方式"对话框，在"销售金额"下拉列表中选择"小于或等于"选项，

在文本框中输入数字"5000"，这里要注意两个条件之间的逻辑关系是"或"，应选中"或"单选按钮，再设置"大于"的数字为 12000；❺单击"确定"按钮，关闭对话框，如下图所示。

步骤 02 查看筛选结果。完成筛选后，可以看到被筛选出来的销售金额全部符合小于或等于 5000，大于 12000 的筛选条件，如下图所示。

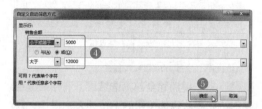

	A	B	C	D	E	F	G	H
1			××公司2020年下半年产品销售明细表					
2	销售日期	产品名称	数量	原价	折扣	折后单	销售金额	折扣金额
3	2020-07-01	产品A	116	112.70	5%	107.10	12423.60	649.60
5	2020-07-01	产品D	77	72.30	12%	63.62	4899.00	668.10
6	2020-07-01	产品D	61	56.90	5%	54.06	3297.40	173.50
8	2020-07-01	产品F	87	55.80	10%	50.22	4369.10	485.50
12	2020-07-02	产品F	87	55.80	--	56.90	4893.40	0.00
14	2020-07-02	产品F	75	55.80	8%	53.01	3439.50	299.10
20	2020-07-03	产品F	81	56.90	--	56.90	4608.90	0.00
26	2020-07-05	产品B	50	96.50	8%	88.78	4439.00	386.00
29	2020-07-05	产品C	65	72.30	5%	68.69	4464.50	235.00
31	2020-07-05	产品F	97	56.90	10%	51.21	4967.40	551.90
35	2020-07-06	产品F	70	72.30	5%	68.69	4808.00	253.00
42	2020-07-07	产品B	83	56.90	--	56.90	4722.70	0.00
47	2020-07-08	产品E	115	113.70	8%	104.60	12029.50	1046.00
48	2020-07-08	产品C	59	72.30	10%	65.07	3839.10	426.60
50	2020-07-08	产品F	84	55.80	8%	51.34	4312.20	375.00

2.3 汇总部门销售日报表

案例说明

扫一扫，看视频

　　部门销售日报表是便于企业销售部门统计和分析各销售分部及每位销售人员在不同日期下销售不同产品的数据表。在实际工作中，企业通常会从销售日期、部门、销售人员等各种角度对同一组销售数据进行分类汇总或对比分析。如下面两幅图片所示，就是运用"分类汇总"和"合并计算"功能进行分类汇总和对比销售数据后的效果（结果文件参见：结果文件\第2章\2020年7月部门销售业绩日报表.xlsx、2020年7月部门销售业绩日报表1.xlsx、2020年7月部门销售业绩日报表2.xlsx、2020年第3季度部门销售业绩日报表.xlsx）。

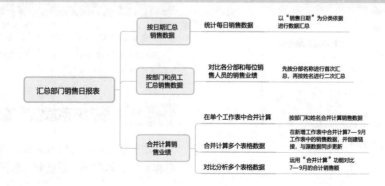

思路分析

　　在分析汇总数据之前，首先应该明确数据分析的主要目的，再选择正确的分类汇总依据。例如，分析目的是汇总和比较每日销售数据，就应当以销售日期为分类依据进行汇总。如果是为了统计和对比各分部及每位销售人员的销售业绩，由于需要同时汇总两个字段下的数据，就需要先按照部门名称进行首次汇总，再根据姓名进行第二次汇总。如果需要在其他区域或工作表中汇总计算、对比分析一个或多个工作表中的销售数据，比如在新增工作表中，按部门汇总 7—9 月的销售数据，对比 7—9 月共 3 个月的合计销售额，就需要运用"合并计算"功能实现。

　　本案例的具体制作思路如下图所示。

```
                                                          统计每日销售数据      以"销售日期"为分类依据
                             按日期汇总                                        进行数据汇总
                             销售数据

                             按部门和员工         对比各分部和每位销        先按分部名称进行首次汇
                             汇总销售数据         售人员的销售业绩          总，再按姓名进行二次汇总
汇总部门销售日报表

                                                在单个工作表中合并计算      按部门和姓名合并计算销售数据

                             合并计算销          合并计算多个表格数据       在新增工作表中合并计算7—9
                             售业绩                                        工作表中的销售数据，并创建链
                                                                          接，与源数据同步更新

                                                对比分析多个表格数据       运用"合并计算"功能对比
                                                                          7—9月的合计销售额
```

2.3.1 按日期汇总销售数据

运用"分类汇总"功能对数据进行汇总的操作非常简单，但是必须完成一项非常重要的准备工作：首先对汇总字段下的数据进行排序，使内容相同的数据集中排列，才能准确汇总计算目标数据。对于"日报表"类型的数据表，其中日期本身就是按照升序排列，因此可以先按照销售日期汇总每日销售数据。

步骤 01 设置分类汇总条件。❶ 打开"素材文件 \ 第 2 章 \2020 年 7 月部门销售业绩日报表 .xlsx"文件，单击"数据"选项卡中"分级显示"组的"分类汇总"按钮；❷ 弹出"分类汇总"对话框，其中"分类字段"默认为表格中第 1 列的字段名称，即"销售日期"；"汇总方式"默认为"求和"，在"选定汇总项"列表框中选择全部产品名称和"销售额合计"选项；❸ 单击"确定"按钮关闭对话框，如下图所示。

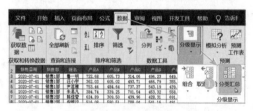

步骤 02 查看汇总后的初始效果。操作完成后，可以看到汇总后的初始效果：将每个日期的销

售数据进行了汇总，并展开全部层级（共 3 级），列出所有明细数据。同时在汇总区域左上角生成 3 个代表层级数的数字按钮 1 2 3 ，代表层级数，如下图所示。

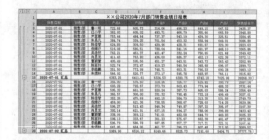

步骤 03 查看分级汇总数据。❶ 单击数字按钮 1 ，可查看第 1 级汇总数据，仅列出全月所有数据的汇总数据；❷ 单击数字按钮 2 ，可查看第 2 级汇总数据，即列出 7 月每日的汇总数据，如下图所示。

📢 小技巧

查看汇总数据和明细数据时，也可以逐个单击汇总区域左侧的按钮 － 或 ＋ ，依次折叠或展开每个汇总数据下面的明细列表。

2.3.2 按部门和员工汇总销售数据

对于部门销售业绩表来说，需要按照部门名称汇总销售数据，以便对比各部门之间的销售业绩。同时，为了更全面、更细化地分析业绩，还应当在部门汇总的基础上按员工姓名汇总每位销售人员的个人业绩。这就需要通过"分类汇总"功能，运用技巧，对多字段进行多重汇总。

前面讲过，进行汇总操作之前首先要对汇总字段下的数据进行排序，才能确保汇总结果正确无误。对多字段进行多重汇总时，就需要添加关键字进行自定义排序。

步骤 01 对汇总字段进行排序。❶ 打开"素材文件\第 2 章\2020 年 7 月部门销售业绩日报表 1.xlsx"文件，打开"排序"对话框，设置主要关键字为"销售部"，依次添加"次要关键字"为"姓名"和"销售日期"，"排序依据"和"次序"默认为"单元格值"和"升序"，不做更改；❷ 单击"确定"按钮，关闭对话框，如下图所示。

步骤 02 按部门名称汇总第 1 项数据。❶ 打开"分类汇总"对话框，在"分类字段"下拉列表中选择"销售部"选项，"汇总方式"默认为"求和"；❷ 在"选定汇总项"列表框中选择 6 个产品名称和"销售额合计"选项；❸ 单击"确定"按钮，关闭对话框，如下图所示。

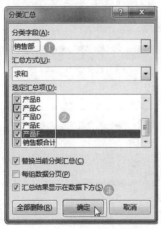

第 1 项汇总完成后，单击数字按钮，将表格折叠至第 2 层级，如下图所示。

步骤 03 按姓名汇总第 2 项数据。❶ 再次打开"分类汇总"对话框，设置"分类字段"为"姓名"；❷ 在"选定汇总项"列表框中选中 6 个产品名称和"销售额合计"选项；❸ 取消勾选"替换当前分类汇总"复选框（若未取消，将覆盖之前的分类汇总）；❹ 单击"确定"按钮，关闭对话框，如下图所示。

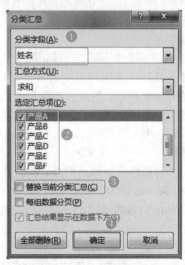

步骤 04 查看汇总结果。操作完成后，可看到汇总层级共 4 级。单击数字按钮，将汇总区域折叠至第 3 级，如下图所示。

🔔 **小提示**

如果需要取消组合或分级显示，则在"数据"选项卡中单击"分级显示"组的"取消组合"下拉列表中的"取消组合"或"清除分级显示"按钮即可。

2.3.3 合并计算汇总销售业绩

如果需要将分类汇总的结果数据单独显示在其他表格区域中，便于发送数据或打印纸质报表，可以运用"合并计算"功能实现。与分类汇总不同的是，合并计算并非直接在数据源区域进行汇总，而是根据指定的汇总字段将汇总结果呈现在用户指定的区域中。

合并计算功能不仅可以计算单个表格中单个或多个字段的数字，而且可以快速合计多个工作表的数据。同时，巧妙利用合并计算的特点，将多个表格中的字段修改为具有差异的名称，还能对多个表格的同类数据全部合并至同一表格中进行对比。

1. 按姓名和部门合并计算销售数据

首先在同一个工作表中合并计算数据。操作方法非常简单，只需在对话框中设置计算方式和引用区域即可。下面分别合并计算2020年7月部门平均销售额、部门和员工合计销售额。

步骤 01 计算部门平均销售额。❶ 打开"素材文件\第2章\2020年7月部门销售业绩日报表2.xlsx"文件，选中任一空白单元格，如L2单元格，单击"数据"选项卡中"数据工具"组的"合并计算"按钮；❷ 弹出"合并计算"对话框，在"函数"下拉列表中选择"平均值"选项；❸ 单击"引用位置"文本框，选中B2:J374单元格区域，单击"添加"按钮，将其添加至"所有引用位置"列表框；❹ 勾选"标签位置"选项组的"首行"和"最左列"复选框；❺ 单击"确定"按钮，关闭对话框，如下图所示。

操作完成后，可看到L2:T5单元格区域中已经按照部门分别合并计算得出2020年7月各种产品的平均销售额（"姓名"字段中是文本型数据，因此计算结果为空），如下图所示。

步骤 02 按部门和员工合并计算合计销售额。❶ 选中任一空白单元格，如L7单元格，打开"合并计算"对话框，在"函数"列表框中选择"求和"选项；❷ 单击"引用位置"文本框，选中B2:J374单元格区域，单击"添加"按钮，将其添加至"所有引用位置"列表框中，再次单击"引用位置"文本框，将原有的"Sheet2!$B$2:$J$374"修改为"Sheet2!$C$2:$J$374"，单击"添加"按钮，此时"所有引用位置"列表框中列出两个单元格区域；❸ 同样勾选"标签位置"选项组的"首行"和"最左列"复选框；❹ 单击"确定"按钮，关闭对话框，如下图所示。

操作完成后，可看到 L7:T22 单元格区域中，分别汇总了每个部门和每位员工的销售额，如下图所示。

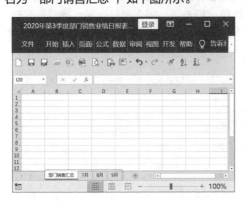

2. 合并计算多个表格的销售数据

合并计算多个表格时，为了方便查看汇总数据和明细数据，可以将数据汇总至新增的工作表中，同时创建数据链接，汇总表将自动建立分级显示。同时，其中的汇总数据将与数据源表同步更新。下面在"2020 年第 3 季度部门销售业绩日报表"工作簿中，按部门合并计算"7月""8月"和"9月"3 个工作表的销售数据。

步骤 01 新增工作表作为汇总表。打开"素材文件\第 2 章\2020 年第 3 季度部门销售业绩日报表.xlsx"文件，其中包含"7月""8月"和"9月"共 3 个工作表，新增一个工作表，命名为"部门销售汇总"，如下图所示。

步骤 02 合并计算 7—9 月部门销售数据。❶选中 A2 单元格，打开"合并计算"对话框，"函数"默认为"求和"，不做更改；❷将 3 个表格中需要合并计算的数据所在的单元格区域添加至"所有引用位置"列表框中；❸勾选"标签位置"选项组的"首行"和"最左列"复选框；❹勾选"创建指向源数据的链接"复选框；❺单击"确定"按钮关闭对话框，如下图所示。

操作完成后，可以看到在"部门销售汇总"工作表中已合并计算出各部门 7—9 月的销售数据，并自动建立 2 级分级显示。如下图所示为 1 级汇总数据。

单击汇总区域左上角的按钮 2，可以展开全部明细数据。单击左侧的按钮 +，分别展开对应级数的明细数据，如下图所示。

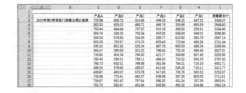

步骤 03 测试数据链接的更新效果。将汇总表折叠至 1 级显示，此时 C371 单元格中数据为 212314.69（销售 1 部产品 A 的汇总数据），切换至"7 月"工作表，将 C3 单元格中的 722.68 修改为任意值，如 1722.68，切换至"部门销售汇总"工作表，可看到 C3 单元格的数据已同步更新为 213314.69，如下图所示。

1 2		A	B	C	D	E	F	G	H	I
				产品A	产品B	产品C	产品D	产品E	产品F	销售额合计
+	371	销售1部		213314.69	211274.20	214409.47	219302.99	211963.05	211482.29	1285088.69
+	740	销售2部		206466.87	211277.91	206843.85	208985.38	215035.98	206005.23	1253615.22
+	1109	销售3部		212791.21	206059.17	219497.94	211074.46	207493.49	217306.45	1274222.72

3. 运用"合并计算"对比每月合计销售额

利用"合并计算"的工作原理，将多个工作表中相同区域的同类数据的字段设置为差异化名称，即可全部显示在汇总表中，便于后续进行数据对比和分析。下面运用"合并计算"对比 7—9 月的"销售额合计"数据。

步骤 01 修改字段名称。分别将"7 月""8 月""9 月"工作表中I2单元格的字段名称修改为"7 月销售额合计""8 月销售额合计""9 月销售额合计"，如下图所示。

	A	B	C	D	E	F	G	H	I
			×× 公司2020年7月部门销售业绩日报表						
1	销售日期	销售部	产品A	产品B	产品C	产品D	产品E	产品F	7月销售额合计
2	2020-07-01	销售1部	1722.68	605.73	314.06	496.23	649.15	647.52	4435.37
3	2020-07-01	销售1部	362.03	605.02	493.71	466.79	355.66	665.59	2948.80
4	2020-07-01	销售1部	753.44	484.64	737.37	543.19	439.30	326.51	3284.45
5	2020-07-01	销售1部	384.74	339.25	701.54	453.32	558.94	649.01	3086.80
6	2020-07-01	销售2部	624.89	309.50	439.96	428.31	691.67	329.30	2823.63
7	2020-07-01	销售2部	516.08	580.51	788.04	541.16	491.97	448.10	3365.86

步骤 02 进行合并计算操作。切换至"部门销售对比"工作表，参照本节"2. 合并计算多个表格的销售数据"中的步骤 02 设置"合并计算"对话框，具体步骤不再赘述，如下图所示。

操作完成后，7—9 月的合计销售额全部显示在汇总表中。此时可以删除不需要的列或区域，包括 B 列（空白列）、C:H 区域（产品 A~F 的销售数据），结果如下图所示。

1 2		A	B	C	D
	1				
	2		7月销售额合计	8月销售额合计	9月销售额合计
+	371	销售1部	413498.88	432838.54	438751.27
+	740	销售2部	402346.85	422918.87	428349.50
+	1109	销售3部	408537.94	429246.96	436437.82
	1110				

本章小结

本章通过 3 个实用案例，系统地讲解了 Excel 2019 中数据排序、筛选和合并计算的方法，具体包括普通排序和自定义排序，普通筛选、自定义筛选和高级筛选，按不同的依据分类汇总与合并计算或对比分析一个或多个工作表中数据的操作方法和具体步骤。

学习本章内容时，首先应掌握每种数据分析方式中最基本的操作方法，如普通排序、普通筛选等；其次要进一步学习和掌握自定义或高级分析方法，如自定义排序、自定义筛选、高级筛选，以及合并计算或对比分析一个和多个工作表数据的具体操作方法。

✎ 读书笔记

第**3**章

Excel 数据动态分析：数据透视表的应用

本章导读

实际工作中，时常需要从不同角度和维度对同一组数据进行快速分析。例如，快速计算部门平均工资，找出部门中的最高工资，计算各部门工资在全公司工资总额的比例，对比同一部门中的不同岗位和相同岗位但不同部门的工资数据等。在面对如上述更高要求的数据分析时，仅仅运用普通的排序、筛选和分类汇总功能是难以满足需要的，此时可以运用 Excel 提供的一个强大的数据分析"神器"——数据透视表。

数据透视表是一种交互式报表，集合分类汇总、排序、筛选及部分常用函数的计算和统计功能，能够从不同的角度和维度动态分析数据，帮助用户透过数据表象看到数据的实质和内在规律。本章将列举两个案例，介绍运用数据透视表动态分析数据的具体方法和实用技巧。

知识技能

本章相关案例及知识技能如下图所示。

3.1 制作员工工资数据透视表

案例说明

人力资源部门不仅要计算员工工资，还要对工资数据进行统计、对比和分析，以便从工资这一环节中找出需要改进的管理措施。对于工资数据，一般从部门、岗位、员工个人等角度进行分析。本节将根据"2021 年 1 月员工工资表"制作数据透视表，并对其进行各种统计和分析。如下图所示，是将"总监"岗位从各部门筛选出来，以对比分析相同岗位在不同部门的工资数据的结果（结果文件参见：结果文件＼第 3 章＼2021 年 1 月员工工资表 .xlsx）。

岗位	(多项)											
部门	员工姓名	以下项目的总和:基本工资	以下项目的总和:岗位津贴	以下项目的总和:工龄工资	以下项目的总和:绩效奖金	以下项目的总和:加班工资	以下项目的总和:其他补贴	以下项目的总和:应付工资	以下项目的总和:代扣社保	以下项目的总和:代扣公积金	以下项目的总和:代扣个税	以下项目的总和:其他扣款	以下项目的总和:实付工资
⊞财务部		8000	600.00	450.00	622.31	390.00		10062.31	615.00	280.50	206.68		8960.13
⊞行政部		8000	1000.00	450.00	606.02	112.50		10168.52	765.00	280.50	202.30		8920.72
⊞人力资源部		8000	700.00	400.00	713.22	32.50		9845.72		280.50	246.52		9318.70
⊞生产部		8000	550.00	200.00	759.81	25.00		9534.81	520.20	280.50	163.41		8570.70
⊞销售部		8000	550.00	250.00	730.68	600.00		10130.68	520.20	280.50	223.00		9106.98
总计		40000	3400.00	1750.00	3432.04	1160.00		49742.04	2420.40	1402.50	1041.91		44877.23

思路分析

制作员工工资数据透视表，首先需要整理和规范原始数据，然后根据数据量选择是否在新的工作表中创建数据透视表。创建空白数据透视表后，首先应对其做初步的布局，如添加字段至数据、列等区域；设置报表显示形式，调整数字格式及对齐方式等，使之形成一个基本表格框架后，即可进行数据分析。对于工资数据，主要可以从部门和岗位的维度进行动态分析。本案例的具体制作思路如下图所示。

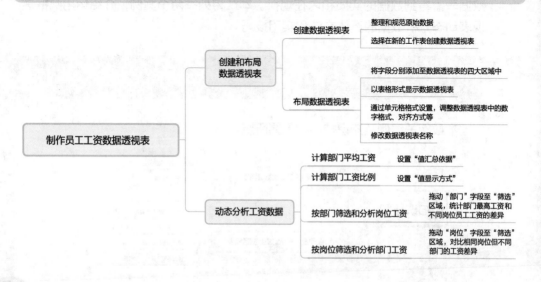

3.1.1 创建和布局数据透视表

在数据透视表中，可以将每个字段在筛选、行、列、值区域间任意拖动，从不同的角度动态分析数据。下面运用数据透视表分析2021年1月员工工资数据。

1. 创建数据透视表

数据透视表的实质其实是一个动态数据库。因此，首先要确保原始数据的规范性，然后才能根据原始数据顺利地创建数据透视表。

步骤 01 规范整理原始数据表。打开"素材文件\第3章\2021年1月员工工资表.xlsx"文件，检查"2020年1月工资"工作表是否符合规范，主要从表格结构和原始数据格式两个方面着手。

（1）表格结构：删除多行表头、空白行或列或单元格；取消合并单元格；取消单元格中的换行符等。

（2）原始数据：将每个字段的数据统一设置格式。例如，将文本型数字全部转换为"数值"格式；日期型数据统一设置为"日期"格式等。

规范后的原始数据表如下图所示。

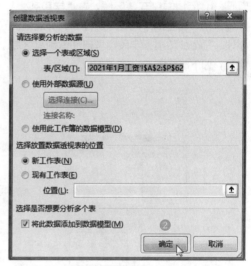

步骤 02 创建数据透视表。❶选中"2021年1月工资"工作表中数据区域内的任意单元格，单击"插入"选项卡中"表格"组的"数据透视表"按钮；❷弹出"创建数据透视表"对话框，

Excel 自动识别源数据区域，默认数据透视表的放置位置为"新工作表"，这一步可不做任何改动，直接单击"确定"按钮，如下图所示。

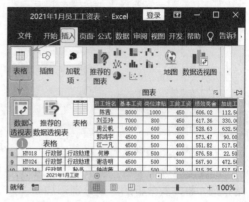

步骤 03 查看数据透视表。完成数据透视表的创建操作后，Excel 自动新增工作表，并在其中建立一个空白的数据透视表。单击透视表区域中的任一单元格后即可激活"数据透视表字段"任务窗格（右侧），主要由"字段列表"和4个区域构成。其中，"字段列表"列出原始数据表中的全部字段；4个区域是"筛选""列""行""值"，分析数据时，将需要分析的字段在其中来回拖动即可。初始效果如下图所示。

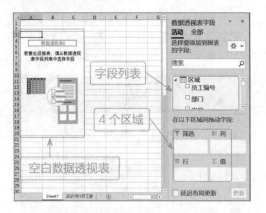

2. 快速布局数据透视表

创建数据透视表后，接下来对其进行初始布局，将需要分析的字段分别添加到"筛选""行""列""值"4个区域中，再对数据透视表的样式和结构进行设计。

步骤 01 添加字段至各区域。在"字段列表"中勾选除"员工编号"和"岗位"之外的全部字段，Excel 将根据字段类型自动识别其区域类型，如下图所示。

添加字段后，数据透视表的效果如下图所示。

步骤 02 以表格形式显示报表。初始数据透视表是以大纲形式显示报表的，可将其设置为表格形式，其效果更利于查看数据。❶ 单击数据透视表区域中的任一单元格，激活功能区中的"数据透视表工具"，选择"设计"选项卡；❷ 单击"布局"组的"报表布局"下拉按钮；❸ 选择下拉列表中的"以表格形式显示"命令，如下图所示。

步骤 03 调整值字段名称的对齐方式、数字格式和透视表的行高和列宽。由于每个值字段名称的前面自动添加了汇总依据的文字，导致列的宽度过宽，可将其调整为"自动换行"对齐方式后调整行高和列宽。同时可以将值字段下的数字格式设置为规范的"数值"格式。❶ 选中 C:N 区域，打开"设置单元格格式"对话框，在"数字"选项卡的"分类"列表框中选择"数值"选项，"小数位数"和"负数"为默认格式，不做修改；❷ 切换至"对齐"选项卡，勾选"文本控制"选项组的"自动换行"复选框；❸ 单击"确定"按钮，关闭对话框，如下图所示。

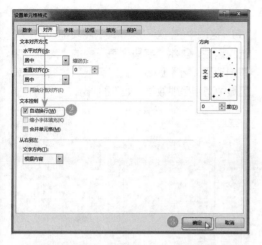

操作完成后，调整第 3 行（值字段名称）的行高和 C:N 列的列宽即可，如下图所示。

🔔 **小提示**

数据透视表中值字段名称前面的文字"以下项目的总和："是系统自动添加的汇总依据，将随着汇总依据的改变而改变。

例如，删除以上文字，将汇总依据设置为"平均值"，值字段名称即变化为"以下项目的平均值：+ 字段名称"，再次将汇总依据设置为"求和"，值字段名称中将再次自动添加上述文字。因此无法彻底删除，只能通过调整文字对齐方式的办法来缩小列宽。

3.1.2 动态分析工资数据

数据透视表的最大优势是动态分析数据，而且操作简单至极，只需通过将字段在区域间来回拖动即可同步改变布局，并从不同角度对数据进行分析。同时，能够以多种方式快速汇总所有数据，如求和、计数、平均值、最大值、最小值等。下面对"2021 年 1 月员工工资"数据透视表进行动态分析。

1. 计算部门平均工资

部门平均工资是部门工资总额除以部门人数的平均数，体现一定时期内员工工资的收入程度，是反映员工工资水平的主要指标。运用数据透视表即可迅速计算出每个部门的平均工资数据及所有部门的总平均工资数据。

步骤 01 折叠部门下的明细数据。❶依次单击"部门"字段下每个部门名称前面的折叠按钮➖，将部门下的明细数据（员工姓名）折叠起来；❷选中 C4:N4 单元格区域，右击弹出快捷菜单，选择"值汇总依据"命令；❸在弹出的二级快捷菜单中选择"平均值"命令，如下图所示。

步骤 02 查看汇总结果。操作完成后，可看到每个值字段中的数字全部变为平均数，如下图所示。

部门	员工姓名	以下项目的平均值:基本工资	以下项目的总和:岗位津贴	以下项目的平均值:工龄工资	以下项目的总和:奖金和绩效奖金	以下项目的总和:加班工资
⊞财务部		5916.67	2950.00	316.67	3890.30	1990.00
⊞行政部		5041.67	6700.00	350.00	7244.85	3712.50
⊞人力资源部		6000.00	3450.00	350.00	4229.29	1832.50
⊞生产部		4764.71	8350.00	270.59	10655.29	4292.50
⊞物流部		4214.29	2700.00	292.86	4269.90	1462.50
⊞销售部		5500.00	5850.00	279.17	7165.61	4135.00
总计		5141.67	30000.00	303.33	37455.24	17425.00

🔔 **小技巧**

如果只需改变部分值字段的汇总依据，如计算"基本工资"的平均值，则只需选中 C4:C10 单元格区域中的任一单元格后设置汇总依据即可。

2. 计算部门工资比例

部门工资比例是指每个部门的某个工资项目总额占全公司该工资项目总额的百分比。

例如，行政部的基本工资占基本工资总额的11.51%。计算部门工资比例可用于后续分析各个工资项目的部门组成结构。

在数据透视表中，计算数据的比例只需一步——设置"值显示方式"。下面计算部门基本工资比例。

步骤 01 设置值显示方式。❶ 选中 C3:N9 单元格区域，单击将值汇总依据设置为"求和"；❷ 选中 C4:C10 单元格区域中的任一单元格，右击弹出快捷菜单，选择"值显示方式"命令；❸ 在弹出的二级快捷菜单中选择"列汇总的百分比"命令，如下图所示。

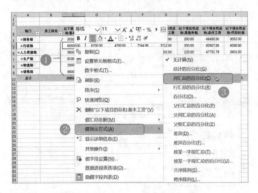

步骤 02 查看显示结果。操作完成后，可看到 C4:C10 单元格区域中的所有数字已变为百分比形式，如下图所示。

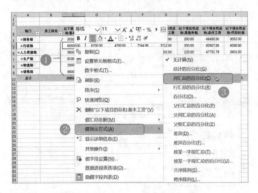

3. 按部门筛选和分析岗位工资

为了方便查看和分析指定部门中的岗位结构及每个岗位的工资数据，可将部门名称设置为筛选条件，同时向"列"区域添加岗位字段，以便进行数据筛选和分析。

在数据透视表中，添加筛选条件的操作也十分简单，只需拖动字段名称至"筛选"区域即可。下面分析"销售部"的工资数据。

步骤 01 调整数据透视表字段区域。❶ 单击"列"区域中的"部门"字段，将其拖动至"筛选"区域；❷ 将"字段列表"中的"岗位"字段拖动至"行"区域。此时可看到数据透视表区域中同步呈现效果，如下图所示。

步骤 02 筛选"销售部"工资数据。❶ 单击 B2 单元格右侧的"筛选"按钮；❷ 在展开的下拉列表中选择"销售部"选项；❸ 单击"确定"按钮，如下图所示。

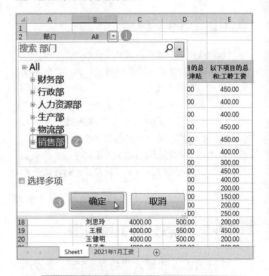

💡 小提示

如果需要同时筛选两个或以上的项目，则勾选下拉列表中的"选择多项"复选框即可。

操作完成后，可看到数据透视表区域中仅列出了销售部的岗位和员工的名称及工资数据，如下图所示。

（表格图）

步骤 03 统计"销售部"最高或最低应付工资数据。❶ 右击 I5:I16 单元格区域中的任一单元格,弹出快捷菜单,选择"值汇总依据"命令;❷ 选择二级快捷菜单中的"最大值"命令（如果统计最低工资,则选择"最小值"命令）,如下图所示。

（操作图）

操作完成后,可看到 I17 单元格（应付工资总计）中显示的是 I5:I16 单元格区域中的最大数字 10130.68,如下图所示。

（表格图）

步骤 04 计算"业务代表"的应付工资差异。这里计算其他业务代表与"曹颖萱"的应付工资差异。❶ 选中 I8 单元格,右击弹出快捷菜单,选择"值显示方式"命令;❷ 选择二级快捷菜单中的"差异"命令;❸ 弹出"值显示方式（以下项目的总和: 应付工资）"对话框,其中"基本字段"默认为"员工姓名","基本项"显示

的姓名是与第 ❶ 步中所选 I8 单元格中同一行中"员工姓名"字段下的 B8 单元格中的数据,因此这里无须更改,直接单击"确定"按钮,如下图所示。

操作完成后,可看到销售部 I8:I16 单元格区域中显示的是与"曹颖萱"应付工资的差额。而 I5:I7 单元格区域显示"#N/A"是由于其他岗位下面的员工均只有一名,因此无法计算同一岗位的工资差异,如下图所示。

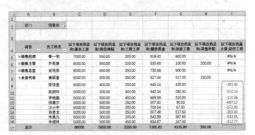

4. 按岗位筛选和分析部门工资

根据岗位筛选出部门工资数据,可快速分析和对比不同部门中同一岗位级别的工资。下面分析和对比"总监"的工资数据。

步骤 01 调整数据透视表字段区域。❶ 将"岗位"字段从"行"区域拖动至"筛选"区域;❷ 将"部门"字段拖动至"行"区域,如下图所示。

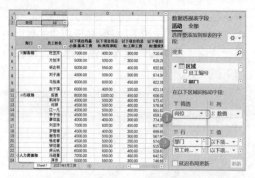

步骤 02 筛选"总监"的工资数据。❶单击 B2 单元格右侧的"筛选"按钮 ▼ ；❷展开下拉列表后，勾选"选择多项"复选框；❸在文本框中输入"总监"；❹单击"确定"按钮。此时可看到列表中已自动勾选了每个部门的"**总监"复选框，如下图所示。

操作完成后，可看到数据透视表区域中仅列出了各部门"总监"岗位的工资数据，如下图所示。

岗位	(多项) ▼					
部门	员工姓名	以下项目的总和:基本工资	以下项目的总和:岗位津贴	以下项目的总和:工龄工资	以下项目的总和:绩效奖金	以下项目的总和:加班工资
⊞财务部	马伦涵	8000.00	600.00	450.00	622.31	390.00
⊞行政部	陈言	8000.00	1000.00	450.00	606.02	112.50
⊞人力资源部	赵文泽	8000.00	700.00	400.00	713.22	32.50
⊞销售部	尹旭	8000.00	550.00	200.00	759.81	25.00
	吴浩然	8000.00	550.00	250.00	730.68	600.00
总计		40000.00	3400.00	1750.00	3432.04	1160.00

3.2 制作全年产品销售数据透视表

案例说明

扫一扫，看视频

对于销售数据的统计，企业通常按月份分别记录全年12个月的每日销售额，因此一个Excel工作簿中一般有12个工作表。如此一来，需要统计的数据量就非常大。最简便的方法就是创建多重合并计算区域的数据透视表，快速合并12个工作表中的相同计算区域至一个数据透视表中，方便进行筛选、汇总和分析。本节将以制作全年产品销售数据透视表为例，介绍创建多重合并计算区域的数据透视表和运用数据透视表专属的两大筛选工具——切片器和日程表筛选目标数据的操作方法。如下图所示，是运用切片器和日程表筛选产品销售数据的结果（结果文件参见：结果文件\第3章\2020年全年产品销售日报表.xlsx、2020年全年产品销售日报表与数据透视表.xlsx、2020年全年产品销售日报表与数据透视表1.xlsx）。

页1	(全部)						
求和项:值	列						
行	产品A	产品B	产品C	产品D	产品E	产品F	总计
2020-12-1	7254.22	7317.58	7247.96	7330.05	7717.96	7924.23	44792.00
2020-12-2	6909.31	7360.45	6954.49	7442.21	8231.08	6114.67	43012.21
2020-12-3	7847.71	7609.87	8150.09	7009.29	7387.23	8265.85	46270.04
2020-12-4	7752.69	6737.91	6622.55	7400.91	6913.89	7765.18	43193.13
2020-12-5	7788.59	6562.34	7148.30	7885.13	6797.89	6370.61	42552.86
2020-12-6	7509.99	8126.47	8300.37	8378.01	7670.65	7503.20	47488.69
2020-12-7	7349.96	7735.10	7218.06	7417.66	7532.28	7427.08	44680.13
2020-12-8	7982.38	7808.55	6177.81	6804.85	7504.49	6962.95	43241.03
2020-12-9	7224.68	7383.54	7775.14	7381.34	7355.60	8704.28	45824.58
2020-12-10	7611.08	8425.29	8297.04	7939.30	8001.81	6774.11	47048.63
2020-12-11	7096.47	6420.85	8023.38	7430.87	7753.89	6541.97	43267.43
2020-12-12	6416.06	6463.92	7479.23	8583.97	7234.73	7544.71	43722.62
2020-12-13	8088.97	8645.33	7677.64	6460.45	6697.81	7417.39	44987.59
2020-12-14	7547.63	7337.22	7978.82	8004.81	7747.96	8303.22	46919.66
2020-12-15	7329.72	6935.94	8560.42	8513.84	7147.39	7170.84	45658.13
2020-12-16	7736.46	6939.38	7940.78	7808.43	7954.17	7010.90	45390.12
2020-12-17	6958.40	7813.08	7969.05	7857.05	6835.57	7342.63	44775.78
2020-12-18	8317.79	7344.80	8206.32	8056.87	6319.44	8141.41	46386.63
2020-12-19	8482.44	8168.15	8733.23	7657.21	8720.13	7784.88	49546.04
2020-12-20	7847.31	7195.83	8750.99	6892.72	8092.26	7862.51	46641.62
2020-12-21	8523.31	6973.22	6713.07	8527.76	8193.24	8431.93	47362.53
2020-12-22	7199.30	8283.51	7520.05	7764.94	7560.80	8251.28	46579.88
2020-12-23	7175.61	7712.23	7119.37	6961.02	8907.57	7349.69	45225.49
2020-12-24	6730.62	7528.67	8327.11	7048.00	7335.84	8105.53	45075.77
2020-12-25	7916.07	8194.76	6753.94	7189.67	7838.73	6942.72	44835.89
2020-12-26	7326.59	7401.20	6847.53	6999.30	7399.12	7825.01	43798.75
2020-12-27	8202.21	6910.00	7376.70	6846.99	7305.98	7759.22	44401.10
2020-12-28	5913.13	7360.94	7545.87	8708.03	7235.92	7808.53	44572.42
2020-12-29	7582.92	7822.03	7535.53	7309.21	7857.39	8238.04	46345.12
2020-12-30	6345.53	6646.93	7775.45	8536.61	6033.17	7026.25	42363.94
2020-12-31	7553.68	7246.43	6177.99	6349.51	7267.97	6859.29	41454.87
总计	231520.82	230411.52	234904.28	234496.01	232551.96	233530.11	1397414.70

产品名称

产品A	产品B
产品C	产品D
产品E	产品F

销售日期　　　　　月

2020　　　　　　　　　　　　　　2021

7月　8月　9月　10月　11月　12月　1月

思路分析

　　创建多重合并计算区域的数据透视表对数据源的要求更加严格，因此，在创建之前，除了需要整理和规范数据源表的格式，还要将每个工作表中的字段名称全部修改一致。同时，创建这种透视表必须通过"向导"对话框完成。然而，Excel 初始功能区中并没有打开"向导"对话框的按钮，所以需要通过"Excel 选项"—"自定义功能区"功能添加。通过"向导"对话框创建多重合并计算区域的操作非常简单，创建成功后，即可插入切片器和日程表快速筛选和分析目标数据。最后，将指定月份、指定产品的销售数据生成报表，以便于发送给其他部门或打印纸质报表。本案例的具体制作思路如下图所示。

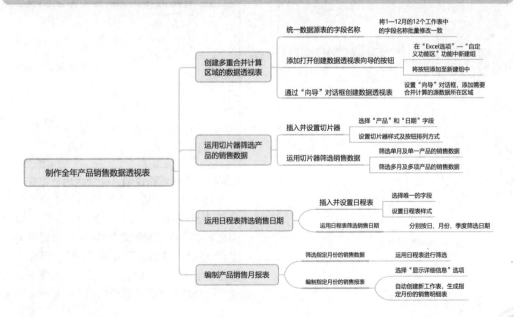

3.2.1 创建多重合并计算区域的数据透视表

普通自动筛选是最快捷且十分常用的一种筛选方法。具体操作非常简单，单击目标字段右侧的"筛选"按钮，在下拉列表中选择指定条件或直接输入关键字即可快速列出全部目标数据（暂时隐藏不符合条件的数据）。

1. 统一数据源表的字段名称

单列字段筛选是指仅以某一列字段作为条件，筛选出其他列中符合条件的全部数据。下面按照日期筛选 2020 年 8 月的产品销售数据。

下面批量修改工作表的字段名称。❶ 打开"素材文件 \ 第 3 章 \2020 年全年产品销售日报表 .xlsx"文件，其中包含 12 个工作表，分别记录 2020 年 1—12 月每日产品销售金额，右击任一工作表标签，在弹出的快捷菜单中选择"选定全部工作表"命令；❷ 将 A2:H2 单元格区域中的字段名称重新输入一遍，即可统一全部工作表的字段名称；❸ 再次右击工作表标签，选择"取消组合工作表"命令，如下图所示。

2. 添加"数据透视表和数据透视图向导"按钮

创建多重合并计算区域的数据透视表必须通过"数据透视表和数据透视图"对话框进行操作。但是一般情况下，Excel 初始功能区中并没有这个按钮，需要自行添加。

步骤 01 在"插入"选项卡中新建组。❶ 打开"Excel 选项"对话框，选择左侧列表中的"自定义功能区"选项；❷ 选择右侧"主选项卡"列表框中的"表格"选项；❸ 单击下方的"新建组"按钮，如下图所示。

步骤 02 重命名新建组。新建组后，将在"表格"选项卡下生成一个空白组，初始名称为"新建组（自定义）"，为了便于识别，可自定义名称。❶选择列表框中的"新建组（自定义）"选项；❷单击列表框下方的"重命名"按钮；❸弹出"重命名"对话框，在符号框中选择一个符号，在"显示名称"文本框中输入

自定义名称，如"透视表向导"；❹单击"确定"按钮，如下图所示。

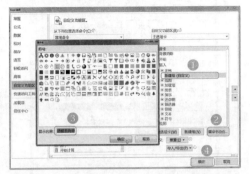

步骤 03 将"数据透视表和数据透视图向导"按钮添加至新建组中。❶选择"主选项卡"列表框中的"透视表向导（自定义）"选项；❷在左侧"从下列位置选择命令"下拉列表中选择"不在功能区中的命令"选项；❸在下方列表框中找到"数据透视表和数据透视图向导"选项；❹单击"添加"按钮将其添加至新建组中；❺添加成功后单击"确定"按钮，关闭对话框，如下图所示。

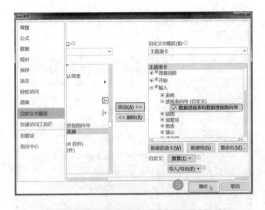

小提示

"数据透视表和数据透视图向导"按钮或其他命令按钮也可以添加至快速访问工具栏中，可以更方便快捷地操作。在"Excel选项"对话框左侧列表框中选择"快速访问工具栏"选项后，按照步骤03操作即可。

3. 创建多重合并数据透视表

添加"数据透视表和数据透视图向导"按钮后，接下来打开对话框，进行几步简单的操作设置，即可将1—12月共12个工作表合并创建为一个数据透视表。

步骤 01 打开对话框。单击"插入"选项卡中"透视表向导"组的"数据透视表和数据透视图向导"按钮，如下图所示。

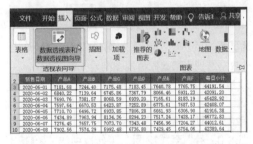

步骤 02 设置"向导"第1~2步。❶弹出"数据透视表和数据透视图向导一步骤1（共3步）"对话框，选中"多重合并计算数据区域"单选按钮，报表类型默认为"数据透视表"，这里不做更改；❷单击"下一步"按钮；❸弹出"数据透视表和数据透视图向导一步骤2a（共3步）"对话框，选中"自定义页字段"

单选按钮；④ 单击"下一步"按钮，如下图所示。

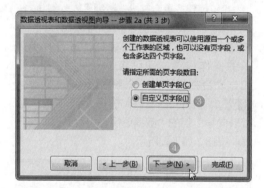

步骤 03 设置"向导"第2~3步。① 弹出"数据透视表和数据透视图向导—第2b步，共3步"对话框，单击"选定区域"文本框，框选"01月"工作表中的 A2:G33 单元格区域，单击"添加"按钮，重复这一操作，再依次添加"02月"至"12月"工作表中的 A2:G33 单元格区域至"所有区域"列表框中；② 将数据透视表中的页字段数目指定为1；③ 依次单击"所有区域"列表框中的每个区域后在"字段1"文本框中输入字段名称；④ 单击"下一步"按钮，如下图所示。

步骤 04 设置"向导"第3步，完成创建。弹出"数据透视表和数据透视图向导—步骤3（共3步）"对话框，数据透视表显示位置默认为"新工作表"，直接单击"完成"按钮，如下图所示。

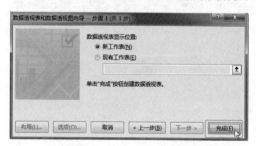

操作完成后，Excel立即在新的工作表中创建一个多重合并计算区域的数据透视表，其中包含"01月"至"12月"工作表中的全部数据。初始效果如下图所示（数字格式、布局样式等参考3.1.1节进行设置）。

小技巧

"数据透视表和数据透视图向导"对话框也可使用 Office 访问键快速打开，操作步骤：按组合键 Alt+D，弹出提示信息，如下图所示，再按 P 键。

> **Office 访问键: Alt , D,**
> 继续键入 Office 旧版本菜单键序列，或按 Esc 取消。

3.2.2　运用切片器筛选产品销售数据

在数据透视表中分析某个字段或多个字段中的数据时，可运用 Excel 提供的专用筛选工具——切片器进行筛选。与第 2 章介绍的普通筛选功能不同的是，切片器只能在数据透视表和超级表中使用，但是操作方法更简单，筛选速度更快。

1. 插入并设置切片器

运用切片器筛选数据，首先需要插入切片器。如果对切片器的默认样式不满意，还可适当地进行设置和调整。

步骤 01　插入切片器。❶ 打开"素材文件\第 3 章\2020 年全年产品销售日报表与数据透视表 .xlsx"文件，选中数据透视表区域中的任一单元格，激活"数据透视表工具"，单击"分析"选项卡中"筛选"组的"插入切片器"按钮；❷ 弹出"插入切片器"对话框，勾选"列"和"页 1"复选框；❸ 单击"确定"按钮，关闭对话框，如下图所示。

操作完成后，即可看到工作表中出现两个切片器。其中，切片器"列"中创建了全部产品名称的按钮，而切片器"页 1"中是在创建数据透视表时分别为每个区域定义的字段名称"01 月"至"12 月"按钮，如下图所示。

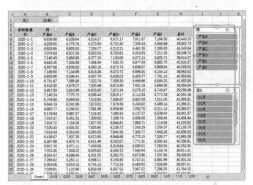

步骤 02　一键设置切片器样式。❶ 选中两个切片器，激活"切片器工具"，单击"选项"选项卡；❷ 单击"快速样式"下拉按钮；❸ 在展开的下拉列表中选择一种样式，如下图所示。

步骤 03 自定义切片器标题。❶ 选中切片器的"列"，单击"选项"选项卡中"切片器"组的"切片器设置"按钮；❷ 弹出"切片器设置"对话框，Excel 默认勾选"显示页眉"复选框，在"标题"文本框中输入自定义标题"产品名称"；❸ 其他设置均为默认选项，不做更改，单击"确定"按钮，关闭对话框，如下图所示。

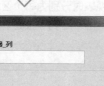

按照同样的操作步骤将切片器"页 1"的标题修改为"月份"。

步骤 04 调整切片器按钮。选中切片器"月份"，在"选项"选项卡中"按钮"组的"列"文本框中输入 3，切片器按钮即可按 3 列排列，效果同步呈现，如下图所示。

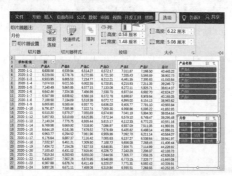

按照同样的操作步骤将"产品名称"切片器按钮调整为 2 列。

步骤 05 调整切片器大小。切片器是以图片形式存在的，可以任意调整大小和移动。调整切片器按钮的列数后，即可根据按钮大小调整切片器。选中切片器，将鼠标指针移至其中一个圆圈上，当鼠标指针变为双向箭头后按住鼠标左键进行拖动即可调整。调整后的效果如下图所示。

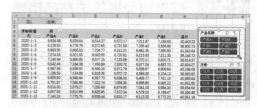

2. 运用切片器筛选销售数据

下面运用切片器筛选一个或多个产品名称或月份，以便分析各种目标数据。

步骤 01 查看产品 E 在 2020 年 10 月的销售排行。❶ 单击切片器"产品名称"中的按钮"产品 E"；❷ 单击切片器"月份"中的按钮"10 月"即可立即呈现筛选结果；❸ 选中 B5:B35 单元格区域中的任一单元格，右击后弹出快捷菜单，选择"排序"命令，选择二级快捷菜单中的"降序"命令。

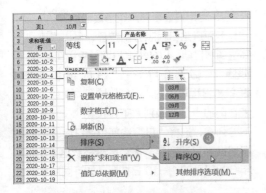

操作完成后，筛选效果如下图所示。

步骤 02 查看产品 A、B 在 4—6 月的合计平均销售额。❶ 拖动鼠标指针选中切片器"产品名称"中的"产品 A"和"产品 B"按钮；❷ 同样选中切片器"月份"中的"04 月""05 月""06月"按钮；❸ 将"总计"字段的"值汇总依据"设置为"平均值"（设置方法请参照 3.1.2 节的内容），如下图所示。

步骤 03 清除筛选。单击切片器右上角的"清除筛选器"按钮 即可清除筛选结果，如下图所示。

3.2.3　运用日程表筛选销售日期

日程表是数据透视表及数据透视图中独有的，是专门用于筛选日期的另一种高级筛选器。日程表可以按日期、月份、季度、年份等不同的时间级别筛选数据，这一点远胜于使用切片器筛选日期。下面运用日程表在数据透视表中筛选指定日期或期间的销售数据。

1. 插入并设置日程表

运用日程表筛选日期，同样需要先插入日程表，并对其样式做出调整。

步骤 01 插入日程表。❶ 选中数据透视表区域中的任一单元格，激活"数据透视表工具"，单击"分析"选项卡中"筛选"组的"插入日程表"按钮；❷ 弹出"插入日程表"对话框，选中其中唯一的选项，即数据透视表中的日期所在的"行"字段；❸ 单击"确定"按钮，关闭对话框，如下图所示。

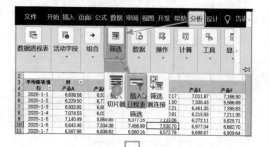

步骤 02 设置日程表。❶选中"日程表"，激活"日程表工具"，在"选项"选项卡的"日程表样式"组中选择一种样式后，日程表同步呈现效果；❷在"日程表"组的"日程表标题"文本框中输入自定义的标题名称，其他默认设置不做修改；❸调整日程表大小，并将其移至数据透视表区域之外，以免影响查看数据，如下图所示。

日程表设置完成后，可将"月份"切片器删除，如下图所示。

2. 运用日程表筛选销售日期

下面运用日程表分别按日、月、季度快速筛选销售日期，以便根据日期分析销售数据。

步骤 01 筛选 6 月 1—10 日的销售数据。❶单击日程表中的"6月"按钮；❷单击日程表右侧的"日期级别"下拉按钮 月▾；❸弹出下拉列表，选择"日"选项；❹日程表中的按钮切换为日期数字，拖动鼠标指针选择 2020年 6 月下面的 1—10 日按钮，如下图所示。

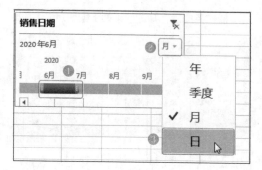

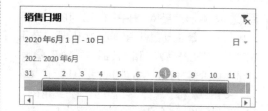

操作完成后，可看到数据透视表区域中已筛选出 6 月 1—10 日的销售数据（当前"值汇总依据"为"平均值"），如下图所示。

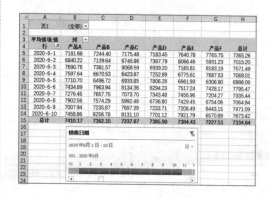

步骤 02 筛选 8—11 月产品 A~D 销售数据。

❶ 单击"日期级别"下拉按钮 日 ▾，单击下拉列表中的"月"选项，将日期级别切换为"月"；

❷ 拖动鼠标指针选择"8 月"—"11 月"按钮；

❸ 拖动鼠标指针选择"产品名称"切片器的"产品 A""产品 B""产品 C""产品 D"按钮，如下图所示。

操作完成后，可看到数据透视表区域中已筛选出 8—11 月产品 A~D 的销售数据（当前"值汇总依据"为"求和"），如下图所示。

步骤 03 筛选下半年全部产品的销售数据。

❶ 单击"产品名称"切片器的"清除筛选器"按钮 ，清除步骤 02 的筛选结果；❷ 单击"日期级别"下拉按钮 月 ▾，选择下拉列表中的"季度"选项，将日期级别切换为季度；❸ 拖动鼠标指针选择"第 3 季度"和"第 4 季度"按钮，如下图所示。

操作完成后，可看到数据透视表区域中已筛选出第 3 季度和第 4 季度（7—12 月）全部产品的销售数据（当前"值汇总依据"为"求和"），如下图所示。

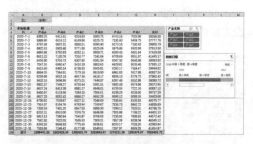

🔔 小提示

如需清除日期筛选结果，则单击日程表中的"清除筛选器"按钮 。

3.2.4　快速编制产品销售月报表

在数据透视表中分析数据并获得结果后，通常需要保存当前结果并编制成专项报表，如指定产品的销售明细表及各种年度报表、季度报表、月报表、日报表等，以便打印或发送至上级或其他部门。在数据透视表中通过简单的操作即可将动态分析结果转换为静态报表。下面在数据透视表中编制 2020 年 12 月产品 B 的销售明细报表。

步骤 01 筛选 12 月的销售数据。打开"素材文件 \ 第 3 章 \2020 年全年产品销售日报表与数据透视表 1.xlsx"文件，单击日程表中"2020"下面的"12"按钮，筛选出 12 月的销售数据，如下图所示。

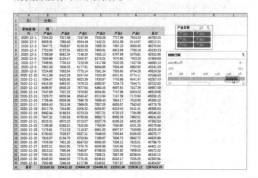

步骤 02 编制报表。❶右击 C36 单元格（产品 B 的合计金额），在弹出的快捷菜单中选择"显示详细信息"命令；❷Excel 自动创建一个新的工作表，同时生成超级表，列出产品 B 在 12 月的销售明细，自行调整表格格式后即可打印或发送，如下图所示。

本章小结

本章通过两个案例，系统地讲解了 Excel 2019 中数据透视表的应用方法和技巧，主要包括创建数据透视表和多重合并计算区域的数据透视表，快速布局数据透视表，运用数据透视表从不同的角度和维度分析各种数据，在数据透视表中插入、使用切片器和日程表筛选数据，以及快速编制数据分析报表的方法。

在学习本章内容时，应掌握最简单和基础的常规数据透视表和多重合并计算区域的数据透视表的创建与布局方法，应重点学习和掌握数据透视表的核心内容，即如何运用数据透视表动态分析数据。

✎ 读书笔记

第4章

Excel 数据计算、统计和分析: 函数公式应用

本章导读

　　Excel 是一款非常强大的数据处理软件，拥有多种强大的数据统计分析功能，其中最核心的应用是函数公式。通过函数公式对数据进行计算、统计和分析，不仅能够确保数据准确无误，而且能大幅提高工作效率。

　　Excel 2019 提供了 13 类数百个函数，看似繁杂，但实际上充分掌握其中 20% 的函数应用方法，即可游刃有余地处理各种复杂的数据难题。本章将通过日常工作中最为常见的人力资源数据、进销存数据、财税数据这三大类数据管理表格的制作，具体讲解运用函数公式对数据进行计算、统计与分析的方法和技巧。

知识技能

本章相关案例及知识技能如下图所示。

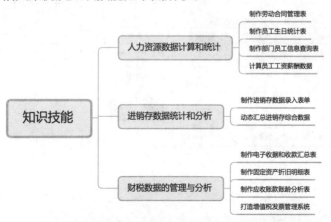

4.1 人力资源数据计算和统计

案例说明

　　人力资源数据中包含很多数据，如员工基本信息数据、劳动合同数据、工资数据等。在实际工作中，不仅要准确地记录原始数据，还要进一步对这些数据进行计算、统计和分析。本节将制作各种管理表格，设置函数公式，高效地计算、统计和分析以下数据。

　　（1）自动计算员工劳动合同的相关数据，如员工工龄、合同到期日期，帮助 HR 及时掌握合同数据，以提前做好下一步的准备工作。

　　（2）按月份自动查询和统计员工生日，输入代表月份的数字即可列出当月生日的所有员工信息，以便人力资源部门准确地预算此项福利费用并准确地发放福利。

　　（3）按照部门查询员工的详细信息，选择部门名称和员工姓名即可完整显示员工的详细信息，以便 HR 充分了解和掌握本公司的人力资源信息。

　　（4）计算员工工资薪酬数据，主要包括工龄工资、绩效奖金、个人所得税这三项在工资数据体系中相对重要的数据，设置函数公式自动计算，既能保证数据准确无误，更能简化手工操作，提高工作效率。

　　如下图所示，就是本案例制作的按部门自动统计和查询员工详细信息的表格（结果文件参见：结果文件＼第 4 章＼员工劳动合同管理 .xlsx、员工信息查询统计 .xlsx、2021 年员工工资表 .xlsx）。

U19		× ✓ fx																
	A	B	C	D	E	F	G	H	I	J	K	L	M	N	O	P	Q	R
1			**表1：部门人员分布统计表**												**表2：**		**销售部员工信息表**		
2	行政部		财务部		人力资源部		生产部		销售部		物流部				销售部	员工编号	员工姓名	岗位	李皓鹏
	岗位	人数	岗位	人数	岗位	人数	岗位	人数	岗位	人数	岗位	人数							朱丽玲
3														6	HY006	李皓鹏	业务代表		陈丽玲
4	行政总监	1人	财务总监	1人	HR总监	1人	生产总监	1人	销售总监	1人	物流主管	1人		10	HY010	朱丽玲	业务代表		曹颖萱
5	部门经理	1人	财务经理	1人	HR经理	1人	生产经理	1人	销售经理	1人	文员	1人		14	HY014	陈丽玲	业务代表		肖昱龙
6	部门主管	1人	总账会计	1人	HR主管	1人	部门主管	1人	销售主管	1人	司机	5人		21	HY021	曹颖萱	业务代表		倪维汐
7	秘书	3人	往来会计	2人	薪酬专员	2人	质检员	4人	业务代表	9人	-	0人		33	HY033	肖昱龙	业务代表		吴浩然
8	行政助理	4人	出纳	1人	招聘专员	1人	操作工	10人	0人		-	0人		39	HY039	倪维汐	业务代表		陈佳莹
9	文员	2人	-	0人	-	0人	0人		0人		-	0人		43	HY043	吴浩然	销售总监		汪小宇
10	部门合计	12人	合计	6人	合计	6人	合计	17人	合计	12人	合计	7人		46	HY046	陈佳莹	业务代表		朱易凡
11														47	HY047	鲁一明	销售经理		尹茗雅
12			**表3：员工详细信息**											52	HY052	汪小宇	业务代表		
13	员工编号		HY021		员工姓名		曹颖萱		入职照片					53	HY053	朱易凡	业务代表		
14	身份证号码		110100197306180583		性别		女							57	HY057	尹茗雅	销售主管		
15	出生日期		1973-06-18		年龄		47岁												
16	部门		销售部		岗位		业务代表												
17	入职时间		2013-06-28		工龄		7年												
18	最新合同续签日		2020-06-28		签订期限		3年												
19	合同到期日		2023-06-27		联系电话		136****5511												

思路分析

　　制作劳动合同管理表、员工生日统计表、部门员工信息查询表及计算员工工资薪酬数据，需要运用各类不同函数，设置不同的公式进行自动计算和统计。例如在劳动合同管理表中，首先要使用查找引用函数自动查找员工基本信息，然后运用日期函数，根据入职时间计算工龄。又如在员工工资薪酬数据中，个人所得税的七级超额累进税率的计算是一个难点，可以运用函数以最简短的公式快速计算，得出与不同级应纳税所得额匹配的税率。本案例的具体制作思路及主要函数如下图所示。

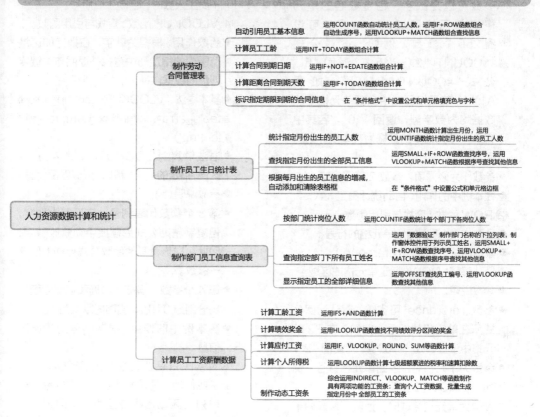

4.1.1　制作劳动合同管理表

　　劳动合同是劳动者与用人单位之间确立劳动关系，明确双方权利和义务的书面协议。管理劳动数据是人力资源部门的重要工作之一。从一份劳动合同中可以抓取多项数据，如合同签订时间、合同到期时间、员工工龄等。本节

扫一扫，看视频

将制作劳动合同管理表，运用各种函数公式计算劳动合同的相关数据，并分享管理思路。

1. 引用员工基本信息

　　计算劳动合同数据，首先需要获取员工基本信息，包括员工编号、姓名、部门、岗位、入职时间等。这些信息在员工信息管理表中已经具备，不必再重复录入，可以设置函数公式自动引用至劳动合同管理台账中。

　　本例将运用 COUNT 函数、IF+ROW 函

数组合和 VLOOKUP+MATCH 函数组合完成工作任务。函数介绍和说明如下。

① COUNT 函数：统计函数。

◆ 函数作用：计算区域中包含数字的单元格个数。

◆ 基本语法：COUNT(value1,[value2],...)

◆ 语法解释：COUNT(参数1, [参数2],...)

◆ 参数说明：

● 参数可以是数字、包含数字的单元格或单元格区域地址，最多可设置 255 个参数。例如，设置公式"=COUNT(1,2,6,8,15)"，返回"5"；公式"=COUNT(A1:A10)"，如果 A1:A10 单元格区域中全部单元格中的数据均为数字型，返回"10"，若其中有 3 个单元格中的数据为文本型，则返回"7"。

● 参数 1 为必需项，参数 2 等可省略。

◆ 在本例中的作用：自动统计员工人数。

② ROW 函数：查找与引用函数。

◆ 函数作用：返回指定单元格的行号。

◆ 基本语法：ROW([reference])

◆ 语法解释：ROW(指定单元格或区域)

◆ 参数说明：

● 参数 [reference] 可省略，默认返回公式所在单元格的行号。例如，在 B2 单元格中设置公式"=ROW()",返回"2"。

● 参数为单元格时，返回单元格行号，例如，"=ROW(E6)"，返回"6"。

● 参数为单元格区域时，返回区域起始单元格的行号。例如，"=ROW(A3:E6)"，返回"3"。

◆ 在本例中的作用：根据员工人数自动生成序号。

③ IF 函数：逻辑函数。

◆ 函数作用：判断是否满足某个条件，如果满足则返回一个值，否则返回另一个值。

◆ 基本语法：IF(logical_test,value_if_true,value_if_false)

◆ 语法解释：IF(指定的条件，条件为真时返回的值，条件为假时返回的值)

◆ 参数说明：参数可以是文本、数字、公式等。一个 IF 函数只能判断一组条件，若需判断多组条件，则可嵌套多层 IF 函数，最多可嵌套 64 层。

◆ 在本例中的作用：与 ROW 函数嵌套使用，判断 ROW 函数返回的行号小于等于员工人数时，自动生成序号。

④ VLOOKUP 函数：查找与引用函数。

◆ 函数作用：根据关键字，在指定的区域范围内的指定列中查找并返回与关键字匹配的数据。

◆ 基本语法：VLOOKUP (lookup_value, table_array,col_index_num, range_lookup)

◆ 语法解释：VLOOKUP(关键字，查找区域,指定的列号，精确 / 近似匹配代码)

◆ 参数说明：

● 第 3 个参数代表列号，应设置为数字，但复制粘贴公式后需要手动修改数字，因此可以嵌套其他函数公式自动返回这一参数。

● 第 4 个参数可省略。精确和近似匹配代码分别为 0 和 1，省略时默认为 1。

◆ 在本例中的作用：根据序号查找员工信息。

⑤ MATCH 函数：查找与引用函数。

◆ 函数作用：根据关键字，指定的单行或单列的区域范围内查找并返回列号或行号。

◆ 基本语法：MATCH (lookup_value, lookup_array,[match_type])

◆ 语法解释：MATCH(关键字，查找行区域 / 列区域，[精确 / 近似查找代码])

◆ 参数说明：

● 第 3 个参数代表精确或近似查找。其中，精确查找代码为 0，近似查找代码可设为 −1 或 1。−1 表示查找小于或等于关键字的最大值；1 表示查找大于或等于关键字的最小值。

- 第 3 个参数可省略，默认为 1。
- ◆ 在本例中的作用: 与 VLOOKUP 函数嵌套，自动返回其第 3 个参数值（指定的列号）。

步骤 01 统计员工人数。❶ 打开"素材文件 \ 第 4 章 \ 员工劳动合同管理 .xlsx"文件，其中已包含一个工作表，名称为"员工信息"，新增工作表，命名为"劳动合同"，绘制表格框架并设置字段名称；❷ 在 A2 单元格中设置公式"=COUNT(员工信息 !A:A)"，统计"员工信息"工作表中 A 列中包含数字的单元格个数（A 列为顺序号，可代表员工人数），返回结果为"60"，如下图所示。

步骤 02 根据员工人数自动生成序号。❶ 在 A3 单元格中设置公式"=IF(ROW()-2<=A$2, ROW()-2,"")"，运用 IF 函数判断表达式"ROW()-2"返回的数字是否小于 A2 单元格中的数字，如果是，则返回表达式的结果，否则返回空值。其中，"ROW()"将返回 A3 单元格的行号"3"，减 2 的原因是要减去 A1 和 A2 单元格占用的两行，使之返回数字"1"。当"ROW()-2"大于 A2 单元格中的员工人数时，不再生成序号；❷ 将 A3 单元格填充至 A4:A62 单元格区域，即可生成序号 2~60（或者扩大填充范围，预留空行，如果以后在"员工信息"工作表中添加员工信息，将自动生成后面的序号），如下图所示。

步骤 03 根据序号查找引用员工信息。❶ 在 B3 单元格中设置公式"=VLOOKUP($A3, 员工信息 !$A:K,MATCH(B$2, 员工信息 !$2:$2,0),0)"，根据 A3 单元格中的序号，返回"员工信息"工作表中 A:K 区域中某一列的值。其中第 3 个参数嵌套 MATCH 函数，根据 B2 单元格中的数据（"员工编号"），在"员工信息"工作表第 2 行中查找其所在的列号，返回结果为"2"，即第 2 列；❷ 复制 B3 单元格，框选 C3:H3 单元格区域，右击后弹出快捷菜单，单击"粘贴选项"中的"公式"按钮，即可仅粘贴 B3 单元格的公式至 C3:H3 单元格区域，而不会改变区域中的单元格格式；❸ 将 B3:H3 单元格区域的公式填充至 B4:H62 单元格区域即可，如下图所示。

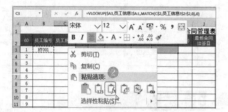

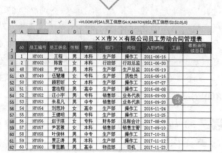

2. 计算员工工龄

计算员工工龄的实质是计算当前日期与入职时间的间隔年数。一般情况下，间隔年数不足1年的部分不予计算工龄，所以要注意，不可简单地将两个年份相减，而要将具体入职月份考虑在内。例如，入职时间为2018年12月1日，当前日期为2020年10月26日，工龄应计算为1年，不可直接将2020减2018的得数"2"计为2年工龄。

本例将运用INT+TODAY函数组合计算员工工龄。函数介绍和说明如下。

① TODAY函数：日期函数。

◆ 函数作用：返回"今天"（计算机系统）的日期。

◆ 基本语法：TODAY()

◆ 参数说明：TODAY函数没有参数，不得在括号内添加任何内容。

② INT函数：数学函数。

◆ 函数作用：对一个数字向下四舍五入取整为与之最接近的整数。

◆ 基本语法：INT(number)

◆ 语法解释：INT(数字)

◆ 参数说明：只有一个参数，可以设为具体的数字，或包含数字的单元格及单元格区域的地址。例如，设置公式"=INT(12.68)"或"=INT(12.38)"，均返回"12"。

◆ 在本例中的作用：与TODAY函数嵌套，将其与入职时间相减后的数字取整。

步骤01 计算工龄。❶ 在I2单元格中设置公式"=INT((TODAY()-H3)/365)"，运用TODAY函数返回"今天"的日期为2020年10月26日，减去入职时间"2011-06-16"后除以365，得到数字"9.37"（约等于），再用INT函数取整后返回结果"9"；❷ 将I3单元格的公式填充至I4:I62单元格区域，如下图所示。

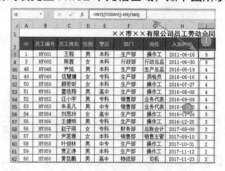

步骤02 自定义单元格格式。❶ 选中I列，打开"设置单元格格式"对话框，选择"数字"选项卡中左侧"分类"列表框的"自定义"选项；❷ 在右侧"类型"文本框中输入自定义格式代码"#年"；❸ 单击"确定"按钮，关闭对话框，如下图所示。

设置完成后，单元格区域 I3:I62 的显示效果如下图所示。

3. 计算合同到期日期

计算合同到期日期之前，需要录入原始数据，即最新的合同签订日期和签订期限。对于签订期限，这里根据工龄进行设置：工龄在 10 年以下的可选择 3 年及以内的期限，10 年及以上则签订无固定期限合同。对此，可运用"数据验证"工具制作下拉列表，在序列来源中设置 IF 函数，根据工龄分别返回不同的序列。计算合同到期日期，EDATE 函数是不二之选。本例将要运用的函数介绍和说明如下。

① EDATE 函数：日期函数。

◆函数作用：根据指定的起始日期和间隔月数，返回起始日期之前或之后的日期。

◆基本语法：EDATE(start_date,months)

◆语法解释：EDATE(起始日期, 间隔月数)

◆参数说明：

● 参数缺一不可。

● 第 2 个参数可设为正数和负数。设为正数时，计算起始日期间隔指定月数之后的日期；若为负数，则与之相反，即计算起始日期之前的日期。例如，当前计算机系统日期为 2020 年 10 月 26 日，公式 "=EDATE(TODAY(),1)" 返回 "2020-11-26"，"=EDATE(TODAY(),-1)" 将返回 "2020-9-26"。

② NOT 函数：逻辑函数。

◆函数作用：对参数的逻辑值求反。一般与 IF 函数嵌套，作为其第 1 个参数辅助 IF 函数进行条件判断。

◆基本语法：NOT(logical)

◆语法解释：NOT(指定的条件)

◆参数说明：只有一个参数，可以设置为数字、公式、文本等。当不符合条件时，返回 "TRUE"，反之则返回 "FALSE"。例如，公式 "NOT(9>10)" 将返回 "TRUE"。

③ IF 函数：逻辑函数，在 <1.引用员工基本信息> 中已经介绍过。

步骤 01 制作签订期限的下拉列表。❶ 在 J3:J62 单元格区域中录入最新合同签订日期；❷ 在空白区域，如 Q1:T3 单元格区域制作辅助表，设置签订期限，作为下拉列表的数据源；❸ 框选 K3:K62 单元格区域，打开"数据验证"对话框，在"设置"选项卡的"允许"下拉列表中选择"序列"；❹ 在"来源"文本框中输入公式 "=IF(I3<10,$R$2:$T$2,$R$3)"，运用 IF 函数判断 I3 单元格（工龄）的数字小于 10 时，返回 R2:T2 单元格区域中的数据作为序列，否则返回 R3 单元格中的数据作为序列；❺ 单击"确定"按钮，关闭对话框，如下图所示。

设置完成后，可看到 K3 单元格下拉列表中的序列为 1、2、3，将 I4 单元格的数字临时手动修改为 10，可看到 K4 单元格的下拉列表中的序列为“无固定”，如下图所示。

	I	J	K
1	动合同管理表		
2	工龄	最新合同续签日	签订期限
3	9年	2020-06-16	1年
4	9年	2020-06-30	1 2 3
5	9年	2020-08-18	

	I	J	K
1	动合同管理表		
2	工龄	最新合同续签日	签订期限
3	9年	2020-06-16	1年
4	10年	2020-06-30	
5	9年	2020-08-18	无固定

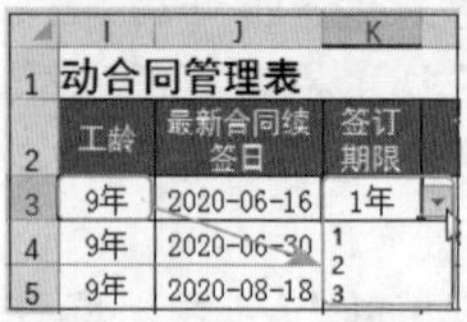

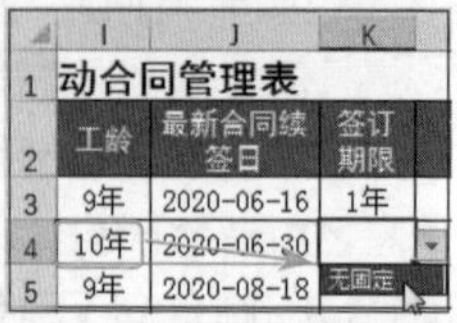

步骤 02 计算合同到期日期。❶ 在 K3:K62 单元格区域的下拉列表的序列中选择一个选项作为签订期限。❷ 在 L3 单元格中设置公式“=IF(NOT(K3=" 无 固 定 "),EDATE(J3,12*K3)-1,"-")”，运用 IF 函数判断 K3 单元格的数据不为“无固定”时，使用 EDATE 函数计算合同到期日期，否则返回符号“-”。其中，表达式“EDATE(J3,12*K3)”将返回日期“2021-6-16”，按照惯例，到期日期应为 2021-6-15。因此，设定公式中将 EDATE 函数的计算结果减 1。❸ 将 L3 单元格的公式填充至 L4:L62 单元格区域，如下图所示。

L3 =IF(NOT(K3="无固定"),EDATE(J3,12*K3)-1,"-")

	H	I	J	K	L	M	N
1	司员工劳动合同管理表						
2	入职时间	工龄	最新合同续签日	签订期限	合同到期日	距离合同到期天数	续签意向
3	2011-06-16	9年	2020-06-16	1年	2021-06-15		
4	2011-06-30	9年	2020-06-30	1年	2021-06-29		
53	2016-08-08	4年	[illegible]	1年	2021-08-07		
54	2016-09-09	4年	2020-09-09	1年	2021-09-08		
55	2016-09-20	4年	2020-09-20	1年	2021-09-19		
56	2016-11-24	3年	2020-11-24	1年	2021-11-23		
57	2016-12-25	3年	2020-12-25	1年	2021-12-24		
58	2017-08-09	3年	2020-08-09	2年	2022-08-08		
59	2017-09-10	3年	2020-09-10	2年	2022-09-09		
60	2017-10-31	2年	2020-10-31	2年	2022-10-30		
61	2017-11-12	2年	2020-11-12	2年	2022-11-11		
62	2017-11-23	2年	2020-11-23	2年	2022-11-22		

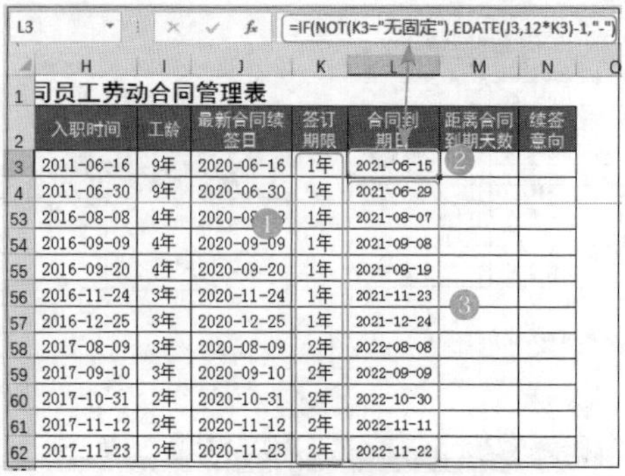

4. 计算距离合同到期天数，简化输入续签意向

计算距离合同到期天数原本很简单，在 M3 单元格中设置公式“=L3-TODAY()”，将合同到期日期与“今天”的日期相减即可。本例还需要考虑两个问题：第一，当签订期限为“无固定”时，L3 单元格将返回“-”，M3 单元格中的公式将会返回错误值“#VALUE!”，为了让表格整洁、美观，需要将错误值屏蔽；第二，如果“今天”的日期已经超过合同到期日期，计算结果将出现负数，表明 J3 单元格中的“最新合同签订日期”没有更新。为了更规范地管理合同，应使公式返回指定文本，予以提醒。对此，可嵌套 IFERROR 函数巧妙地解决上述问题。另外，在“续签意向”字段下自定义单元格格式，可以简化手工输入，保证录入质量，提高工作效率。本节将要使用的函数介绍及说明如下。

① IFERROR 函数：逻辑函数。

- 函数作用：判断表达式是否正确，如果正确，返回表达式自身的值，否则返回指定值。
- 基本语法：IFERROR(value,value_if_error)
- 语法解释：IFERROR（公式表达式，表达式错误时返回的值）
- 参数说明：参数缺一不可。第 2 个参数可以是数字、文本、公式表达式等。

② IF 函数：逻辑函数，在 <1. 引用员工基本信息> 中已经介绍过。

③ TODAY() 函数：日期函数，在 <2. 计算员工工龄> 中已经介绍过。

步骤 01 计算距离合同到期天数。❶ 在M3 单元格中设置公式“=IFERROR(IF(L3>=TODAY(),L3-TODAY(),"已过期"),"-")”；❷将M3单元格的公式填充至M4:M62单元格区域，将M3:M62单元格区域的格式自定义为“#天”，如下图所示。

M3 =IFERROR(IF(L3>=TODAY(),L3-TODAY(),"已过期"),"-")

	F	G	H	I	J	K	L	M
1	××市××有限公司员工劳动合同管理表							
2	部门	岗位	入职时间	工龄	最新合同续签日	签订期限	合同到期日	距离合同到期天数
3	生产部	操作工	2011-06-16	9年	2020-06-16	1年	[illegible]	230天
4	行政部	行政总监	2011-06-30	9年	2020-06-30	1年	2021-06-29	244天
5	物流部	司机	2011-08-18	9年	2020-08-18	1年	2021-08-17	293天
6	行政部	部门经理	2011-08-31	9年	2020-08-31	2年	2022-08-30	671天
7	财务部	财务总监	2011-09-22	9年	2020-09-22	1年	[illegible]	328天
8	销售部	业务代表	2011-10-04	9年	2020-10-04	1年	[illegible]	340天
9	人力资源部	HR经理	2011-10-27	9年	2020-10-27	1年	2021-10-26	363天
10	生产部	生产经理	2011-11-08	8年	2020-11-08	1年	2021-11-07	375天
11	生产部	部门主管	2011-12-01	8年	2020-12-01	1年	2021-11-30	398天
12	销售部	业务代表	2011-12-13	8年	2020-12-13	2年	2022-12-12	775天

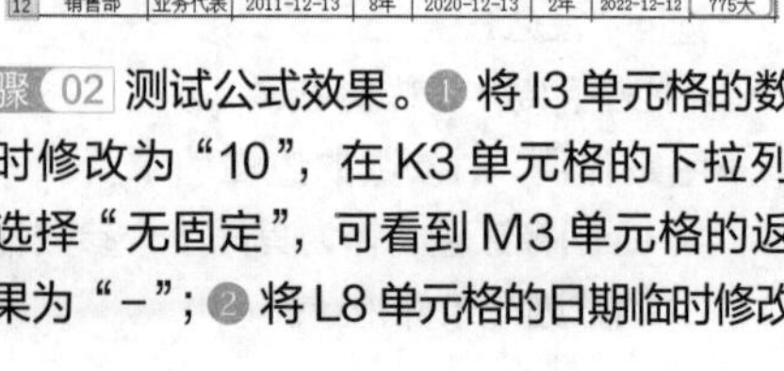

步骤 02 测试公式效果。❶ 将 I3 单元格的数字临时修改为“10”，在 K3 单元格的下拉列表中选择“无固定”，可看到 M3 单元格的返回结果为“-”；❷ 将 L8 单元格的日期临时修改为

"2020-10-1"（当前计算机系统日期为2020年10月26日），可看到 M8 单元格中公式的返回结果为"已过期"，如下图所示。

步骤 03 设置自定义格式，简化输入续签意向。❶ 框选 N3:N62 单元格区域，打开"设置单元格格式"对话框，在"数字"选项卡中左侧的"分类"列表框中选择"自定义"选项；❷ 在右侧"类型"文本框中输入格式代码"[=1]续签;[=2]将离职"；❸ 单击"确定"按钮，关闭对话框；❹ 在 N3:N62 单元格区域中输入"1"或"2"后，单元格中显示"续签"或"将离职"，如下图所示。

5. 设置条件格式，标识 60 天内到期的合同信息

对于即将到期的劳动合同信息，可运用"条件格式"功能设置公式，判断指定天数内到期的合同（如 60 天），以不同的格式对单元格做出标识，以便提醒 HR 及时获取信息，提前与员工续签合同，或为将要离职的员工办理相关手续，同时做好填补岗位空缺等准备工作。

步骤 01 打开"新建格式规则"对话框。❶ 框选 A3:N3 单元格区域，单击"开始"选项卡中"样式"组的"条件格式"下拉按钮；❷ 弹出下拉列表，选择"新建规则"命令，如下图所示。

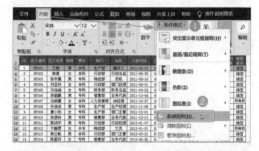

步骤 02 设置条件格式规则。❶ 弹出"新建格式规则"对话框，选择"选择规则类型"列表框中的"使用公式确定要设置格式的单元格"选项；❷ 在"为符合此公式的值设置格式"文本框中输入公式"=$M3<=60"；❸ 单击"格式"按钮，如下图所示。

步骤 03 设置格式。❶ 弹出"设置单元格格式"对话框，切换至"字体"选项卡，将"字形"设置为"加粗"，将"颜色"设置为白色；❷ 切换至"填充"选项卡中，设置单元格填充颜色，单击"确定"按钮；❸ 返回"新建格式规则"对话框，可以看到"预览"框中的格式效果。单击"确定"按钮关闭对话框，如下图所示。

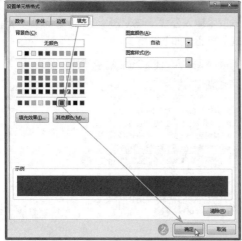

步骤 04 复制条件格式至其他区域。❶ 框选 A3:N3 单元格区域，单击"开始"选项卡中"剪贴板"组的"格式刷"按钮 ❤️；❷ 鼠标指针变为 ⊹♣ 形状后框选 A4:N62 单元格区域，如下图所示。

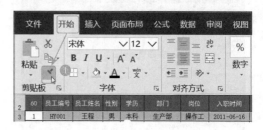

步骤 05 测试条件格式效果。将 M5 和 M8 单元格中的数字临时修改为小于 60 的数字，可以看到 A5:N5 和 A8:N8 单元格区域的格式效果，如下图所示。

至此劳动合同管理表制作完成。由于 A2 单元格中设置了统计员工人数的公式，返回结果为数字，为了使表头统一，将单元格格式自定义为"序号"（在"设置单元格格式"对话框的"数字"选项卡中"自定义格式"选项的"类型"文本框中输入"序号"即可）。最终效果如下图所示。

4.1.2　制作员工生日统计表

企业为了加强员工的归属感和团队凝聚力，通常会为员工提供一项生日福利。这就需要人力资源部门根据指定月份准确统计当月生日的全部员工的相关信息。虽然也可以在原始信息表中直接筛选出目标信息，但是不便于发送或打印。另外，即使能够运用高级筛选功能将结果复制至其他区域，也需要手工操作。设置函数公式后，输入一个代表月份的数字即可列出当月生日的员工的全部相关信息。同时，设置条件格式，根据表格所显示内容的增加或减少而自动添加或清除表格框线，无须手工设置，直接打印纸质表格即可。

1. 统计指定月份出生的员工人数

统计指定月份出生的员工人数主要用于预算福利费用。首先运用 MONTH 函数从员工的出生日期中提取出生月份，再运用 COUNTIF 函数统计相同月份出生的人数。函数介绍和说明如下。

① MONTH 函数：日期函数。

◆函数作用：返回指定日期的月份值，即 1~12 的数字。

◆基本语法：MONTH(serial_number)

◆语法解释：MONTH(日期)

◆参数说明：

●仅有一个参数，不可省略。

●参数可以是具体的日期、单元格地址及公式表达式。

◆在本例中的作用：根据出生日期返回员工的出生月份。

② COUNTIF 函数：统计函数。

◆函数作用：根据指定的一组条件统计指定区域中满足条件的单元格数目。

◆基本语法：COUNTIF(rang,criteria)

◆语法解释：COUNTIF(指定区域，统计条件)

◆参数说明：

●两个参数缺一不可。

●第 2 个参数可以是数字、文本、单元格地址、单元格区域、公式等。如果设置为单元格区域，默认以起始单元格为统计条件。

●第 2 个参数若需使用比较运算符或设置文本，如"="">""<"等，除"="外，其他符号和所有文本必须添加英文双引号。同时，比较运算符和文本、单元格地址之间必须使用符号"&"连接。

◆在本例中的作用：统计指定月份出生的员工人数。

步骤 01 计算员工出生月份。打开"素材文件第 4 章\员工信息查询统计.xlsx"文件，其中包含"员工信息"和"劳动合同"两个工作表，分别记录员工基本信息和劳动合同信息。在"员工信息"工作表中 F 列后面插入一列（ G 列 ），作为辅助列计算员工出生月份，在 G3 单元格中设置公式"=MONTH（F3）"，将单元格格式自定义为"#月"，将公式填充至 G4:G62 单元格区域，如下图所示。

用为 100 元 / 人。合并 F2:G2 单元格区域，在 F2 单元格中设置公式"=D2*100"，将单元格格式自定义为""费用预算:"#"元""，如下图所示。

2. 查找指定出生月份的全部员工信息

已知指定月份出生的员工人数后，下面需要设置函数公式，根据指定月份，自动列出该月份出生的全部员工的相关信息。本节将运用 SMALL、IFERROR、IF、ROW、VLOOKUP、MATCH、YEAR 函数。函数介绍和说明如下。

① YEAR 函数：日期函数。

◆函数作用：返回指定日期的年份值，即 1990~9999 的数字。

◆基本语法：YEAR(serial_number)

◆语法解释：YEAR(日期)

◆参数说明：仅有一个参数，不可省略。

◆在本例中的作用：根据出生日期计算员工年龄。

② SMALL 函数：查找与引用函数。

◆函数作用：查找并返回数据组中第 k 个最小值（不能返回文本型数据）。

◆基本语法：SMALL(array,k)

◆语法解释：SMALL(数据组，第 k 个值)

◆参数说明：

●两个参数缺一不可。

●第 1 个参数一般引用单元格区域。

●第 2 个参数为数字，代表第 n 个值。例如，公式"SMALL(A3:A10,2)"将返回 A3:A10 单元格区域中从小到大的第 2 个数值。

◆在本例中的作用：与 IF、ROW 函数嵌套，设置数组公式，根据指定月份，按

步骤 02 统计指定月份出生的员工人数。❶新增工作表，命名为"生日统计"，绘制工作表框架，设置字段名称和基本格式。将A2:C2单元格区域合并为一个单元格，在A2单元格中输入"10"（代表查询10月生日的员工信息），将单元格格式自定义为"以下员工#月生日："；❷合并D2:E2单元格区域，在D2单元格中设置公式"=COUNTIF(员工信息!G:G,A2)"，根据A2单元格中的数字"10"，统计"员工信息"工作表G列中出生月份为"10"的数量（即统计10月出生的员工人数），如下图所示。

步骤 03 预算福利费用。本例设定生日福利费

照从小到大的顺序依次返回"员工信息"工作表中的序号。

③ IF、IFERROR、ROW、VLOOKUP、MATCH 函数，在 4.1.1 节已经介绍过。

步骤 01 查找指定月份出生的全部员工的序号。❶ 在 A4 单元格中设置数组公式"{=IFERROR(SMALL(IF(员工信息 !G$3:G$62=A$2, 员 工 信 息 !A$3: A$62,""),ROW()-3),""))}"。注意设置数组公式时，不能直接输入花括号"{}"，正确操作是：输入公式表达式后按组合键 Ctrl+Shift+Enter，Excel 将在公式表达式首尾自动生成数组公式的标志符号"{}"；❷ 将公式填充至下面的单元格区域，如下图所示。

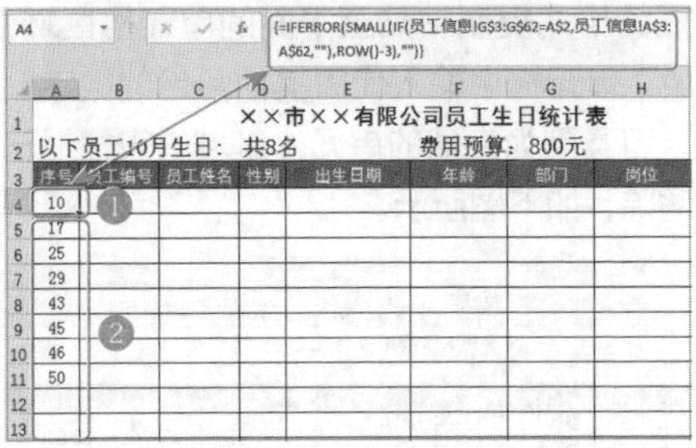

A4 单元格公式的原理如下：

- SMALL 函数的第 1 个参数：运用 IF 函数判断"员工信息"工作表 G3:G62 单元格区域的出生月份等于 A2 单元格中的数字时，返回"员工信息"工作表的 A3:A62 单元格区域中与之匹配的序号作为数组，否则返回空值。

- SMALL 函数的第 2 个参数：运用 ROW 函数自动生成数字，减 3 是减去 A1:A3 单元格区域的 3 个行号，使之返回数字 1。

- 将公式向下填充后，"员工信息"工作表 G 列中与 A2 单元格不符的出生月份无法被查找到，将返回错误值"#NUM!"，因此嵌套 IFERROR 函数屏蔽错误值。

步骤 02 根据序号查找其他信息。❶ 在 B4 单 元 格 中 设 置 公 式"=IFERROR (VLOOKUP($A4, 员工信息 !$A:L,MATCH

(B$3, 员工信息 !$2:$2,0), 0),"")"；❷ 运用"选择性粘贴"功能将公式复制粘贴至 C4:E4 和 G4:I4 单元格区域，如下图所示。

步骤 03 计算员工年龄。由于"员工信息"工作表中未记录员工年龄，无法查找引用，故可以根据出生日期直接计算。❶ 在 F4 单元格中设置公式"=IFERROR(YEAR(TODAY())-YEAR (E4),"")"，分别运用 YEAR 函数计算"今天"和出生日期的年份数后再相减，二者之间的差额即年龄；❷ 框选 B4:I4 单元格区域，将公式填充至下面的单元格区域，如下图所示。

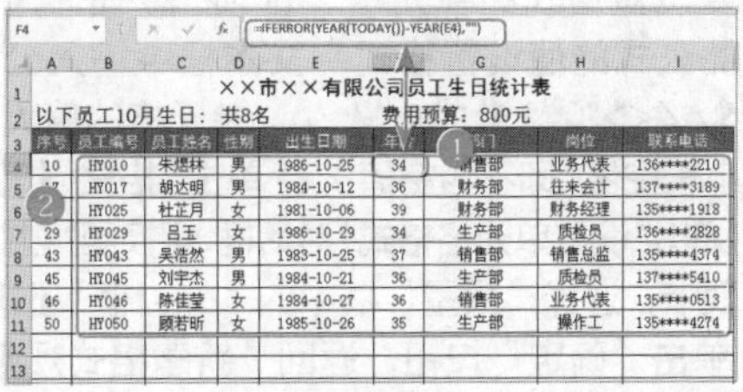

步骤 04 测试公式效果。在 A2 单元格中输入代表月份的其他数字，如 6，可以看到包含公式的所有单元格数据全部发生变化，如下图所示。

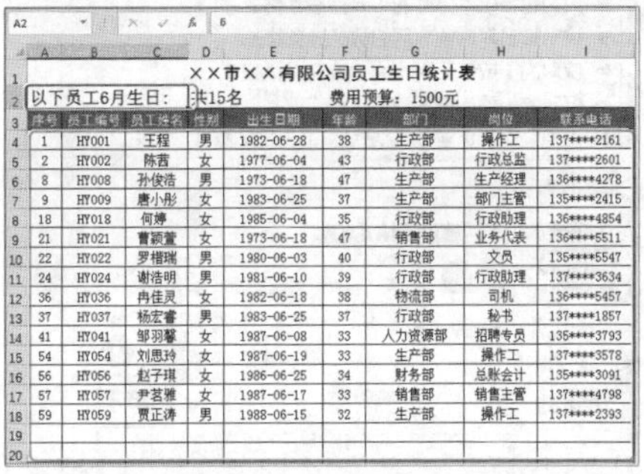

3. 设置条件格式自动添加或清除表格框线

为了方便打印和发送表格，下面运用条件格式功能设置公式，使表格框线随着表格中信息的增加或减少而自动添加或清除表格框线。

步骤 01 取消表格的静态框线。选中表格区域，单击"开始"选项卡中"字体"组的"边框"下拉按钮 囲▾，在下拉列表中选择"无框线"命令，如下图所示。

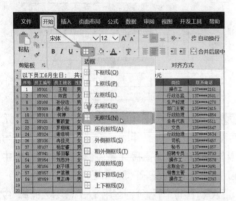

步骤 02 设置条件格式。❶ 框选 A4:I4 单元格区域，打开"新建格式规则"对话框，在"选择规则类型"列表框中选择"使用公式确定要设置格式的单元格"选项；❷ 在"为符合此公式的值设置格式"文本框中输入公式"=$A4<>""。公式含义：A4 单元格的值大于或小于空值（即不为空值）；❸ 单击"格式"按钮；❹ 弹出"设置单元格格式"对话框，切换至"边框"选项卡，选择"预置"框中的"外边框"选项；❺ 单击"确定"按钮，返回"新建格式规则"对话框，再次单击"确定"按钮，如下图所示。

步骤 03 测试条件格式效果。将 A4:I4 单元格区域的格式复制粘贴至下面的单元格区域中，在 A2 单元格中输入代表其他月份的数字，如 11，可看到为空值的单元格区域的表格框已自动清除，如下图所示。

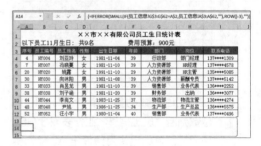

4.1.3 制作部门员工信息查询表

扫一扫，看视频

部门员工信息查询表的总体思路是以部门名称为条件，查看每个部门中员工的详细信息。本节将在一个工作表中制作3个不同功能的表格，分别统计部门岗位员工人数，查询指定部门中所有员工姓名和岗位，显示指定员工的全部详细信息（包括动态查询员工照片）。下面依然在"员工信息统计查询"工作簿中制作表格。

1. 统计部门岗位员工人数
按部门及岗位统计在岗员工人数及相关数

据，可以帮助人力资源管理部门掌握人员的岗位分布情况，以便及时发现人员配备问题，并根据实际情况进行调整或补充，使企业的岗位配置更为合理。部门和岗位统计人数可以运用 COUNTIFS 函数进行统计，同时运用 SUM 函数对每个部门的人数汇总，可以了解和对比各部门人数之和与人数的多少。函数介绍和说明如下。

① COUNTIFS 函数：统计函数。

◆函数作用：根据指定的多组条件统计指定区域中满足条件的单元格数目。

◆基本语法：COUNTIFS(criteria_range1, criteria1,...)

◆语法解释：COUNTIFS(指定区域 1, 统计条件 1,...)

◆参数说明：

●至少设置两组指定区域及统计条件。

●参数"统计条件"的设置规则与 COUNTIF 相同。

◆在本例中的作用：统计各部门各岗位的人数。

② SUM 函数：数学函数。

◆函数作用：对单元格区域中的所有数值求和。

◆基本语法：SUM(number1,[number2],...)

◆语法解释：SUM(数值 1,[数值 2],...)

◆参数说明：

●至少设置一个参数。

●参数 number 可以是单元格区域、单元格、公式表达式等。忽略文本型数值。例如，A1:A6 单元格区域中，A3 单元格中的数字是文本型，公式"=SUM(A1:A6)"的计算结果为 A1:A2 和 A4:A6 单元格区域中的数值之和。

◆在本例中的作用：统计各部门的人数之和。

步骤 01 绘制表格框架。在"员工信息统计查询"工作簿中新增一个工作表，命名为"部门信息查询"，绘制表格"表 1：部门人员分布统计

计"的框架，设置字段名称、基本格式，填入各部门的岗位名称，如下图所示。

步骤 02 统计部门岗位人数。● 在 B4 单元格中设置公式"=COUNTIFS(员工信息 !$J:$J,A$2, 员工信息 !$K:$K,A4)"，统计行政部中岗位为行政总监的人数，将 B4 单元格格式自定义为"# 人"；● 填充 B4 单元格的内容至 B5:B9 单元格区域，将 B4:B9 单元格的内容全部复制粘贴至 D4:D9、F4:F9、H4:H9、J4:J9、L4:L9 单元格区域，如下图所示。

步骤 03 汇总部门人数。● 在 B10 单元格中设置公式"=SUM(B4:B9)"，汇总"财务部"的员工人数，同样将单元格格式自定义为"# 人"；● 将 B10 单元格的内容全部复制粘贴至 D10、F10、H10、J10、L10 单元格中，如下图所示。

2. 制作部门员工名录表

制作部门员工名录表的思路是：首先运用"数据验证"工具制作部门下拉列表，根据选择

的部门名称自动查询该部门下面的全部员工的序号、员工编号、员工姓名及岗位，运用"开发工具"制作"列表框"窗体控件，与后面将要运用的"条件格式"功能配合，根据在列表框中选中的员工姓名，突出显示名录中的员工信息。本例的工作重点是查找和引用其他工作表中的数据，因此，依然运用 SMALL、IF、IFERROR、VLOOKUP、MATCH 等函数设置公式实现目标。以上函数的相关知识点已在 4.1.1 和 4.1.2 节中介绍过，不再赘述。

步骤 01 绘制表格框架。从表 1 中可知，"生产部"人数最多，为 17 人。在制作表格时，可预留 17 行作为表体。因此，下面在 N2:Q19 单元格区域绘制表格框架、设置基本格式，在 O2:Q2 单元格区域设置字段名称，合并 O1:Q1 单元格区域。N2 和 O1 单元格暂时留空，将用于制作部门名称的下拉列表和动态标题，如下图所示。

人员分布统计						表2:			
生产部		销售部		物流部			员工编号	员工姓名	岗位
岗位	人数	岗位	人数	岗位	人数				
生产总监	1人	销售总监	1人	物流主管	1人				
生产经理	1人	销售经理	1人	文员	1人				
部门主管	1人	销售主管	1人	司机	5人				
质检员	4人	业务代表	9人	－	0人				
操作工	10人	－	0人	－	0人				
部门合计	17人	部门合计	12人	部门合计	7人				

步骤 02 制作部门名称的下拉列表。❶ 在空白区域，如 W3:W8 单元格区域制作辅助表，列出部门名称，作为下拉列表的数据源；❷ 选中 N2 单元格，打开"数据验证"对话框，在"设置"选项卡的"允许"列表框中选择"序列"选项；❸ 单击"来源"文本框，框选 W3:W8 单元格区域；❹ 单击"确定"按钮，关闭对话框，如下图所示。

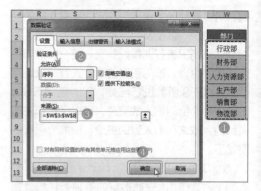

步骤 03 设置动态表格标题。在 N2 单元格的下拉列表中选择"生产部"，在 O1 单元格中设置公式"=N2&" 员工名录 ""，将 N2 单元格中的部门名称与文本连接，使之动态显示表格的标题内容，如下图所示。

				表2:	生产部员工名录		
物流部			生产部	员工编号	员工姓名	岗位	
岗位	人数						
物流主管	1人						
文员	1人						
司机	5人						
	0人						
	0人						
	0人						
部门合计	7人						

步骤 04 查询部门员工名录。❶ 在 N3 单元格中设置数组公式"{=IFERROR(SMALL(IF(员工信息 !J$3:J$62=N$2, 员工信息 !A$3:A$62,""),ROW()-2),"")}"，在"员工信息"工作表 A3:A62 单元格区域中查找并返回"生产部"的最小序号（公式含义请参照 4.1.2 节 <2. 查找指定出生月份的全部员工信息 > 的介绍）；❷ 在 O3 单元格中设置数组公式"{=IFERROR (VLOOKUP($N3, 员工信息 !$A:$L,MATCH(O$2, 员工信息 !$2:$2,0),0),"")}"，根据序号在"员工信息"工作表中查找与之匹配的"员工编号"，将 O3 单元格的公式复制粘贴至 P3、Q3 单元格中；❸ 将 N3:Q3 单元格区域的公式填充至 N4:Q19 单元格区域，如下图所示。

N3　｛=IFERROR(SMALL(IF(员工信息!J$3:J$62=N$2,员工信息!A$3:A$62,""),ROW()-2),"")｝

表2：　　生产部员工名录

生产部	员工编号	员工姓名	岗位
1	HY001	王程	操作工
8	HY008	孙俊浩	生产经理
9	HY009	唐小彤	部门主管
19	HY019	蔡明轩	操作工
28	HY028	杨子奇	操作工
29	HY029	吕玉	质检员

物流部

岗位	人数
物流主管	1人
文员	1人
司机	5人
—	0人
—	0人

步骤 05 测试公式效果。在 N2 单元格中选择其他选项，如"行政部"，可看到 O1 单元格中的标题及 N3:Q19 单元格区域中的数据全部发生变化，如下图所示。

表2：　　行政部员工名录

行政部	工编号	员工姓名	岗位
2	HY002	陈茜	行政总监
4	HY004	刘亚玲	部门经理
11	HY011	郭鸿宇	行政助理
13	HY013	周云帆	部门主管
15	HY015	江一凡	行政助理
18	HY018	何婷	行政助理
22	HY022	罗楷瑞	文员

步骤 06 绘制窗体控件。❶单击"开发工具"选项卡中"控件"组的"插入"下拉按钮；❷单击"表单控件"列表框中的"列表框"按钮；❸此时鼠标指针变为十字形，在表 2 右侧的空白区域拖动鼠标指标，绘制一个列表框控件，如下图所示。

表2：　　行政部员工名录

行政部	员工编号	员工姓名	岗位
2	HY002	陈茜	行政总监
4	HY004	刘亚玲	部门经理
11	HY011	郭鸿宇	行政助理
13	HY013	周云帆	部门主管
15	HY015	江一凡	行政助理
18	HY018	何婷	行政助理

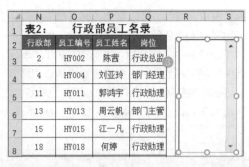

步骤 07 设置控件格式。❶右击"列表框"控件，在快捷菜单中选择"设置控件格式"命令；❷弹出"设置对象格式"对话框，单击"控制"选项卡中的"数据源区域"文本框，框选P3:P19单元格区域（"员工姓名"字段），单击"单元格链接"文本框，选中N1单元格；❸"选定类型"默认为"单选"，这里不做更改，选中"三维阴影"复选框，使控件呈现立体感；❹单击"确定"按钮，关闭对话框，如下图所示。

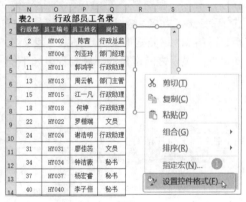

设置完成后，可以看到“列表框”控件中列出了 P3:P19 单元格区域中的员工姓名，依次单击控件中的姓名后，被其控制的 N1 单元格中的数字将随着被选中姓名的排列顺序而变化。例如，姓名“何婷”在控件中的顺序是第 6 位，单击后 N1 单元格中的数字变为 6，以此类推，如下图所示。

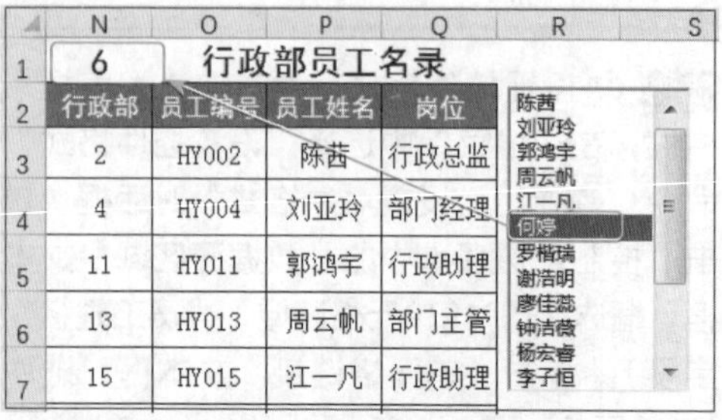

N O P Q R S
6 行政部员工名录
行政部 员工编号 员工姓名 岗位
2 HY002 陈茜 行政总监
4 HY004 刘亚玲 部门经理
11 HY011 郭鸿宇 行政助理
13 HY013 周云帆 部门主管
15 HY015 江一凡 行政助理
陈茜
刘亚玲
郭鸿宇
周云帆
江一凡
何婷
罗楷瑞
谢浩明
廖佳蕊
钟洁薇
杨宏春
李子恒

步骤 08 调整控件、设置单元格格式。❶ 在 N2 单元格的下拉列表中选择“生产部”选项，右击“列表框”控件，向下拖动鼠标指针，调整控件高度，使之能够完全显示“生产部”的 17 名员工姓名；❷ 为了让表格整体更规范，可将 N1 单元格格式自定义为“表 2:”，使之依然显示之前设置的标题名称，如下图所示。

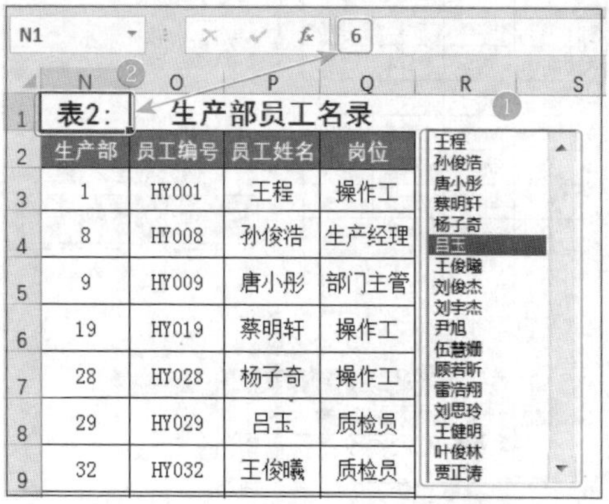

N1
6
N O P Q R S
表2: 生产部员工名录
生产部 员工编号 员工姓名 岗位
1 HY001 王程 操作工
8 HY008 孙俊浩 生产经理
9 HY009 唐小彤 部门主管
19 HY019 蔡明轩 操作工
28 HY028 杨子奇 操作工
29 HY029 吕玉 质检员
32 HY032 王俊曦 质检员
王程
孙俊浩
唐小彤
蔡明轩
杨子奇
吕玉
王俊曦
刘俊杰
刘宇杰
尹旭
伍慧姗
顾若昕
雷浩翔
刘思玲
王健明
叶俊林
贾正涛

“列表框”控件调整完成后，后面将通过控制 N1 单元格中的数字变化而控制“表 3：员工详细信息”表格（接下来制作的表格）中的所有信息动态变化。

小提示

如果 Excel 初始功能区中没有“开发工具”选项卡，可打开“Excel 选项”对话框，在“自定义功能区”选项的“主选项卡”列表框中找到“开发工具”选项，将其添加至功能区中。

3. 制作员工详细信息查询表

员工详细信息表包括基本信息、劳动合同信息、员工照片等个人相关信息。运用函数设置公式后达到如下效果。

只需两步简单的操作即可呈现指定员工的全部信息：第 1 步，在 N2 单元格的下拉列表中选择部门名称；第 2 步，单击“列表框”控件中的员工姓名，同时，在表 2 中突出显示被选中员工的信息。

本例将要运用 OFFSET、INDEX、AND、VLOOKUP、MATCH、YEAR 等函数设置公式。函数介绍和说明如下。

① OFFSET 函数：查找引用函数。

- 函数作用：以指定的单元格为起点，按照给定的行和列的偏移量返回新的单元格中的数据。
- 基本语法：OFFSET(reference,rows,cols,[height],[width])
- 语法解释：OFFSET(起始单元格，向上或下偏移的行数，向左或右偏移的列数，[引用区域的行数]，[引用区域的列数])
- 参数说明：
  - 前3个参数为必需项，后2个参数可省略。
  - 第 2 个参数和第 3 个参数为正数时，分别代表向下和向右偏移；为负数时，分别代表向上和向左偏移。例如，公式“=OFFSET(E1,2,−1)”，代表以 E1 单元格为基准向下偏移 2 行，向左偏移 1 列，即返回 D3 单元格中的数据。
  - 第 2 个参数和第 3 个参数中，如果某个参数为 0，可设为 0 或空置（用英文逗号占位）。例如，从 E1 单元格向右偏移 3 列，返回 H1 单元格中的数据，公式表达式可设为“=OFFSET(E1,0,3)”或“=OFFSET(E1,,3)”。

- 第 4 个参数和第 5 个参数用于锁定行高度和列宽度所构成的单元格区域。

◆ 在本例中的作用：在表 2 中查找引用员工的编号。

② INDEX 函数：查找引用函数。

◆ 函数作用：根据指定的单元格区域，查找并返回指定行和列交叉处单元格的值或引用。

◆ 基本语法：包括数组形式和引用形式。

- 数组形式：INDEX(array,row_num, column_num)
- 引用形式：INDEX(reference,row_num, [column_num],[area_num])

◆ 语法解释：

- 数组形式：INDEX(查找区域，行号，列号)
- 引用形式：INDEX(一个或多个区域，行号 ,[列号],[引用中的区域])

◆ 参数说明：

- 数组形式中的 3 个参数缺一不可。
- 引用形式中第 1 个参数和第 2 个参数为必需项，第 3 个参数和第 4 个参数可省略。

◆ 在本例中的作用：与 MATCH 函数嵌套，将放置员工照片的单元格区域定义为名称，以便在员工详细信息查询表中引用。

③ AND 函数：逻辑函数。

◆ 函数作用：判断条件是否为真，当全部条件为真时，返回“TRUE”；如果其中一个条件为假，则返回“FALSE”。

◆ 基本语法：AND(logical1,[logical2],...)

◆ 语法解释：AND(条件 1,[条件 2],...)

◆ 在本例中的作用：在“条件格式”中设置公式，突出显示在“列表框”控件中被选中员工姓名所在单元格区域中的信息。

④ VLOOKUP、MATCH、YAER 函数，在 4.1.1 和 4.1.2 节中已做介绍。

步骤 01 绘制表格框架。在 A13:L19 单元格区域绘制“表 3：员工详细信息”的框架，设置字段名称和基本格式，如下图所示。

表3：员工详细信息				
员工编号		员工姓名		入职照片
身份证号码		性别		
出生日期		年龄		
部门		岗位		
入职时间		工龄		
最新合同续签日		签订期限		
合同到期日		联系电话		

步骤 02 查找指定员工的全部信息。❶ 在 C13 单元格中设置公式“=OFFSET(O$2,N$1,)”，从 O2 单元格起向下偏移查找员工编号。偏移的行数是被“列表框”控件所控制的 N1 单元格中显示的被选中员工姓名的顺序号；❷ 在 C14 单元格中设置公式“=IFERROR (VLOOKUP($C$13, 员工信息 !$B: $L,MATCH(A14, 员工信息 !$2:$2,0)-1,0),"-")”，根据 C13 单元格中的员工编号在“员工信息”工作表中查找与之匹配的身份证号码，将公式复制粘贴至 C15:C17 单元格区域和 H13、H14、H16、H19 单元格中；❸ 在 C18 单元格中设置公式“=IFERROR(VLOOKUP($C$13, 劳动合同 !$B:$L,MATCH(A18, 劳动合同 !$2:$2,0)-1,0),"-")”，根据 C13 单元格中的员工编号在“劳动合同”工作表中查找与之匹配的最新合同续签日期，将公式复制粘贴至 C19、H17、H18 单元格中；❹ 在 H15 单元格中设置公式“=IFERROR(YEAR(TODAY())-YEAR(C15), "-")”，计算年龄，如下图所示。

C13　=OFFSET(O$2,N$1,)

表3：员工详细信息				
员工编号	HY029	员工姓名	吕玉	入职照片
身份证号码	110100198610290572	性别	女	
出生日期	1986-10-29	年龄	34岁	
部门	生产部	岗位	质检员	
入职时间	2014-07-22	工龄	6年	
最新合同续签日	2020-07-22	签订期限	1年	
合同到期日	2021-07-21	联系电话	136****2828	

小提示

表3中的员工姓名和岗位也可以根据员工编号从表2中直接引用。例如，H13单元格的公式也可以设置为"=VLOOKUP($C$13,O:P,2,0)"。

步骤 03 插入员工照片。❶ 首先在"员工信息"工作表中增加一列（M列），用于放置员工照片，框选第3~62行，调整行高度；❷ 选中M3单元格，单击"插入"选项卡中"插图"组的"图片"按钮；❸ 弹出"插入图片"对话框，打开存放员工照片的文件夹，选中一张照片后按组合键Ctrl+A全选照片，单击"插入"按钮，如下图所示。

插入全部的员工照片后，将照片的位置稍做调整即可，如下图所示。

A	B	C			K	L	M
			信息管理表				
序号	员工编号	员工姓名	入职时间	部门	岗位	联系电话	员工照片
1	HY001	王程	2011-06-16	生产部	操作工	137****2161	王程
2	HY002	陈茜	2011-06-30	行政部	行政总监	137****2601	陈茜
3	HY003	张宇晨	2011-08-18	物流部	司机	136****5049	张宇晨

员工信息　劳动合同　生日统计　部门信息查询

步骤 04 为放置照片的区域定义名称。要实现图片引用，首先要将图片所在的单元格区域定义为名称，下一步直接引用名称即可。❶ 单击"公式"选项卡中"定义的名称"组的"定义名称"按钮；❷ 弹出"新建名称"对话框，在"名称"文本框中输入名称"员工照片"；❸ 在"引用位置"文本框中输入公式"=INDEX(员工信息!$M:$M, MATCH(部门信息查询!$C$13, 员工信息!$B:$B,0))"；❹ 单击"确定"按钮，关闭对话框，如下图所示。

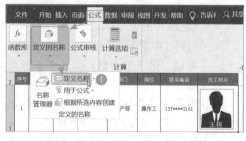

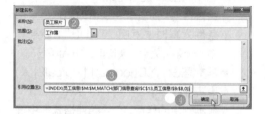

公式原理如下：

① INDEX函数的第1个参数"$M:$M"即放置照片的区域。

②第 2 个参数为行号，运用 MATCH 函数查找"部门信息查询"工作表 C13 单元格中的员工编号位于"员工信息"工作表的 B 列的行号，也就自动定位了与员工编号匹配的照片所在单元格地址。

🔔 小提示

如需修改已定义的名称及引用位置等内容，可单击"公式"选项卡中"定义的名称"组的"名称管理器"按钮进行操作。

步骤 05 引用名称，实现照片动态查询。复制任意一张照片至"部门信息查询"工作表的 J14 单元格中，调整照片大小，在"编辑栏"中输入"= 员工照片"，按 Enter 键后即变化为与员工编号匹配的照片，将照片的黑色边框裁剪掉，如下图所示。

步骤 06 在表 2 中突出显示被选中员工姓名的信息。❶ 框选 N3:O3 单元格区域，打开"新建格式规则"对话框，在"选择规则类型"列表框中选择"使用公式确定要设置格式的单元格"选项；❷ 在"为符合此公式的值设置格式"文本框中输入公式"=AND($O3<>"",$O3=$C$13)"，单击"格式"按钮，打开"设置单元格格式"对话框，设置单元格格式（操作步骤省略，效果见"预览"框）。公式含义：当 O3 单元格不为空，并且 O3 单元格与 C13 单元格中的内容一致时，才应用条件格式；❸ 单击"确定"按钮，关闭对话框，如下图所示。

再次打开"新建格式规则"对话框，设置条件格式，根据单元格中内容的增加或减少自动添加或清除表格框线（参照 4.1.2 节中 <3. 设置条件格式自动添加或清除表格框线 > 的介绍进行操作）。

操作完成后，效果如下图所示。

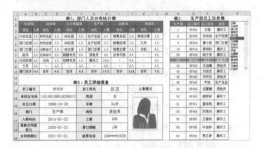

步骤 07 测试效果。在 N2 单元格的下拉列表中选择"销售部"，"列表框"控件中显示"销售部"中的全部员工姓名，单击其他员工姓名，如"曹颖萱"，可看到表 2 和表 3 中的全部数据（包括照片）均已发生变化，如下图所示。

4.1.4 计算员工工资薪酬数据

扫一扫，看视频

员工工资薪酬数据一般通过员工工资表进行计算。工资表中通常包括多个应付项目，如基本工资、岗位津贴、工龄工资、其他补贴，以及各种扣除项目，如社保、公积金、个人所得税等。本节将着重介绍如何运用 Excel 设置函数公式计算其中的重要项目，如工龄工资、绩效奖金及每月应预缴的个人所得税。

1. 计算工龄工资

工龄工资是企业按照员工的工作年数，即员工的工作经验和劳动贡献的积累给予员工的一种经济补偿。每个企业对于工龄工资的计算标准不同，本例按以下标准计算工龄工资。

① 工作不满 1 年，无工龄工资。

② 工作满 1 年，小于 3 年，50 元 / 月。

③ 工作满 3 年，不满 5 年，80 元 / 月。

④ 工作满 5 年，不满 10 年，100 元 / 月。

⑤ 工作满 10 及 10 年以上，150 元 / 月。

对于以上具有 5 项条件的工龄工资标准，可运用 Excel 2019 的新增函数 IFS 嵌套 AND 函数计算工龄工资。函数介绍和说明如下。

① IFS 函数：逻辑函数。

◆ 函数作用：在源数据区域范围内的指定行中查找与关键字匹配的数据并引用至公式单元格中。

◆ 基本语法：IFS(logical_test1,value_if−true,...)

◆ 语法解释：IFS(指定的条件 1, 条件 1 为真时返回的值, 指定的条件 2, 条件 2 为真时返回的值 ,...)

◆ 参数说明：参数可以是文本、数字、公式表达式等，最多可以设置 127 组条件及值。

◆ 在本例中的作用：与 AND 函数嵌套，按照工龄工资的计算标准，根据员工工龄计算工龄工资。

② AND 函数：逻辑函数。在 4.1.3 节

<3. 制作"员工详细信息查询表"> 中已做介绍。该函数在本例中与 IFS 函数嵌套计算工龄工资。

打开"素材文件 \ 第 4 章 \2021 年员工工资表 .xlsx"文件，其中包含 5 个工作表：岗位津贴标准、工龄工资、绩效奖金、专项附加扣除、2021.01 月工资，均已预先绘制表格框架并设置了基本格式，并导入了与计算薪酬数据相关的员工基本信息。其中，岗位津贴标准、专项附加扣除金额已预先设定。

步骤 01 设置工龄工资计算公式。❶ 切换至"工龄工资"工作表，在 J3 单元格中设置公式"=IFS(I3<1,0,AND(I3>=1,I3<3),50,AND(I3>=3,I3<5),80,AND(I3>=5,I3<10),100,I3>=10,150)"，根据员工工龄计算每月工龄工资。公式含义：如果 I3 单元格中数字小于 1，则返回 0；如果大于等于 1 并且小于 3，则返回 50，以此类推；❷ 将公式填充至 J4:J62 单元格区域中，如下图所示。

步骤 02 测试公式效果。分别将 I4:I8 单元格区域中各单元格的数字临时修改为 0、1、3、5、10,使之分别满足 IFS 函数公式中的 5 个条件，可看到 J4:J8 单元格区域中返回的结果正确无误，如下图所示。

2. 计算绩效奖金

绩效奖金是每月根据员工该月的考核成绩给予的一次性奖励。绩效奖金是按照一定的标准计算得出的，如业务量、销售额、绩效评分等。本例以绩效评分为计算依据，按照以下标准计算绩效奖金。

① 评分 < 60 分，无绩效奖金。

② 评分 ≥ 60 分，但评分 < 80 分，绩效奖金为每分 6 元。

③ 评分 ≥ 80 分，但评分 < 90 分，绩效奖金为每分 8 元。

④ 评分 ≥ 90 分，绩效奖金为每分 10 元。

根据以上标准，依然可运用 IFS+AND 函数进行计算。为了学习和掌握运用多种函数解决数据问题的方法，本例将使用 HLOOKUP 函数计算绩效奖金。同时，为了便于汇总数据，本例将在同一个工作表中计算全年每月绩效奖金，运用 SUMIF 函数汇总全年绩效奖金数据。函数介绍和说明如下。

① HLOOKUP 函数：查找引用函数。

◆ 函数作用：根据关键字，在指定的区域范围内的指定行中查找并返回与关键字匹配的数据。

◆ 基本语法：HLOOKUP(lookup_value,table_array,row_index_num,range_lookup)

◆ 语法解释：HLOOKUP(关键字，查找区域，指定的行号，精确 / 近似匹配的代码)

◆ 参数说明：参数设置规则与 VLOOKUP 函数相同。

◆ 在本例中的作用：以近似匹配方式查找引用与绩效评分匹配的绩效奖金数据。

② SUMIF 函数：数学函数。

◆ 函数作用：对指定区域中满足单一条件的部分单元中的数据求和。

◆ 基本语法：SUMIF(range,criteria_sum,sum_range)

◆ 语法解释：SUMIF(条件区域，求和条件，求和区域)

◆ 参数说明：

● 第 2 个参数 criteria_sum（求和条件）可以设置为数字、文本或公式表达式。设置规则与 COUNTIF 函数相同。

● 第 3 个参数 sum_range（求和区域）可以省略，SUMIF 函数将默认 range（条件区域）为求和区域。

◆ 在本例中的作用：汇总每位员工的全年绩效奖金数据。

步骤 01 制作辅助表，构建 HLOOKUP 函数的查找区域。切换至"绩效奖金"工作表，在第 1 行之上插入两行，在 A1:E2 单元格区域绘制表格，按照绩效奖金标准分别输入评分和与其对应的绩效奖金（元 / 分），如下图所示。这里需要特别注意的是：近似查找方式下，查找区域中的每一行数字必须按照升序排列，否则 HLOOKUP 函数无法准确查找到目标数据。

	A	B	C	D	E	F	G	H
1	评分	0分	60分	80分	90分			
2	奖金	0元	6元	8元	10元			
3								
4						2021.01月奖金		
5	序号	职工编号	姓名	岗位	全年合计	绩效考核评分	奖金标准（元/分）	绩效奖金
6	1	HY001	王程	操作工		90		
7	2	HY002	陈茜	行政总监		86		
8	3	HY003	张宇晨	司机		70		
9	4	HY004	刘亚玲	部门经理		61		
10	5	HY005	马怡涵	财务总监		87		
11	6	HY006	李皓鹏	业务代表		82		
12	7	HY007	冯晓蔓	HR经理		65		
13	8	HY008	孙俊浩	生产经理		72		
14	9	HY009	唐小彤	部门主管		77		

🔔 小提示

为了便于在工资表中自动引用绩效奖金数据，本例已预先将 F4 单元格格式自定义为"@ 奖金"，输入"2021.01 月"后，自动显示"2021.01 月奖金"。

步骤 02 计算绩效奖金。❶ 在 G6 单元格中设置公式"=HLOOKUP(F6,$B$1:$E$2,2,1)"，根据 F6 单元格中的分数 92，在 B1:E1 单元格区域查找引用与之近似的最小值 90 后，返回 B2:E2 单元格区域中与之对应的数字，即 10；❷ 在 H6 单元格中设置公式"=F6*G6"，即可计算出 2021 年 1 月员工"王程"的绩效奖金数据；❸ 框选 G6:H6 单元格区域，将公式填充至 G7:H65 单元格区域中，如下图所示。

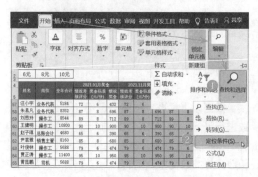

步骤 03 汇总全年绩效奖金。❶ 框选 F:H 区域，向右复制粘贴至 I:AO 区域，用于计算 2—12 月的绩效奖金，将 I4 单元格中的文本修改为"2021.02 月"，框选 F4:K4 单元格区域，向右填充至 L4:AO4 单元格区域中，其中文本自动变为"2021.03 月奖金"……"2021.12 月奖金"；❷ 由于 2—12 月的计算区域是从 1 月复制粘贴而来，因此，当前评分与 1 月完全相同（设置公式后删除）。在 E6 单元格中设置公式"=SUMIF(F$5:AO$5,$H$5,F6:AO6)"，汇总员工"王程"的全年绩效奖金。公式含义：当 F5:AO5 单元格区域的部分单元格中内容与 H5 单元格中内容（即文本"绩效奖金"）完全相同时，即对与其同列的 F6:AO6 单元格区域的部分单元格中的数据求和；❸ 将公式填充至 E5:E65 单元格区域中，如下图所示。

步骤 04 批量删除 2—12 月的绩效评分（计算当月工资时再重新填入分数）。由于 I6:AO65 单元格区域中包含大量公式，不可直接框选后删除，只能删除每月评分数据，对此可运用"定位"功能定位其中的常量数据后一键批

量删除。❶ 框选 I6:AO65 单元格区域，单击"开始"选项卡中"编辑"组的"查找和选择"下拉按钮；❷ 选择下拉列表中的"定位条件"命令；❸ 弹出"定位"对话框，单击"定位条件"按钮；❹ 弹出"定位条件"对话框，选中"常量"单选按钮；❺ 单击"确定"按钮，关闭对话框，如下图所示。

此时 I6:AO65 单元格区域中的常量数据已被批量选中，只需按下 Delete 键即可一键

删除 2—12 月的所有评分数据，如下图所示。

C	D	E	F	G	H	I	J	K	L	M	N
60分	80分	90分									
6元	8元	10元									
姓名	岗位	全年合计	2021.01月奖金			2021.02月奖金			2021.03月奖金		
			绩效考核评分	奖金标准（元/分）	绩效奖金	绩效考核评分	奖金标准（元/分）	绩效奖金	绩效考核评分	奖金标准（元/分）	绩效奖金
王程	操作工	920	92	10	920		0	0		0	0
陈茜	行政总监	688	86	8	688		0	0		0	0
张宇晨	司机	420	70	6	420		0	0		0	0
刘亚玲	部门经理	366	61	6	366		0	0		0	0
马怡涵	财务总监	696	87	8	696		0	0		0	0
李皓鹏	业务代表	656	82	8	656		0	0		0	0
冯晓蔓	HR经理	390	65	6	390		0	0		0	0
孙俊浩	生产经理	432	72	6	432		0	0		0	0

3. 计算应付工资

应付工资是应当支付给员工的基本工资、薪酬、奖金、补贴的总额。计算方法非常简单，只需将以上工资项目的数据汇总即可。计算应付工资之前，首先要将岗位工资、工龄工资和绩效奖金引用至工资表中，再与其他工资项目汇总。本例主要运用 VLOOKUP、IF、SUM、ROUND 函数进行计算。函数介绍和说明如下。

① ROUND 函数：数学函数。

- 函数作用：按指定的位数对数值进行四舍五入。
- 基本语法：ROUND(number,num_digits)
- 语法解释：ROUND(数值 , 小数位数)
- 参数说明：
  - 两个参数缺一不可。
  - 第 1 个参数可以是具体的数字、单元格引用、公式表达式。如果设置为单元格区域，则默认对区域中最末单元格中的数字进行四舍五入。例如，公式“=ROUND(A1:A3,2)”，只会对 A3 单元格中的数值四舍五入至 2 位小数。
- 在本例中的作用：与 SUM 函数嵌套，对求和后的数值进行四舍五入，使计算结果更精确。

② VLOOKUP、IF、SUM 函数，在 4.1.1、4.1.2 和 4.1.3 节已做介绍。

切换至“2021.01 月工资”工作表，本例已预先在其中填入原始数据。同时，为了便于在计算工资数据的公式中引用 A1 单元格中的文本，已将单元格格式自定义为“×× 有限公司 @ 员工工资表”。每月只需修改代表月份的数字即可自动显示表格标题，并自动计算相关数据。例如，当前 A1 单元格中实际输入的文本为“2021.01 月”，计算 2 月工资数据时，将“01”修改为“02”即可。初始表格框架及原始数据如下图所示。

A1　fx　2021.01月

××有限公司2021. 01月员工工资表

序号	员工编号	部门	岗位	员工姓名	基本工资	岗位津贴	工龄工资	绩效奖金	加班工资	其他补贴	应付工资	代扣社保	代扣公积金	代扣个税	其他扣款	实付工资
1	HY002	行政部	行政总监	陈茜	8000				112.50			765	280.5			
2	HY004	行政部	部门经理	刘亚玲	7000				330.00			615	280.5		100.00	
3	HY013	行政部	部门主管	周云帆	6000				632.50			420	280.5			
4	HY011	行政部	行政助理	郭鸿宇	4500				90.00			479.2	280.5			
5	HY015	行政部	行政助理	江一凡	4500				517.50	100		479.2	280.5			
6	HY018	行政部	行政助理	何婷	4500				22.50			479.2	280.5			
7	HY024	行政部	行政助理	谢浩明	4500				472.50			479.2	280.5			
8	HY034	行政部	秘书	钟洁薇	4500				517.50			479.2	280.5		60.00	
9	HY037	行政部	秘书	杨宏蕾	4500				472.50			479.2	280.5			
10	HY040	行政部	秘书	李子恒	4500				45.00			479.2	280.5			
11	HY022	行政部	文员	罗楷瑞	4000				260.00	200		438.2	280.5			
12	HY031	行政部	文员	廖佳慧	4000				240.00			438.2	280.5			

下面设置函数公式计算其他工资数据。

步骤 01 引用岗位津贴、工龄工资和绩效奖金数据。❶ 在 G3 单元格中设置数组公式“{=VLOOKUP(C3&D3,IF({1,0}, 岗位津贴标准 !$A$3:$A$31& 岗位津贴标准 !$B$3:$B$31, 岗位津贴标准 !$C$3:$C$31),2,0)}”，将部门名称和岗位名称组合后作为关键字，在“岗位津贴标准”工作表的 A3:A31&B3:B31 区域组合与 C3:C31 区域中查找与之匹配的岗位津贴数据；❷ 在 H3 单元格中设置公式“=VLOOKUP(B3, 工龄工资 !B:J,9,0)”，根据员工编号在“工龄工资”工作表中查找与之匹配的工龄工资数据；❸ 在 I3 单元格中设置公式“=VLOOKUP($B3, 绩效奖金 !$B:$AO,MATCH($A$1, 绩效奖金 !$4:$4,0)+1,0)”，根据员工编号在“绩效奖金”工作表中查找与之匹配的“2020.01 月”的绩效奖金数据。其中，第 3 个参数嵌套 MATCH 函数，查找 A1 单元格中的文本“2020.01 月”在“绩效奖金”工作表中第 4 行的列数后加 1（原因如下：先减去的 1 列是“序号”字段所在的 A 列，再加 2 列是由于“绩效奖金”字段均在每个“2020.** 月”字段所在列的右侧第 2 列，因此只需 +1 即可）。❹ 框选 G3:I3 单元格区域，将公式填充至 G4:I62 单元格区域，如下图所示。

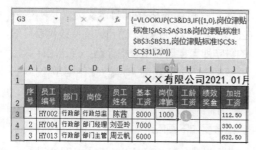

步骤 02 计算应付工资并预先设置实付工资的计算公式。① 在 L3 单元格中设置公式 "=ROUND(SUM(F3:K3),2)"，将公式填充至 L3:L62 单元格区域。其中，表达式 "SUM(F3:K3)" 的作用是计算应付工资，嵌套 ROUND 函数后即对应付工资数据四舍五入至 2 位小数。② 在 Q3 单元格预先设置公式 "=ROUND(L3-SUM(M3:P3),2)"，用应付工资减掉 M3:P3 区域中数字的合计数，即可得出实付工资数据（个人所得税数据将在下一步进行计算），将公式填充至 Q3:Q62 单元格区域，如下图所示。

4. 计算个人所得税与实付工资

我国对于个人所得税的相关规定是：自 2019 年 1 月 1 日起，将工资、薪金所得、劳务报酬所得、稿酬所得、特许权使用费等四项所得合并为综合所得，按统一标准计算并缴纳个人所得税。在我国，企业员工的工资、薪金是综合所得的主要来源，由于个人所得税的征收方式是按累计数每月预扣预缴，年终汇算清缴。因此，每月申报缴纳个人所得税前，企业作为员工的扣缴义务人，在计算工资时，需要同步计算个人所得税，并在发放工资前代为扣缴应纳税额后向税务机关申报缴纳。

个人所得税以累计的应纳税所得额作为计税基础，按照个人所得税七级超额累进税率标准，计算累计应纳税额后减去前期已缴纳税额，即可得到当月应实际缴纳的税金。个人所得税的七级超额累进税率标准如下表所列。

个人综合所得的个人所得税税率表

级数	全年应纳税所得额	税率	速算扣除数/元
1	不超过36000元的部分	3%	0
2	超过36000元至144000元部分	10%	2520
3	超过144000元至300000元的部分	20%	16920
4	超过300000元至420000元的部分	25%	31920
5	超过420000元至660000元的部分	30%	52920
6	超过660000元至960000元的部分	35%	85920
7	超过960000元的部分	45%	181920

计算员工综合所得中工资薪金所得的预扣预缴个人所得税的算术公式为：

预扣预缴个人所得税＝全年应纳税所得额 × 适用税率－速算扣除数－累计已预缴税额

全年应纳税所得额＝全年累计应税收入－全年费用（5000元／月）－全年累计专项附加扣除额－其他累计扣除额

从以上税率表和公式来看，运用 Excel 计算个人所得税的关键点在于如何自动判断应纳税所得额对应的级数，并获取适用税率和速算扣除数。对此，本例运用 LOOKUP 函数设置公式自动返回这两项数据。

准确计算出个人所得税后，实发工资数据便能很容易地计算出来，只需将应付工资减掉个人所得税和其他应扣除的项目即可。具体计算时，同样可以与 SUM 函数嵌套 ROUND 函数对数值进行四舍五入。函数介绍和说明如下。

① LOOKUP 函数：查找引用函数。

◆函数作用：根据关键字，在指定的区域范围的单行或单列或从数组中查找指定的值。

◆基本语法：包括数组形式和向量形式。

● 数组形式：LOOKUP(lookup_value, array)

● 向量形式：LOOKUP(lookup_value, lookup_vector,[result_vector])

◆语法解释：

● 数组形式：LOOKUP(关键字，二维数组)

● 向量形式：LOOKUP(关键字，查找区域 ,[结果区域])

◆参数说明：

● 向量形式的第 3 个参数（结果区域）省略时，默认第 2 个参数为结果区域。

● 运用向量形式进行常规查找时，必须先对第 1 个参数（关键字）所在区域的数据进行升序排序。

◆在本例中的作用：运用数组形式判断应纳税所得额所在级数的适用税率。

② ROUND、SUM 函数，本节已做介绍。

步骤 01 制作个人所得税计算表框架。❶ 在 S2:AC62 单元格区域绘制表格框架，设置好字段名称，为了便于后面在公式中引用 S1 单元格中的数据，直接输入 1，将单元格格式自定义为 "2021 年 # 月个人所得税计算表"；❷ 在 V2 和 W2 单元格中设置动态字段名称：V2 单元格中设置公式 "=S1&" 月累计应税收入 "，W2 单元格中设置公式 "=S1&" 月累计专项附加扣除 ""，如下图所示。

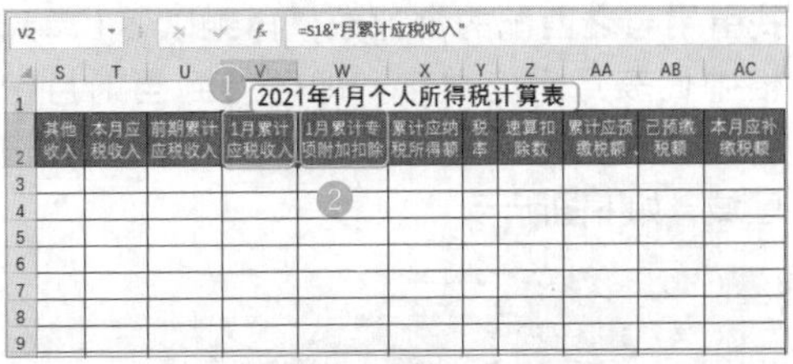

步骤 02 计算累计应税收入。❶ 在 "其他收入" 字段下（S3:S60 单元格区域）填入其他收入金额。其他收入是指提供给员工的其他现金、实物或其他形式的经济利益。例如，当月已经发放的生日福利金、节日礼金或礼品的价值、旅游福利费用等。❷ 在 T3 单元格中设置公式 "=ROUND(L3-SUM(M3:N3)+S3,2)"，计算本月应税收入（应付工资 -（代扣社保 + 代扣公积金）+ 其他收入），将公式填充至 T4:T62 单元格区域；❸ 在 U3 单元格中填入前期累计应税收入（1 月直接填 0）；❹ 在 V3 单元格中设置公式 "=ROUND(T3+U3,2)"，计算累计应税收入（本月应税收入 + 前期累计应税收入），将公式填充至 V4:V62 单元格区域，如下图所示。

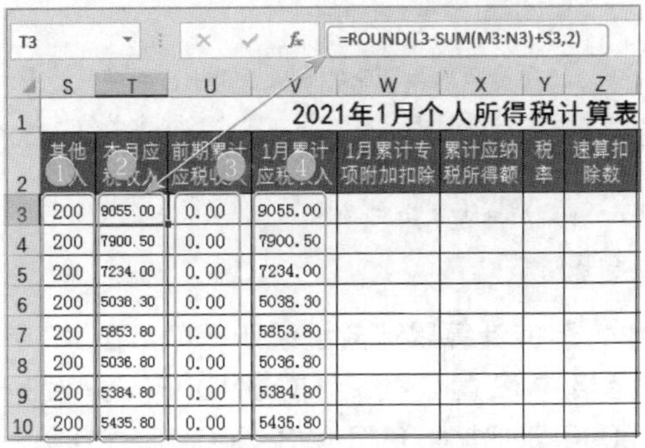

步骤 03 计算累计专项附加扣除。❶ 专项附加扣除是指允许在计算个人所得税前扣除的 6 项费用，每月扣除数相同，但每位员工的专项附加扣除项目和扣除数都有所不同。本例已预先在工作表中记录各位员工的专项附加扣除项目，并运用 SUM 函数计算合计数。❷ 在 W3 单元格中设置公式 "=VLOOKUP(B3,专项附加扣除 !B:L,11,0)*$S$1"，根据 B3 单元格中的员工编号，在 "专项附加扣除" 工作表中查

找引用与之匹配的合计数，再乘以 S1 单元格中代表月份的数字，即可得到当前月份的累计数，将公式填充至 W2:W62 单元格区域，如下图所示。

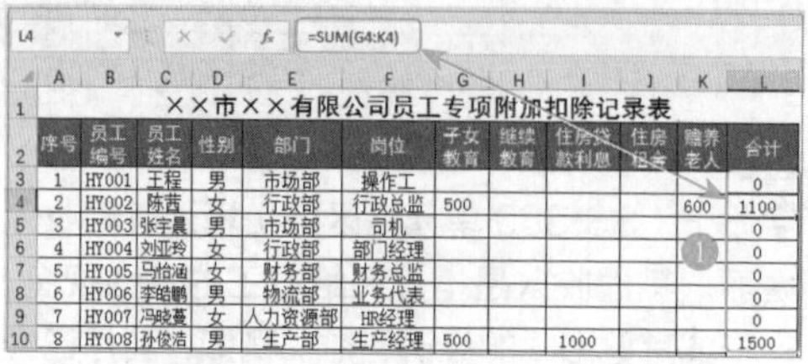 L4			fx	=SUM(G4:K4)			

××市××有限公司员工专项附加扣除记录表

序号	员工编号	员工姓名	性别	部门	岗位	子女教育	继续教育	住房贷款利息	住房租金	赡养老人	合计
1	HY001	王程	男	市场部	操作工						0
2	HY002	陈宾	男	行政部	行政总监	500				600	1100
3	HY003	张宇晨	男	市场部	司机						0
4	HY004	刘芷柃	女	行政部	部门经理						0
5	HY005	马伯函	女	财务部	财务总监						0
6	HY006	李晓晴	女	市场部	业务代表						0
7	HY007	冯晓鑫	女	人力资源部	经理						0
8	HY008	孙俊伙	男	生产部	生产经理	500		1000			1500

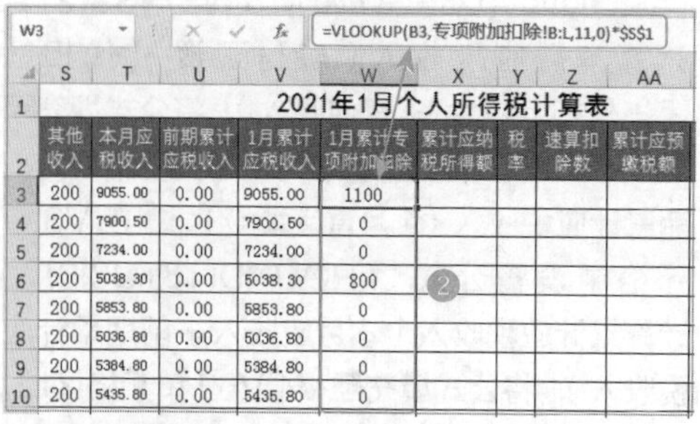

W3			fx	=VLOOKUP(B3,专项附加扣除!B:L,11,0)*$S$1			

2021年1月个人所得税计算表

其他收入	本月应税收入	前期累计应税收入	1月累计应税收入	1月累计专项附加扣除	累计应纳税所得额	税率	速算扣除数	累计应预缴税额
200	9055.00	0.00	9055.00	1100				
200	7900.50	0.00	7900.50	0				
200	7234.00	0.00	7234.00	0				
200	5038.30	0.00	5038.30	800				
200	5853.80	0.00	5853.80	0				
200	5036.80	0.00	5036.80	0				
200	5384.80	0.00	5384.80	0				
200	5435.80	0.00	5435.80	0				

小提示

（1）专项附加扣除的 6 项费用中，大病医疗费用规定只在年终汇算时计算，因此只记录其他 5 项费用。

（2）扣除数全部为整数，无须嵌套 ROUND 函数。

步骤 04 计算累计应纳税所得额。在 X3 单元格中设置公式"=ROUND(IF(V3-W3-5000*$S$1<0,0,V3-W3-5000*$S$1),2)"，将公式填充至 X4:X62 单元格区域，如下图所示。

公式表达式中的数字 5000 是按照全年允许扣除的固定费用 60000 元标准计算的每月平均扣除数。

公式含义：如果累计应税收入－累计专项附加扣除－5000×月数后的余额小于 0，表明无应纳税所得额，不必缴纳个人所得税，因此返回数字 0，否则返回表达式"V3-W3-5000*$S$1"的计算结果。

X3			fx	=ROUND(IF(V3-W3-5000*$S$1<0,0,V3-W3-5000*$S$1),2)			

2021年1月个人所得税计算表

其他收入	本月应税收入	前期累计应税收入	1月累计应税收入	1月累计专项附加扣除	累计应纳税所得额	税率	速算扣除数	已预缴税额
200	9055.00	0.00	9055.00	1100	2955.00			
200	7900.50	0.00	7900.50	0	2900.50			
200	7234.00	0.00	7234.00	0	2234.00			
200	5038.30	0.00	5038.30	800	0.00			
200	5853.80	0.00	5853.80	0	853.80			
200	5036.80	0.00	5036.80	0	36.80			
200	5384.80	0.00	5384.80	0	384.80			

步骤 05 查找引用税率和速算扣除数。❶在 Y3 单元格中设置公式"=LOOKUP(X3,{0,0.01,36000.01,144000.01,300000.01,420000.01,660000.01,960000.01},{0,0.03,0.1,0.2,0.25,0.3,0.35,0.45})"。 公式原理：根据 X3 单元格中的累计应纳税所得额 2955，运用 LOOKUP 函数的数组形式在第 1 个数组中查找与之相等的数字或近似的最小数字，即 0.01 后，返回第 2 个数组中与这个数字的排列顺序相同的数字，即 0.03。❷在 Z3 单元格中设置公式"=LOOKUP(Y3,{0,0.03,0.1,0.2,0.25,0.3, 0.35,0.45},{0,0,2520,16920,31920,52920, 85920,181920})"，根据 Y3 单元格的税率查找与之匹配的速算扣除数。❸框选 Y3:Z3 单元格区域，将公式填充至 Y4:Z62 单元格区域中，如下图所示。

Y3			fx	=LOOKUP(X3,{0,0.01,36000.01,144000.01,300000.01,420000.01,660000.01,960000.01},{0,0.03,0.1,0.2,0.25,0.3,0.35,0.45})			

2021年1月个人所得税计算表

其他收入	本月应税收入	前期累计应税收入	1月累计应税收入	1月累计专项附加扣除	累计应纳税所得额	税率	速算扣除数	已预缴税额	累计应缴税额
200	9055.00	0.00	9055.00	1100	2955.00	3%	0		
200	7900.50	0.00	7900.50	0	2900.50	3%	0		
200	7234.00	0.00	7234.00	0	2234.00	3%	0		
200	5038.30	0.00	5038.30	800	0.00	3%			
200	5853.80	0.00	5853.80	0	853.80	3%			
200	5036.80	0.00	5036.80	0	36.80	3%			
200	5384.80	0.00	5384.80	0	384.80	3%			
200	5435.80	0.00	5435.80	0	435.80	3%			
200	5480.80	0.00	5480.80	0	480.80	3%			
200	5047.30	0.00	5047.30	0	47.30	3%			

小提示

运用 LOOKUP 函数设置公式时需注意：无论是数组形式还是向量形式，其中数字应按照升序排列。如果无法升序排列，可按以下格式规则设置公式："=LOOKUP(1,0/((查找列)=索引关键字),结果列)"。

步骤 06 计算本月应补缴税额。❶ 在 AA3 单元格中设置公式"=IFERROR (ROUND (X3*Y3-Z3,2),0)"，计算累计应缴税额（累计纳税所得额 × 税率－速算扣除数）；❷ 在 AB3:AB62 单元格区域中填入前期已经预缴税额的累计数，1月填 0 即可；❸ 在 AC3 单元格中设置公式"=ROUND(AA3-AB3,2)"，计算本月应补缴税额（累计应缴税额－已预缴税额）；❹ 框选 AA3:AC3 单元格区域，将公式填充至 AA4:AC62 单元格区域中，如下图所示。

步骤 08 测试公式效果。下面对几个关键公式进行测试，检测公式的正确性。❶ 测试"绩效奖金"的计算公式。切换至"绩效奖金"工作表，在 I7 单元格中输入 90（即员工编号"HY002"在2021.02月的绩效评分）；切换至"2021.01月工资"工作表，将 A1 单元格中的"2021.01月"修改为"2021.02"月，可看到 I3 单元格中的绩效奖金数字变为900，而 I4:I62 单元格区域中的数字全部变为0，与"绩效奖金"工作表中2月的数据完全一致，如下图所示。

小技巧

由于1月没有"前期累计应税收入"和"已预缴税额"，不必设置公式。计算2月工资时，可设置公式，将1月个人所得税计算表中的"1月累计应税收入"和"本月应补缴税额"查找引用至2月的表格中。不过，运用另一个方法导入"本月应补缴税额"更加简单快捷，而且可确保已预缴税额准确无误。在实际申报并缴纳个人所得税后，直接从税务机关官方报税系统中导出 Excel 文件，将其中累计已预缴税额导入次月工资表中的"已预缴税额"字段下的单元格区域中。

步骤 07 计算实付工资。❶在 O3 单元格中设置公式"=AC3"，引用"本月应补缴税额"；❷在 Q3 单元格中设置公式"=ROUND(L3-SUM(M3:P3),2)"，计算实付工资（应付工资－（代扣社保+代扣公积金+代扣个税+其他扣款））；❸框选 O3:Q3 单元格区域，运用"选择性粘贴"功能将公式复制粘贴至 O4:Q62 单元格区域（不会对 P3:P62 单元格区域中的数据产生影响），如下图所示。

❷ 测试个人所得税计算表公式。在 S1 单元格中输入数字 2，可看到 V2、W3 单元格中的字段名称及"累计专项附加扣除"字段下单元格中的数字变化。在 S3:S9 单元格中分别输入数字，使"累计应纳税所得额"达到七级超额累

进的不同级数，可看到"税率"和"速算扣除数"变化为与级数匹配的数字，如下图所示。

	其他收入	本月应纳税收入	前期累计应纳收入	2月累计应纳收入	2月累计预扣扣除数	累计应纳税所得额	税率	速算扣数	累计应纳缴税额	已预缴税额	本月应补缴税额
3	200	9055.00	0.00	9055.00	2200	0.00	0%		0.00	0.00	0.00
4	36000	43700.30	0.00	43700.50	0	33700.50	3%		1011.01	0.00	1011.02
5	144000	151034.00	0.00	151034.00	0	141034.00	10%	2520	11583.4	0.00	11583.40
6	320000	324838.30	0.00	324838.30	1600	313236.30	25%	31920	46389.58	0.00	46389.58
7	420000	425653.80	0.00	425653.80	0	415653.80	25%	31920	71993.45	0.00	71993.45
8	670000	674836.80	0.00	674836.80	0	664836.80	35%	85920	146772.88	0.00	146772.88
9	970000	975184.90	0.00	975184.80	0	965184.80	45%	181920	252413.16	0.00	252413.16
10	200	5435.80	0.00	5435.80	0	0.00	0%		0.00	0.00	0.00

2021年2月个人所得税计算表

测试结果表明公式正确无误，次月计算工资时，可复制整个"2021.01月工资表"粘贴至新建工作表中，修改其中的常量数据即可。

5. 制作动态工资条

工资条是企业在发放工资的同时，反馈给每位员工的具体工资数据明细的一种小型纸质表格。因此，每月完成工资计算后，需要将工资表制成工资条，方便打印和裁剪。虽然也可以使用复制粘贴方法制作工资条，但是如果员工人数众多，如此操作就太过烦琐，既耗费时间精力，又影响工作效率。本例将综合运用函数、控件、条件格式等功能制作动态工资条，只需通过最简单的手工操作，即可批量生成指定月份的工资条。同时，工资条也具备工资数据查询功能，如员工前来查询其工资明细，为了维护工资保密制度，将在为个人查询工资数据时隐藏其他员工的工资条。这一效果同样只需要手动选中一个控件即可实现。本例将要运用的函数包括 INDIRECT、VLOOKUP、MATCH、OFFSET、COUNT、IF 等。 函数介绍和说明如下。

① INDIRECT 函数：查找引用函数。

◆函数作用：返回文本字符串所指定的单元格引用。

◆基本语法：INDIRECT(ref_text,[a1])

◆语法解释：INDIRECT(文本 ,[引用样式])

◆参数说明：

●第 2 个参数可省略，引用样式包括 a1 和 A1C1 两种。省略时默认为 a1 样式，日常工作中一般使用这种样式。

●第 1 个参数可设置为直接引用和间接引用两种形式。直接引用是指直接返回单元格中的数值、文本等内容。设置参数需要添加英文双引号。例如，A2 单元格中内容为"Excel"，设置公式"=INDIRECT("A2")"，即返回"Excel"。间接引用是指引用单元格中另一个单元格地址中的内容。例如，A3 单元格中内容为 A4，A4 单元格内容为"Excel 2019"，设置公式"=INDIRECT(A4)"，返回"Excel 2019"。直接引用与间接引用如下图所示。

	A	B	C
1	内容	公式结果	公式说明
2	Excel	Excel	B2单元格公式：=INDIRECT("A2")，直接引用
3	A4	Excel 2019	B3单元格公式：=INDIRECT(A4)，间接引用
4	Excel 2019		

◆在本例中的作用：与其他查找引用函数嵌套，引用指定工作表及其指定区域的名称。

② IFERROR、VLOOKUP、MATCH、OFFSET、COUNT、IF 函数，本节前面已做介绍。

步骤 01 制作工资条表格框架。新增工作表，命名为"工资条"，将"2021.01月工资"工作表中 A1:Q3 单元格区域全部复制粘贴至 A1:Q3 单元格区域中，删除 A1 单元格中的标题和 A3:Q3 单元格区域中的原有内容。

步骤 02 制作"选项按钮"控件。❶ 单击"开发工具"选项卡中"表单控件"组的"插入"下拉按钮；❷ 单击下拉列表中的"选项按钮"控件◉；❸ 在空白区域绘制两个选项按钮控件，分别命名为"个人工资查询"和"批量生成工资条"；❹ 分别设置两个控件格式，将"单元格链接"均设置为 S1 单元格（详细步骤请参照 4.1.3 节 <2.制作部门员工名录表 >中的介绍）。

设置完成后，依次单击两个选项按钮后，S1 单元格中的数字依次返回 1 和 2；❺ 在 S2:U3 单元格区域绘制查询表框架，在 S3 单元格中输入任意一个员工编号，如"HY016"，如下图所示。

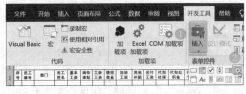

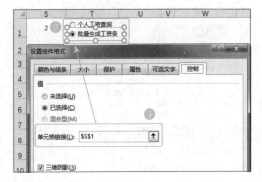

步骤 03 制作"列表框"控件。❶ 在空白区域，如 W2:W13 单元格区域中制作辅助表，输入工作表名称"2021.01 月工资"至"2021.12 月工资"；❷ 绘制一个"列表框"控件；❸ 打开"设置控件格式"对话框，将"数据源区域"设置为 W2:W13 单元格区域，将"单元格链接"设置为 W1 单元格（详细步骤参照 4.1.3 节 <2. 制作部门员工名录表> 的介绍）。制作完成后，W1 单元格中的数字将按照"列表框"控件中被选中工作表名称的排列顺序依次变化。

步骤 04 制作第 1 份工资条。由于第 1 份工资条所在单元格区域兼负个人工资查询和生成工资条两项任务，因此公式设置与其他区域略有不同。❶ 在"列表框"控件中选择"2021.01 月工资"选项，选中"批量生成工资条"选项按钮，在 B1 单元格中设置公式"=""×× 有限公司 "&OFFSET($W$1,$W$1,,)&" 条 """，动态显示标题。公式中，OFFSET 函数的第 1 个参数绝对引用 W1 单元格，即被"列表框"控件所控制的单元格，第 2 个参数"$W$1"是指向下偏移的行数，如果当前选中"列表框"控件中的第 3 个选项"2021.03 月工资"，那么 W1 单元格中数字变为 3，即向下偏移 3 行，返回"2021.03 月工资"，再与文本"×× 有限公司"和"条"组合构成工资条标题。

❷ 在 A3 单元格中设置公式"=IF($S$1=2, COUNT(A$2:A2)+1, "-")"。

公式含义：当 S1 单元格中数字为 2（批量生成工资条）时，则统计 A$2:A2 单元格区域中包含数字的单元格个数后 +1，返回结果为 1，作为序号（后面将以此为关键查找员工信息）；如果 S1 单元格不为 2，代表查询个人工资，即返回符号"-"。

❸ 在 B3 单元格中设置公式"=IFERROR(IF(A3="-",$S$3,VLOOKUP($A$3,INDIRECT(OFFSET($W$1,$W$1,,)&"!A:Q"),MATCH(B2,INDIRECT(OFFSET($W$1,$W$1,,)&"!2:2"),0),0)),"")"。

公式含义：首先，运用 IF 函数判断 A3 单元格中内容为"-"时，代表查询个人工资，即返回 S3 单元格中的员工编号"HY016"。否则运用 VLOOKUP 函数在指定工资表中查找与 A3 单元格中序号匹配的员工编号。其次，VLOOKUP 函数的第 2 个参数为查找区域，嵌套 INDIRECT 函数引用工作表名称及区域地址。其中，OFFSET 函数的作用是返回 W1:W13 单元格区域中的文本（即"2021年 ** 月工资"），再与指定文本""!A:Q""组合后，返回结果为"2021.01 月 !\$A:\$Q"。同理，VLOOKUP 函数的第 3 个参数嵌套 MATCH 函数，返回 B2 单元格在指定工作表区域中的列数。最后，运用 IFERROR 函数屏蔽错误值。

整条公式返回结果为"HY002"。

❹ 在 C3 单元格中设置公式"=IFERROR(VLOOKUP(\$B3,INDIRECT(OFFSET(\$W\$1,\$W\$1,,)&"!B:Q"),MATCH(C2,INDIRECT(OFFSET(\$W\$1,\$W\$1,,)&"!2:2"),0)– 1,0),"")"，根据 B3 单元格中的员工编号在指定工作表区域中查找引用部门名称，将公式填充至 D3:P3 单元格区域，如下图所示。C3 单元格公式含义与 B3 单元格公式中的 VLOOKUP 函数的公式表达式相同。

步骤 05 制作第 2 份工资条。其他工资条的公式仅与第 1 份工资条略有差异。❶ 复制 A1:P3 单元格区域并全部粘贴至 A5:P7 单元格区域，将 B5 单元格公式修改为"=\$B\$1"；❷ 删除 B7 单元格公式中的"IF(A7="–",\$S7,"部分，其他单元格公式不变，如下图所示。

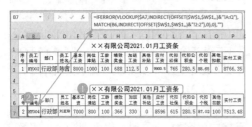

步骤 06 设置第 2 份工资条的条件格式。在"条件格式"功能中设置公式，使格式达到以下效果：选择"个人工资查询"控件后，隐藏区域中的所有内容，同时清除表格框线。❶ 选中 A5:P7 单元格区域，打开"新建格式规则"对话框，在"选择规则类型"列表框中选择"使用公式确定要设置格式的单元格"选项；❷ 在"为符合此公式的值设置格式"文本框中输入公式"=\$S\$1=1"；❸ 单击"格式"按钮；❹ 弹出"设置单元格格式"对话框，在"数字"选项卡中"自定义"选项的"类型"文本框中输入格式代码";;;"，即可隐藏单元格中的内容；❺ 单击"确定"按钮，返回"新建格式规则"对话框，再次单击"确定"按钮关闭对话框，如下图所示。

设置自动清除表格框线的条件格式的操作步骤请参照 4.1.2 节 <3. 设置条件格式自动添加或清除表格框线 > 的介绍。

步骤 07 填充工资条。将 A5:P8 单元格区域填充至 A9:P240 单元格区域，如下图所示。

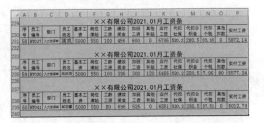

步骤 08 设置查询表公式。在 T3 单元格中设置公式 "=IFERROR(VLOOKUP($S3,$B:D, MATCH(T2,2:2,0)-1,0),"–")"，根据 S3 单元格中的员工编号在 B:D 区域查找与之匹配的部门名称，将公式填充至 U3 单元格，如下图所示。

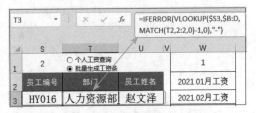

步骤 09 自定义控件链接的单元格格式。为了表格规范和美观，可将 S1 和 W1 单元格格式设置为自定义格式。❶ 两个 "选项按钮" 控件链接 S1 单元格，分别返回数字 1 和 2，可使用不同的符号替代。设置自定义格式代码为 "[=1] ★；☆"，效果是 S1 单元格中数字为 1 时，显示 "★"，否则显示 "☆"；❷ "列表框" 控件链接 W1 单元格，依次返回数字 1~12，可将其设置为字段名称，设置自定义格式代码为 "工作表名称"。最后设置字体、字号、字体颜色及单元格填充颜色等，如下图所示。

步骤 10 测试效果。❶ 新增工作表，命名为 "2021.02 月工资"，将 "2021.01 月工作表"

中的表格整个复制粘贴至新工作表中，将 A1 单元格的内容修改为 "2021.02 月"；❷ 将 S1 单元格的数字修改为 2；❸ 切换至 "工资条" 工作表，在 "列表框" 控件中选择 "2021.02 月工资" 选项，选择 "批量生成工资条" 选项按钮，如下图所示。

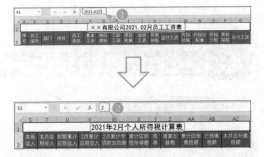

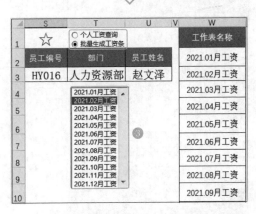

此时可看到所有工资条内容均变化为 "2021.02 月工资" 工作表中的数据，如下图所示。

❶ 单击 "个人工资查询" 选项按钮，可看到除第 1 份工资条外，其他工资条已全部被隐

藏，如下图所示。

小提示

后期制作其他月份的工资表时，注意将每个工作表名称设置为与"工资条"工作表中 W2:W13 单元格区域中对应月份完全一致的名称。

4.2 进销存数据统计和分析

案例说明

进销存是指在企业管理过程中，从采购（进）入库至销售出库，再对库存数据进行统计分析的动态管理过程。在进、销、存这三个环节中，无论哪个环节都会随时发生大量原始数据，随之而来也会产生更多数据的计算和统计工作。例如，在采购入库环节中，需要根据产品的数量、价格及相关费用计算入库成本，以便制定销售价格；在销售出库环节中，同样需要根据出库数量、出库价格及相关费用计算销售金额、销售成本等数据；在计算库存数据环节中，则需要根据入库、出库等相关数据计算结存数量、结存金额等。由此可见，计算、统计和管理进销存数据的工作量是非常巨大且烦琐的，因此就需要运用函数公式处理和管理这些数据。

本节将在一个 Excel 工作簿中制作多个工作表，以函数公式为主，实现高效记录、计算、统计和分析进销存数据。主要包括以下工作表。

①三类基础信息档案表：供应商档案表、客户档案表、产品档案表，用于记录关键信息，为后续的数据统计工作提供准确的原始数据。

②入库明细表和销售明细表，记录采购入库和销售出库环节中必需的原始信息，并运用函数自动计算其他数据，如入库金额、销售金额、当前库存数量和金额、出库成本等。

③动态打印表单，全部设置函数公式，实现只需输入月份、选择单据类型（入库单或出库单）和单据编号，即可查询单据明细，并形成打印样式的预想效果。

④进销存数据汇总表，随着每一笔采购入库、销售出库的数据产生而自动汇总当前产品的进销存的数量和金额。

如下图所示，是本节制作完成的全自动汇总数据的动态进销存数据汇总表（结果文件参见：结果文件\第 4 章\进销存管理 .xlsx）。

序号	产品编码	产品名称	规格型号	条形码	关联供应商	期初余额(2021.01期末)			本月入库成本			本月出库成本		期末余额		
														×× 有限公司2021年2月进销存汇总							
						数量	平均成本单价	金额	入库数量	平均成本单价	购进金额	出库数量	金额	结存数量	平均成本单价	结存金额
60			合计			13566	-	591,462.53	8150	-	372,692.21	2550	115,779.50	19166	-	848,375.24
1	001001	产品001	A510	69********73	供应商001	355	52.70	18708.30	200	52.96	10,685.28			555	52.96	29393.58
2	001002	产品002	A511	69********56	供应商001	346	54.12	18727.06	-	54.12				346	54.12	18727.06
3	001003	产品003	A512	69********39	供应商001	477	57.02	27200.00	-	57.02				477	57.02	27200.00
4	002001	产品004	B571	69********53	供应商002	123	38.47	4731.81	-	38.47				123	38.47	4731.81
5	002002	产品005	B572	69********85	供应商002	568	42.15	23940.70	-	42.15				568	42.15	23940.70
6	002003	产品006	C518	69********95	供应商002	289	30.45	8800.05	-	30.45				289	30.45	8800.05
7	003001	产品007	D516	69********63	供应商003	196	49.26	9654.96	-	49.26				196	49.26	9654.96
8	003002	产品008	D517	69********77	供应商003	278	34.00	9452.00	-	34.00				278	34.00	9452.00
9	003003	产品009	D596	69********99	供应商003	396	50.37	19947.62	-	50.37				396	50.37	19947.62
10	003004	产品010	D595	69********27	供应商003	204	31.42	6409.68	-	31.42				204	31.42	6409.68
11	003005	产品011	D532	69********30	供应商003	166	48.91	8119.06	-	48.91				166	48.91	8119.06
12	003006	产品012	D533	69********76	供应商003	267	39.51	10549.17	-	39.51				267	39.51	10549.17

思路分析

　　进销存数据管理将在一个 Excel 工作簿中建立进销存数据的基础信息档案（供应商档案、客户档案、产品档案）、入库明细表、销售明细表、动态打印表单、进销存数据汇总表等多个数据表格。各个表格中的数据相互关联，这就需要综合运用多种不同函数，以不同的嵌套方式设置公式才能实现预想效果。例如，在销售出库明细表中，需要使用查找引用函数，根据序号自动查找客户编码、名称、价格类型，才能准确匹配具体价格。再如，在汇总进销存数据时，需要根据指定月份，将采购入库明细表和销售出库明细表中的相关数据全部引用至表格中，再计算平均单价、出库成本及结存数据。制作上述表格的主体思路及主要函数如下图所示。

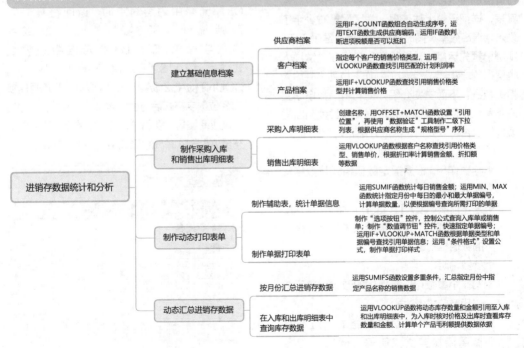

4.2.1 建立基础信息档案

扫一扫，看视频

进销存的基础信息主要包括供应商信息、客户信息、产品信息这三大类。每一大类中分别涵盖了大量具体信息，如供应商名称、发票类型、发票税率；客户名称、产品名称、规格型号、条形码、进货价格等。这些基础信息在进销存数据体系中的作用至关重要，将直接影响后面数据统计分析的准确性。因此，做好进销存数据的计算、统计和分析的大前提，就是建立一个完善的基础资料信息档案库，规范管理各种基础资料，为后续数据统计、计算和分析工作提供准确的数据源。

1. 建立供应商档案

在供应商档案中，除了供应商编码、名称、联系人等基本信息外，更重要的是记录供应商能够提供增值税发票的类型及税率（或征收率）等信息。例如，提供增值税普通发票还是增值税专用发票、增值税专用发票的税率（或征收率）是多少，这些原始信息是后面制定销售价格的重要依据之一。本节将制作供应商档案表，详细记录上述信息。为了尽量减少手工录入，提高效率，同时保证关键信息准确无误，本例已预先运用"数据验证"工具在"纳税人类型""发票类型"字段下制作下拉列表并填入相关数据。下面主要介绍如何利用函数自动生成序号和供应商编码，并根据发票类型判断进项税额是否可以抵扣。函数介绍和说明如下。

① TEXT 函数：文本函数。

◆函数作用：根据指定数值格式将数字转换为文本。

◆基本语法：TEXT(value,format_text)

◆语法解释：TEXT(被转换的数字，指定的数值格式)

◆参数说明：

● 第 1 个参数可以是具体的数字、单元格引用及公式表达式。

● 第 2 个参数即指定的格式，应在其首尾添加英文双引号。例如，A2 单

元格中数字为 20201111，设置公式"=TEXT(A2,"0000-00-00")"后，将返回结果"2020-11-11"。

◆在本例中的作用：与 IF+COUNT 函数组合嵌套，生成供应商编号。

② IF、COUNT 函数，本章前面已做介绍。

打开"素材文件\第 4 章\进销存管理 .xlsx"文件，其中包含 4 个工作表，名称分别为"供应商档案""客户档案""产品档案""入库明细"，均已录入原始信息。其中，"供应商档案"工作表的初始表格框架及初始信息内容如下图所示。

步骤 01 自动生成序号和供应商编码。❶ 在 A3 单元格中设置公式"=IF(C3="","-",COUNT($A$2:$A2)+1)"，运用 IF 函数判断 C3 单元格中内容为空时，返回符号"-"，否则统计"A$2:$A2" 单元格区域中的数字个数；❷ 在 B3 单元格中设置公式"="gys"&TEXT(IF(C3="","-",COUNT($A$2:$A2)+1),"000")"，将序号转换成 3 位数字格式后与固定字符"gys"组合即构成供应商编号；❸ 将 A3 和 B3 单元格的公式填充至 A4:B14 单元格区域中，如下图所示。

步骤 02 判断进项税额是否可抵扣。❶ 在 G3 单元格中设置公式 "=IF(E3=" 专票 "," 可抵扣 "," 不抵扣 ")"，运用 IF 函数判断 E3 单元格中内容为 "专票" 时，返回文本 "可抵扣"，否则返回 "不抵扣"，这一信息与进项税率都将作为后面确定入库成本的重要依据；❷ 将 G3 单元格的公式填充至 G4:G14 单元格区域中，如下图所示。

步骤 03 创建超级表。对于存储基础资料类的表格，创建超级表主要有三大好处：第一，新增信息时，在与超级表相邻行或列的任一空白单元格中输入信息，即自动添加表格框线、自动填充同行或同列公式；第二，可自动扩展 "数据验证" 序列、公式中 "名称" 的数据源；第三，设置或修改公式时，只需在一个单元格中输入公式表达式，同一列所有单元格中自动填充公式；第四，可使用 "切片器" 筛选数据。❶ 框选 A2:J14 单元格区域，单击 "插入" 选项卡的 "表格" 按钮；❷ 弹出 "创建表" 对话框，其中 "表数据的来源" 文本框中已自动生成上一步框选的单元格区域，默认勾选 "表包含标题" 复选框（将区域中的第一行作为标题），直接单击 "确定" 按钮；❸ 创建成功后，可激活 "表格工具"，在 "设计" 选项卡中设计表格样式。例如，创建超级表后，默认添加筛选按钮，如果不做筛选或使用切片器筛选，可以在 "表格样式选项" 组中取消勾选 "筛选按钮" 复选框；可以一键套用或自行设置表格样式，以及在 "属性" 中将超级表的默认名称（表 1、表 2、……）修改为自定义名称等，如下图所示。

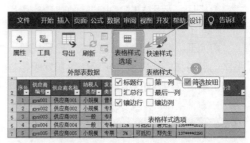

步骤 04 将供应商名称定义为 "名称"，定义名称方便后面在数据验证中引用。❶ 框选 C3:C14 单元格区域，打开 "新建名称" 对话框，在 "名称" 文本框中输入 "供应商"；❷ 单击 "确定" 按钮关闭对话框，如下图所示。

🔔 小技巧

　　为超级表中的区域创建名称时，"引用位置" 文本框中显示位置的规范格式为 "表名称 [列名称]"。如本例，超级表名称默认为 "表 1"，框选的 C3:C14 单元格区域所在的列名称为 "供应商名称"，因此显示 "表 1[供应商名称]"。

2. 建立客户档案

　　客户档案中的关键信息是为每个客户预先设定的销售价格，每种类型按照不同计划成本和利润率计算，其他字段内容与供应商档案大致相同。因此，除了客户编码、客户名称、纳

税人类型等基本信息外，客户档案中至少还应
包括"价格类型""计划利润率"等字段，在录
入客户档案的同时设置好价格类型及加价率，
方便后面为每个产品进行批量定价。另外，本
例列举的销项税率统一为13%，因此，客户档
案中不必设置此字段。本例自动生成序号和客
户编号的公式与"供应商档案"工作表中的公
式完全相同，运用 VLOOKUP 函数查找引用
加价率即可。

切换至"客户档案"工作表，已预先录入
基本信息并将表格转换为超级表。初始表格框
架和基本信息内容如下图所示。

步骤 01 自动生成序号和客户编号。❶
在 A3 单元格中设置自动生成序号的公式
"=IF(C3="","−", COUNT ($A$2:$A2)+1)"，
在 A4:A12 单 元 格 区 域 自 动 填 充 公 式；
❷ 在 B3 单元格中设置自动生成客户编号
的 公 式 "="kh"&TEXT(IF(C3="","−",
COUNT($A$2:$A2)+1),"000")"，在 B4:B12
单元格区域自动填充公式，如下图所示。

步骤 02 制作计划定价表。在 K 列右侧的空
白区域绘制辅助表，输入价格类型和计划利
润率，将表格转换为超级表，以便后面添加
新的价格类型后，自动扩展数据验证的序列
来源，如下图所示。

步骤 03 设置客户价格类型和加价率。❶ 框
选 F3:F12 单元格区域，打开"数据验证"对
话框，在"设置"选项卡中将"来源"设置为
L3:L7 单元格区域；❷ 单击"确定"按钮关闭
对话框；❸ 在 F3:F12 单元格区域的下拉列表
中选择一种价格类型；❹ 在 G3 单元格中设置
公式"=VLOOKUP(F3,L$3:M7,2,0)"，在
L3:M7 单元格区域中查找与价格类型匹配的
计划利润率（即加价率）后引用至 G3 单元格
中，如下图所示。

3. 建立产品档案

相对于供应商档案和客户档案而言，产品

档案中的关键信息更多，如产品编码、条形码、规格型号、关联供应商、进价等。其中，产品编码的制定规则也有所不同，需要关联供应商的编号进行编制。同时，还需要根据进货价、供应商开具发票是否可抵扣、每种价格类型的计划利润率等数据预先计算具体价格。以上信息是否准确和完善，将直接影响后续的数据统计和分析的准确性。本节将要运用的函数主要包括 MID、TEXT、COUNTIF、VLOOKUP、IF、ROUND 等。函数介绍和说明如下。

① RIGHT 函数：文本函数。

◆函数作用：从指定的文本字符串的最后一个字符开始返回指定个数的字符。也就是以文本字符串的右侧为起始位置，按照指定个数截取文本字符。

◆基本语法：RIGHT(text, [num_chars])

◆语法解释：RIGHT(文本字符串 , 指定的字符个数)

◆参数说明：

●第 1 个参数可以设置为文本、数值、单元格引用或公式表达式等。如其中存在空格，则视为一个字符。

●第 2 个参数可省略，默认为 1。一般设置为数字，也可以设置为单元格引用，或者嵌套函数公式自动计算。

◆在本例中的作用：与 TEXT、COUNTIF 函数公式组合自动生成产品编码。

② TEXT、COUNTIF、ROUND、VLOOKUP、IF 函数：前面已做介绍。

切换至"产品档案"工作表，其中包含 60 条产品信息。已创建超级表，并录入产品名称、规格型号、装箱数、关联供应商、供应商报价（不含税进价）等基本信息。初始表格框架及基本信息内容如下图所示。

步骤 01 限定"条形码"字段的文本长度。由于条形码长度为统一的 13 位，为了有效避免录入时出现多位或少位等情况，可运用"数据验证"工具限定文本长度，同时可设定在录入出错时阻止继续录入并显示警告信息。

❶ 选中 E3 单元格，打开"数据验证"对话框，在"设置"选项卡的"允许"下拉列表中选择"文本长度"选项；❷ 在"数据"下拉列表中选择"等于"选项；❸ 在"长度"文本框中输入 13；❹ 切换至"出错警告"选项卡，在"标题"和"错误信息"文本框中分别输入自定义标题和提示错误信息的内容，其他设置不做修改；❺ 单击"确定"按钮关闭对话框，如下图所示。

设置完成后，在 E3:E62 单元格区域中录入条形码即可。如果数字位数错误，则将无法继续输入并弹出对话框，显示提示信息，单击"取消"按钮后重新录入即可，如下图所示。

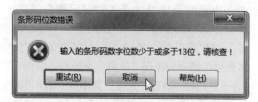

步骤 02 自动生成序号和产品编码。❶ 在 A3 单元格中设置公式"=IF(G3="","–", COUNT($A$2:A2)+1)"，自动生成序号；❷ 在 B3 单元格中设置公式"=RIGHT(G3,3) & TEXT(COUNTIF(G$2:G2,G3)+1,"000")"，自动生成产品编码。公式由两个表达式组合而成，其中，RIGHT 函数公式用于截取 G3 单元格中的供应商编号，返回结果为"001"；TEXT 函数的公式与 COUNTIF 函数嵌套，将其统计得到的供应商的个数返回的数字与供应商编号组合后即构成产品编码"001001"。如果供应商编号为"002"，产品编码则为"002001"，以此类推，如下图所示。

步骤 03 计算含税进价和销售定价。❶ 含税进价按照"不含税进价＋增值税率 13%"的公式计算，在 I3 单元格中设置公式"=ROUND(H3*1.13,2)"；❷ "一级批发价"根据供应商提供发票的进项税额是否可抵扣，按照"不含税进价或含税进价÷(1－计划利润率)"的公式计算，在 J3 单元格中设置公式"=ROUND(IF(VLOOKUP($G3, 供应商档案 !$C:$G,5,0) ="可抵扣 ",$H3,$I3)/(1－ VLOOKUP(J$2, 客户档案 !$L$3:$M$7,

2,0)),2)"，将公式填充至 K3:N3 单元格区域（下方单元格区域自动填充公式），如下图所示。

公式含义如下：

① 表达式"IF(VLOOKUP($G3, 供应商档案 !$C:$G,5,0) ="" 可抵扣 ",$H3,$I3)"部分，用于判断供应商提供发票的进税额是否可以抵扣，如可抵扣，则返回 H3 单元格中的"不含税进价"，否则返回 I3 单元格中的"含税进价"。

② 表达式"1－ VLOOKUP(J$2, 客户档案 !$L$3:$M$7, 2,0)"中，VLOOKUP 函数根据 J2 单元格中的价格类型在"客户档案"工作表中查找并引用与之匹配的计划利润率。

③ 以上两个表达式相除即可计算得到具体价格。最后运用 ROUND 函数将计算结果四舍五入至 2 位小数。

4.2.2 制作采购入库和销售出库明细表

扫一扫，看视频

采购入库和销售出库是购销链中的两个核心环节，其中产生的大量数据直接影响后期进销存分析的准确性。因此，需要分别制作一份完善的采购入库明细表和销售出库明细表，详细记录所有数据。本节运用 Excel 制作两个表格，主要运用各种函数设置公式，自动计算或生成除必须手工录入数据外的其他大量数据，在提高工作效率的同时，也能确保数据准确。

1. 制作采购入库明细表

企业采购的货物到达仓库并验收入库后，

相关人员就应当根据供应商提供的相关单据将每一件货物的入库日期、规格型号、入库数量、价格等原始数据录入表格。除此之外，其他数据均可设置函数公式进行计算。

本节主要运用 OFFSET、IF、COUNT、VLOOKUP、ROUND、SUM、IFERROR 等函数制作入库明细表。

切换至"入库明细"工作表，已预先将表格转换为超级表，并在 B3:B40 单元格区域制作一级下拉列表，序列来源为"=供应商"，已录入"供应商"和"入库日期"等原始信息。表格区域为 A3:U40 单元格区域，其中，Q3:U40 区域为辅助区域。所有字段中，仅"供应商""入库日期""规格型号""入库数量"等字段需要手工录入，其他字段将全部设置公式自动计算。初始表格框架如下图所示。

序号	供应商	入库日期	月份	单据编号	产品编号	规格型号	条形码	产品名称	装箱数	入库数量
	××有限公司采购入库明细表									
	供应商 002	2021-1-10								
	供应商 003	2021-1-15								
	供应商 004	2021-1-20								
	供应商 005	2020-1-25								

不含税进价	入库金额	税率	价税合计	备注	供应商报价	价格相符	价格差异	当前库存数量	当前库存金额

步骤 01 制作二级下拉列表。❶ 打开"新建名称"对话框，将"名称"设置为"规格型号"；❷ 在"引用位置"文本框中输入公式"=OFFSET(产品档案 !$D$1,MATCH(入库明细 !$B3, 产品档案 !$G:$G,0)-1,,COUNTIF(产品档案 !$G:$G, 入库明细 !$B3))"；❸ 单击"确定"按钮关闭对话框，如下图所示。

公式原理如下。

① OFFSET 函数的第 1 个参数：起始单元格，即"产品档案"工作表中的 D1 单元格（"规格型号"所在列）。

② OFFSET 函数的第 2 个参数：运用 MATCH 函数查找 B3 单元格中的供应商名称"供应商 002"在"产品档案"工作表 G 列中的行数后减 1，即计算得到向下偏移的行数。返回结果为 4。

③ OFFSET 函数的第 3 个参数：空，表示不向右偏移。

④ OFFSET 函数的第 4 个参数：运用 COUNTIF 函数统计 B3 单元格中的供应商名称"供应商 002"在"产品档案"工作表中 G 列中的个数，返回结果为 3，代表引用为 3 行。这样就构成了下拉列表中的序列。

操作完成后，单击 G3 单元格的下拉列表，可看到其中仅列出了"供应商 002"所关联的产品明细，如下图所示。

序号	供应商	入库日期	月份	单据编号	产品编号	规格型号
	××有限公司					
	供应商 002	2021-1-10				B572
	供应商 003	2021-1-15				B571 / B572 / C518
	供应商 004	2021-1-20				
	供应商 005	2020-1-20				
	供应商 006	2020-1-22				
	供应商 001	2020-1-25				
	供应商 001	2020-1-25				

步骤 02 自动生成序号，自定义单据编号。❶ 在 A3 单元格中设置公式"=IF(B3="","-",COUNT(A$2: A2)+1)"，运用 IF 函数判断 B3 单元格为空时，返回符号"−"，否则生成序号；❷ 在 D3 单元格中设置公式"=IF(C3="","−",TEXT(MONTH(C3), "00"))"，计算 C3 单元格中的月份数后，将格式转换为两位数，返回结果为"01"，作为后面汇总入库数据的依据；❸ 自定义 E3:E40 单元格区域的单元格格式，设置格式代码为"JH20210000"，输入单据编号（注意一个单据编号对应一个供应商编号，一张单据中可以包含多个产品），如下图所示。

步骤 03 查找引用产品信息。❶ 在 F3 单元格中设置公式"=IF(G3="","-",VLOOKUP(G3,IF({1,0},产品档案!D:D,产品档案!B:B),2,0))"，根据 G3 单元格中的规格型号，在"产品档案"工作表中查找与之匹配的产品编号。注意 VLOOKUP 函数的第 2 个参数（查找区域）嵌套 IF 函数的作用是使 VLOOKUP 函数在查找区域中进行反向查找。❷ 在 H3 单元格中设置公式"=IFERROR(VLOOKUP($F3,产品档案!$B:$N,MATCH(H$2,产品档案!$2:$2,0)-1,0),"-")"，根据 F3 单元格中的产品编号在"产品档案"工作表中查找与之匹配的条形码，将公式填充至 I3:K3 单元格区域中，下方单元格区域自动填充公式，如下图所示。

步骤 04 核对实际"不含税进价"与供应商报价。这一步的思路是：首先核对供应商的发货凭证中的实际"不含税进价"与之前的报价是否相符，如果相符，直接引用"产品档案"中的不含税进价；如果不符，则直接在单元格输入价格并计算差异，以便及时与供应商沟通

处理。❶ 在 K3:K8 单元格区域中输入入库数量（一般为装箱数的倍数）；❷ 在 Q3 单元格中设置公式"=IFERROR(VLOOKUP($F3,产品档案!B:N,7,0),"-")"，根据 F3 单元格中的"产品编号"在"产品档案"工作表中查找引用与之匹配的"不含税进价"；❸ 自定义 R3:R40 单元格区域的单元格格式，设置格式代码为"[=1]"√";[=2]"×""，作为下一步 IF 函数的判断条件，在 R3:R8 单元格区域中任意输入 1 或 2；❹ 在 L3 单元格中设置公式"=IFERROR(IF(R3=1,Q3,IF(R3=2,"输入价格","-")),"-")"，运用 IF 函数判断 R3 单元格中数字为 1 时，表明价格相符，则返回 Q3 单元格的值作为"不含税进价"，否则返回文本"输入价格"，以提示入库人员直接在 L3 单元格中输入实际的不含税进价；❺ 在 S3 单元格中设置公式"=IFERROR(IF(NOT(R3=1),L3-Q3,0),"-")"，运用 IF+NOT 函数判断 R3 单元格中的数字不为 1 时，计算 L3 与 Q3 单元格中价格的差值，否则返回符号"-"，如下图所示。

步骤 05 计算入库数据。❶ 在 M3 单元格中设置公式"=IFERROR (ROUND(K3*L3,2),"-")"，计算"入库金额"；❷ 在 N3 单元格中设置公式"=IFERROR(ROUND(M3*0.13,2),"-")"，计算税额；❸ 在 O3 单元格中设置公式"=IFERROR (SUM(M3:N3),"-")"，计算价税合计金额。

制作完成采购入库明细表后，可以在其中录入信息，为后面汇总库存数据提供数据源。

T3:U40 单元格区域暂时留空，后面制作完成进销存汇总表后将库存数据引用至此。

2. 制作销售出库明细表

销售出库明细表的制表思路、表格框架在内容和函数公式上与采购入库明细表基本相同，只需对部分字段名称及公式稍做调整即可。

步骤 01 调整表格框架、字段名称。新增工作表，重命名为"销售明细"，将"入库明细"工作表的整个表格复制粘贴至新工作表中，调整表格框及字段名称，保留"序号""月份"与产品基本信息的函数公式及之前输入的原始信息，删除其他内容。其中，S3:AA40 为辅助区域，预先录入折扣率。完成效果如下图所示。

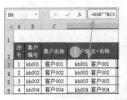

元格区域中制作下拉列表，设置序列来源为"=客户名称_编号"，在下拉列表中任意选择其中选项，以作为引用价格类型的关键字；❹在C3单元格中设置公式"=VLOOKUP(B3,客户档案!D:K,4,0)"，根据B3单元格中的内容，在"客户档案"工作表中查找与之匹配的价格类型，如下图所示。

步骤 03 计算销售数据。❶ 在 M3 单元格中设置公式"=IFERROR(VLOOKUP(G3,产品档案!B:N,MATCH($C3,产品档案!$2:$2,0)-1,0),"-")"，根据 G3 单元格中的产品编号，在"产品档案"工作表中查找引用与之匹配的价格。注意 VLOOKUP 函数的第 3 个参数是运用 MATCH 函数，定位 C3 单元格中的价格类型在"产品档案"工作表的列数。❷ 在 N3 单元格中设置公式"=IF(S3=1,T3,1)"，运用 IF 函数判断 S3 单元格中数字为 1 时，返回 T3 单元格中的折扣率，否则返回 100%（即无折扣），将单元格格式设置为"百分比"，小数位数设置为 0。❸ 在 O3 单元格中设置公式"=IFERROR(ROUND(L3*M3*N3,2),"-")"，计算销售金额，并填充至下方单元格区域。❹ 在 U3 单元格中设置公式"=ROUND(L3*M3-O3,2)"，计算折扣额，并填充至下方单元格区域，如下图所示。

步骤 02 引用客户价格类型。由于引用客户价格类型需要将客户名称作为关键字，而实际工作中的客户名称可能有重复，故 VLOOKUP 函数无法准确查找到目标数据。对此，可以将客户编号和名称组合后，作为关键字。❶切换至"客户档案"工作表，在 D 列左侧插入一列（新增列变为 D 列），字段名称命名为"客户编号+名称"，在 D3 单元格设置公式"=B3&""&C3"；❷将D3:D12单元格"名称"定义为"客户编号_名称"；❸切换至"销售明细"工作表，运用"数据验证"工具在B3:B40单

	K	L	M	N	O	P	Q	R	S	T	U
2	装箱数	销数量	单价		销售金额	税额	价税合计	备注	是否折扣	折扣率	折扣额
3	200	50	71.00	95%	3372.50	438.43	3810.93		√	95.00%	177.50
4	100	50	75.52	95%	3587.20	466.34	4053.54		√	95.00%	188.80
5	120	60	68.61	90%	3704.94	481.64	4186.58		√	90.00%	411.66
6	150	90	85.60	95%	7318.80	951.44	8270.24		√	95.00%	385.20
7	180	90	63.02	100%	5671.80	737.33	6409.13	白色...红色640	−		0.00
8	120	60	84.15	100%	5049.00	656.37	5705.37		−		0.00
9	100	50	89.05	100%	4452.50	578.83	5031.33		−		0.00

V3:AA40 单元格区域依然留空，后面制作完成进销存汇总表后再将库存数据引用至此，并计算毛利率及毛利润。

4.2.3 制作动态打印表单

扫一扫，看视频

实际工作中，在明细表中录入出库或销售数据后，通常需要打印纸质表格，作为入库、出库及财务人员记账的原始凭证。本节将运用各种函数设置公式及条件格式，制作一份动态打印表单，力求通过最简单的操作呈现需要打印的数据内容和格式。

1. 制作辅助表，统计单据信息

首先制作一份辅助表，统计单据数量、销售金额、起止编号，帮助操作人员了解哪些日期有单据、有多少张单据、每日销售金额和单据起止编号等信息，便于快速明确需要打印的单据。本节将运用统计类函数、日期函数、数学函数。函数介绍和说明如下。

① MIN 函数：统计函数。

◆函数作用：返回一组数值中的最小值，忽略逻辑值及文本。

◆基本语法：MIN(number1,[number2],...)

◆语法解释：MIN(数字 1,[数字 2],...)

◆参数说明：

● 可以是数字、单元格区域、返回数组的公式表达式。最多可设置 255 个参数。

● 如果将参数设置为文本或逻辑值，则忽略统计（不报错）。例如，A1:A3 单元格中的数字分别为 25、32、18，其中"18"为文本型，公式"=MIN（A1:A3）"的返回结果为 25。

◆在本例中的作用：查找指定日期的最小单据号。

② MAX 函数：统计函数。

◆函数作用：返回一组数值中的最大值，忽略逻辑值及文本。

◆基本语法：MAX(number1,[number2],...)

◆语法解释：MAX(数字 1,[数字 2],...)

◆参数说明：与 MIN 函数完全相同。

◆在本例中的作用：查找指定日期的最大单据号。

③ EOMONTH 函数：日期函数。

◆函数作用：返回指定的起始日期或指定日期之前及之后某月的最末日期。

◆基本语法：EOMONTH(start_date, months)

◆语法解释：EOMONTH(起始日期，月数)

◆参数说明：

● 两个参数均为必需项。

● 第 1 个参数可设置为具体日期，可以是单元格引用、公式表达式等。

● 第 2 个参数"月数"为负数、0 和正数时，分别代表返回指定日期之前、指定日期的当月、指定日期之后月份的最末日期，如下图所示。

	A	B	C
1	日期	最末日期	公式表达式
2		2020-12-31	=EOMONTH(A$2,-3)
3	2021-3-1	2021-3-31	=EOMONTH(A$2,0)
4		2021-8-31	=EOMONTH(A$2,5)

◆在本例中的作用：与 IF 函数嵌套，自动生成当月日期。

④ IF、SUMIF、SUM 函数，前面已做介绍。

步骤 01 绘制表格框架。❶ 新增工作表，命名为"单据打印"，在 M2:U34 单元格区域绘制辅助表框架，并设置字段名称及基本格式（将合计行设置在表头，便于查看汇总数据），在 M2 单元格中输入"2021-2"，默认日期为"2021-2-1"，自定义单元格格式，设置格式代码为"m" 月""；❷ 在 N3 和 O3 单元格中预先设置 SUM 函数求和公式，其中，O3 单元格将对销售金额求和，应嵌套 ROUND 函数，自定义 N3 单元格格式，设置格式代码为"0单"；❸ 将 N3:O3 单元格区域全部复制粘贴至 R3:S3 单元格区域，如下图所示。

步骤 02 生成动态日期。❶ 在 M4 单元格中设置公式"=$M$2"，直接引用 M2 单元格的日期，即可返回每月的第1日；❷ 在 M5 单元格中设置公式"=M4+1"，将公式填充至 M6:M31 单元格区域，即可自动生成当月的连续日期至 28 日；❸ 在 M32 单元格中设置公式"=IF(M31＞ EOMONTH($M$2,0),"-", M31+1)"运用 IF 函数判断 M31 单元格中的日期大于或等于 M2 单元格中日期所在月份的最后一日时，即返回符号"-"，否则返回"M31+1"的计算结果。

公式原理如下：

① 表格区域为 M4:M34，也就是预留了 31 个日期所需占用的区域。

② 全年天数最少的月份为 2 月，共 28 日，因此 M4:M31 单元格区域中的公式只需设置为上一个日期 +1 即可。

③ 如果将 M32:M34 单元格区域的公式也全部填充为上一日期 +1，日期即为 3 月 1 日至 3 月 3 日。由此，下一步设置公式根据日期统计数据，也会将这几日的数据全部统计，导致 N3:O3 和 R3:S3 单元格区域中的合计数包含 3 月数据，影响合计数的准确性。所以在第 29—31 日所在单元格中设置公式，判断上一日期是否为指定月份的最后一日，分别返回符号"-"或返回上一日期 +1 的计算结果，如下图所示。

步骤 03 统计起止编号。❶ 在 P4 单元格中设置数组公式"=｛MIN(IF(入库明细 !$C$3:$C$8888=$M4, 入库明细 !$E$3: $E$8888,""))｝"，运用 IF 函数判断" 入库明细"工作表中 C3:C8888 单元格区域中的日期等于 M4 单元格中日期时，返回 E3:E8888 单元格区域（即"单据编号"字段），再用 MIN 函数统计该区域中的最小数值；❷ 将公式填充至 Q4 单元格后，将 Q4 单元格公式中的函数改为 MAX；❸ 将 P4:Q4 单元格区域的公式填充至 P5:Q34 单元格区域；❹ 为使数字规范和表格美观，可自定义 P4:Q34 单元格区域的单元格格式，设置格式代码为"[=0]"";"JH"20210000"，其含义是如果单元格中数字为 0，则显示空值，否则按""JH"20210000"格式显示数字；❺ 将 P4:Q34 单元格全部复制粘贴至 T4:U34 单元格区域，将公式表达式中所引用的单元格区域修改为"销售明细"工作表中的"销售日期"和"单据编号"字段所在的单元格区域，如下图所示。

N5:O34 单元格区域，自定义 N4:O34 单元格区域的单元格格式，设置格式代码为"[=0]"";0.00"；④ 将 N4:O34 单元格区域的公式全部复制粘贴至 R4:S34 单元格区域中，将公式表达式中所引用的单元格区域修改为"销售明细"工作表中的"销售日期"和"销售明细"字段所在单元格区域，如下图所示。

	M	N	O	P	Q	R	S	T	U
					辅助表：单据统计表				
1	2月			采购入库单			销售单		
2	合计	2	3578.90	起始编号	截止编号	8单	179571.79	起始编号	截止编号
3	2021-2-1	2	44436.60	JH20210008	JH20210009				
27	2021-2-24								
28	2021-2-25	2	46319.00	JH20210017	JH20210018	1	35975.24	JH20210015	JH20210015
29	2021-2-26	1	44422.00	JH20210019	JH20210019	1	28627.40	JH20210017	JH20210017
30	2021-2-27	1	31357.00	JH20210020	JH20210020	1	37187.90	JH20210019	JH20210019
31	2021-2-28	1	34091.50	JH20210021	JH20210021				
32	-								
33	-								
34	-								

步骤 05 测试效果。在 M2 单元格中输入"2021-1"，返回"2020-1-1"，可看到 M4:U34 和 N3:O34、R3:S34 单元格区域中的所有数据均发生变化。

	M	N	O	P	Q	R	S	T	U
					辅助表：单据统计表				
1	1月			采购入库单			销售单		
2	合计	7单	102912.60	起始编号	截止编号	5单	44967.54	起始编号	截止编号
3	2021-1-1								
23	2021-1-20	2	21887.20	JH20210003	JH20210004	1	11023.74	JH20210003	JH20210003
24	2021-1-21								
25	2021-1-22	1	6805.80	JH20210005	JH20210005	1	5671.80	JH20210005	JH20210005
26	2021-1-23								
27	2021-1-24								
28	2021-1-25	2	46935.60	JH20210006	JH20210007	1	21312.30	JH20210005	JH20210005
29	2021-1-26								
30	2021-1-27								
31	2021-1-28								
32	2021-1-29								
33	2021-1-30								
34	2021-1-31								

2. 制作单据打印表单

本节将制作全动态打印表单，思路如下：制作控件选择单据类型（入库单和销售单），再输入单据编号，即自动列出该单据的全部明细数据，并动态汇总每张单据的数量、金额、税额及价税合计数据。同时，运用"条件格式"功能实现自动调整单据格式。

本例的主要函数依然是查找引用类函数，与其他函数嵌套设置公式，主要包括 COUNTIF、VLOOKUP、OFFSET、IF、TEXT、SUM、ROW 等函数。

步骤 01 绘制表格框架。① 在 A4：K24 单元

步骤 04 统计每日单据数量，汇总每日销售金额。① 在 N4 单元格中设置公式"=IF(AND(P4>0, Q4>0),Q4-P4+1,"")"，运用 IF 函数判断 P4 和 Q4 单元格中的数字均大于 0 时，返回"Q4-P4+1"的计算结果，否则返回空值。公式含义如下：表达式"Q4-P4+1"的作用是计算截止编号和起始编号之间的差额后 +1，即得到单据数量。同时，如果当日没有入库单据，P4 或 Q4 单元格中数字均为 0，表达式"Q4-P4+1"的计算结果将变为错误的 1，因此嵌套 AND 函数设置 P4 和 Q4 单元格中数字均大于 0 时才计算单据数量。② 在 O4 单元格中设置公式"=SUMIF(入库明细!$C:$C,$M4,入库明细!$M:$M)"，根据 M4 单元格中的日期汇总"入库明细"工作表中 M:M 单元格区域（"销售金额"字段）；③ 将 N4:O4 单元格区域的公式填充至

格区域绘制表格框架，设置字段名称、基础格式（其中，F4、G4 和 H4 单元格将设置公式生成动态字段名称），根据实际工作中每张单据的最多数据量预留单元格区域（本例列出单据明细数据的区域为 A5:K24 单元格区域）；❷ 在 D1 单元格中任意输入一个单据号码，自定义单元格格式，设置格式代码为""单据编号："#"，如下图所示。

步骤 02 制作"数值调节钮"和"选项按钮"控件，设置动态标题。❶ 单击"开发工具"选项卡中"控件"组的"插入"下拉按钮，单击"数值调节钮"按钮；❷ 绘制控件后放置在 D1 单元格右侧，打开"设置控件格式"对话框，将"单元格链接"设置为 D1 单元格。其他选项不做更改，如下图所示。

设置完成后，分别单击"数值调节钮"的上下箭头，可以控制 D1 单元格中的数字依次递增或递减。

❸ 绘制两个"选项按钮"控件◉，分别命名为"入库单"（选中后返回1）和"销售单"（选中后返回2），将"单元格链接"设置为 A2 单元格；❹ 自定义 A2 单元格格式，设置格式代码为 [=1]"××有限公司采购入库单";[=2]"××有限公司销售出库单""，如下图所示。

步骤 03 生成动态字段名称。❶ 在 A3 单元格中设置公式"=IFERROR(IF(A2=1,"供应商:","客户:")&VLOOKUP($D$1,IF(A2=1,IF({1,0},入库明细!E:E,入库明细!B:B),IF({1,0},销售明细!F:F,销售明细!B:B)),2,0),"无此单据编号")"。

公式原理如下：从总体上看，公式是由两个表达式通过符号"&"连接而成。

① 第 1 个表达式运用 IF 函数判断 A2 单元格数字为 1 时，返回文本"供应商："或"客户："。

② 第 2 个表达式运用 VLOOKUP 函数根据 D1 单元格中的单据编号在"入库明细"或"销售明细"工作表中查找供应商或客户名称。其中，第 2 个参数（查找区域）是运用 IF 函数判断 A2 单元格中数字是否为 1，分别

返回表达式"IF({1,0}, 入库明细 !E:E, 入库明细 !B:B)"或者"IF({1,0}, 销售明细 !F:F, 销售明细 !B:B)"。

③ 如果在指定区域中找不到 D1 单元格中输入的单据编号，将返回错误值"#N/A"，因此嵌套 IFERROR 函数返回文本"无此单据编号"，将错误值屏蔽。

❷ 在 E3 单元格中设置公式"=IFERROR(VLOOKUP ($D$1,IF(A2=1, IF({1,0}, 入库明细 !C:C),IF({1,0}, 销售明细 !D:D)),2,0),"无此单据编号")"，根据 D1 单元格中的单据编号，在指定区域中查找单据日期。公式原理与 A3 单元格相同，自定义 E3 单元格格式，格式代码""单据日期":yyyy-m-d"。❸ 在 I3 单元格中设置公式"="单据编号:"&IF($A$2=1,"JH","XS")&TEXT(D1,"20210000")"，运用 IF 函数判断 A2 单元格中数字是否为 1，分别返回文本"JH"或"XS"后，与文本"单据编号:"和表达式"TEXT(D1,"20210000")"的结果组合，构成单据编号格式。❹ 在 F4 单元格中设置公式"=IF(A2=1,"入库","销售")&"数量""，根据 A2 单元格中的数字返回不同文本，在 G4 单元格中设置公式"=IF(A2=1,"不含税进价","单价")"，在 H4 单元格中设置公式"=IF(A2=1,"入库","销售")&"金额""，如下图所示。

步骤 04 自动生成序号，查找产品编号。❶ 在 F1 单元格中设置公式"=COUNTIF(IF(A2=1, 入库明细 !E:E, 销售明细 !F:F),$D$1)"，统计 D1 单元格中单据编号的数量，也就是同一张单据中的明细数量。其中，IF 函数的作用

是根据 A2 单元格中的数字分别返回不同的单元格区域，作为 COUNTIF 函数的第 1 个参数，即统计区域。❷ 在 A5 单元格中设置公式"=IF(ROW()-4<=$F$1,ROW()-4,"-")"，根据 F1 单元格中公式统计得到的单据中的明细数量依次生成序号。❸ 在 B5 单元格中设置公式"=IFERROR(OFFSET(IF(A$2=1, 入库明细 !$E$1, 销售明细 !$F$1),MATCH($D$1,IF(A$2=1, 入库明细 !$E:$E, 销售明细 !$F:$F),0)+(A5-2),1),"-")"，运用 OFFSET 函数查找 D1 单元格中单据编号下明细数据的第 1 个产品编号。

公式主要运用 OFFSET 函数进行查找，其中第 1、2 个参数均嵌套其他函数进行计算。

公式原理如下：

① 第 1 个参数为起始单元格，运用 IF 函数判断 A2 单元格中数字是否为 1，分别返回"入库明细"或"销售明细"工作表中"单据编号"字段所在列的第 1 个单元格。

② 第 2 个参数是向下偏移的行数，运用 MATCH+IF 函数组合定位 D1 单元格中的单据编号在"入库明细"或"销售明细"工作表中"产品编号"所在列的行号，"（A5-2）"的作用是减掉标题和表头所占用的 2 行后，多减了 1，所以加上 A5 中的序号。这样向下填充单元格后，即可依次返回同一单据编号中的第 1、2、3、…个产品编号。

③ 第 3 个参数是向右偏移的列数，根据"入库明细"和"销售明细"工作表的框架结构来看，可设置为固定数字 1，而不必使用 MATCH 函数定位，如下图所示。

步骤 05 根据产品编号查找其他数据。❶ 在 C5 单元格中设置公式"=IFERROR

(IF($A$2=1,VLOOKUP($B5,入库明细!$F:$P,MATCH(C$4,入库明细!$2:$2,0)-5,0),VLOOKUP($B5,销售明细!$G:$R,MATCH(C$4,销售明细!$2:$2,0)-6,0)),"-")"，运用 IF 函数判断 A2 单元格中数字是否为 1，分别返回两个不同的 VLOOKUP 函数表达式的结果，即根据 B5 单元格中的产品编号，分别在"入库明细"或"销售明细"工作表中查找与之匹配的规格型号；❷ 将 C5 单元格区域的公式复制并选择性粘贴至 D5:K5 单元格区域中；❸ 将 A5:K5 单元格区域的公式填充至 A6:K24 单元格区域中，如下图所示。

由于当前选中"销售单"控件，因此可以与"销售明细"工作表中的数据进行核对，以检验公式的结果是否正确，如下图所示。

步骤 06 对单据数据动态求和。在单据最后一项明细下面一行的单元格区域中汇总"销售数量""销售金额""税额""价税合计"数据。由于每张单据至少有一项明细，因此可以从表格区域中的第 2 行起设置合计公式，只需在原有公式前面嵌套一个表达式即可。❶ 在 E6 单元格的公式表达式前面嵌套表达式"IF(AND($A5<>"-",$A6="-"),"合计",")。其含义是当 A5 单元格中数据不为"-"，并且 A6 单元格中数据是"-"时（即上一行有明细数据，而本行无数据），返回文本"合计"，

而之前所设置的公式表达式即作为 IF 函数的第 2 个参数，如果不满足"AND($A5<>"-",$A6="-")"这一条件，则返回此表达式的计算结果；❷ 在 F6 单元格的公式表达式前面嵌套表达式"IF(AND($A5<>"-",$A6="-"),SUM(F$5:F5)，"，与 E6 单元格的原理相同，不同之处是满足条件时，运用 SUM 函数对 F$5:F5 单元格区域的数据进行求和；❸ 将 F6 单元格的公式复制粘贴至 H6:J6 单元格区域中；❹ 将 E6:J6 单元格区域公式填充至 E7:J18 单元格区域中，如下图所示。

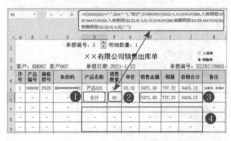

步骤 07 测试公式效果。❶ 在辅助表的 M2 单元格中输入"2021-2"，返回 2021 年 2 月的所有单据，单击"数值调节钮"控件，将单据编号调节至 18；❷ 选中"入库单"控件，可看到所有公式单元格中的数据全部发生变化，如下图所示。

可以与"入库明细"工作表中的数据进行核对，以检验公式是否正确，如下图所示。

步骤 08 设置条件格式，规范打印表单样

式。❶ 将 A5：K24 单元格区域的表格框线设置为“无边框”，选中 A5:K5 单元格区域，按照以下三个规则设置条件格式。

① 隐藏单元格中的符号“–”。

- 条件公式：“=$E5="–"”。
- 条件格式：自定义单元格格式，格式代码为“;;;”。

② 突出显示“合计”行。

- 条件公式：“=$E5="合计"”。
- 条件格式：设置字体为黑色加粗，将单元格填充为灰色。

③ 自动添加或清除表格框线。

- 条 件 公 式：“=OR($A5<>"–",$E5="合计")”。
- 条件格式：将单元格边框设置为“外边框”。

设置完成后，选择“开始”选项卡中“条件格式”组的“管理规则”命令，打开“条件格式规则管理器”对话框，即可看到其中列出了所设置的全部格式条件。

❷“备注”字段中，如果查找区域中没有备注内容，将返回数字 0，因此可将 K5 单元格自定义为“[=0]""”，即可将其隐藏。❸ 选中 A5:K5 单元格区域，运用格式刷将格式复制粘贴至 A6:K24 单元格区域中，如下图所示。

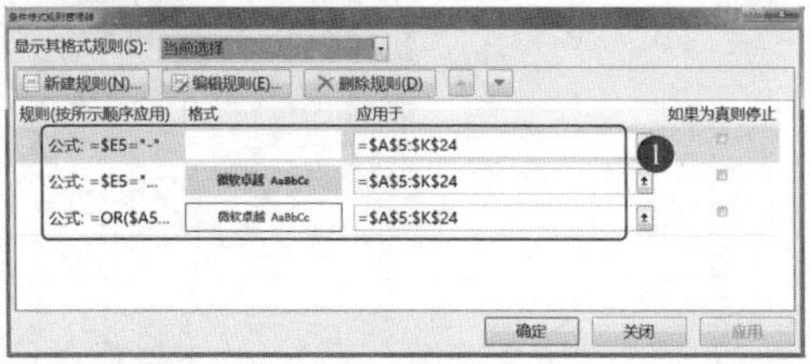

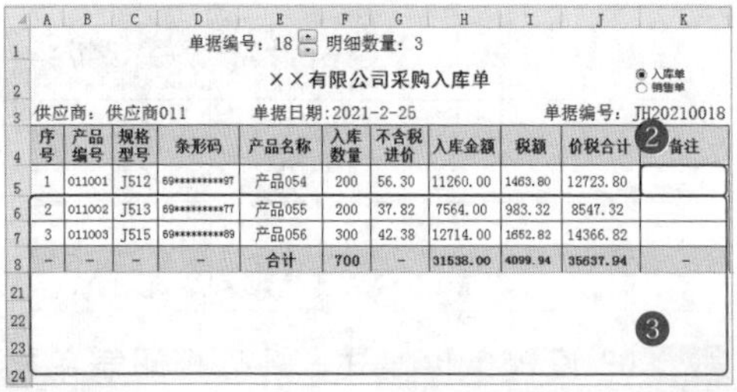

步骤 09 测试条件格式效果。在 M2 单元格中输入“2021-1”，选中“销售单”控件，调节单据编号至 6，可看到条件格式的效果，如下图所示。

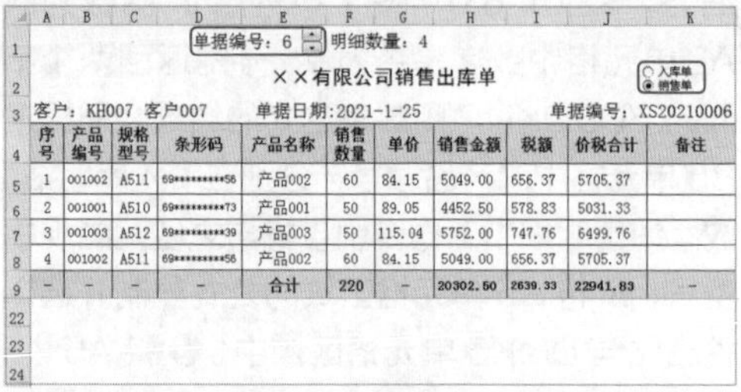

步骤 10 将单据设置为打印区域。❶ 选中“入库单”控件，打开“设置控件格式”对话框，切换至“属性”选项卡，取消勾选“打印对象”复选框，对“销售单”控件进行同样的设置；❷ 框选 A2:K9 单元格区域，单击“页面布局”选项卡中“页面设置”组的“打印区域”下拉按钮；❸ 选择“设置打印区域”命令，将所选区域设置为打印区域；❹ 单击“文件”选项卡，选择“打印”选项，可看到右侧窗格的预览效果。

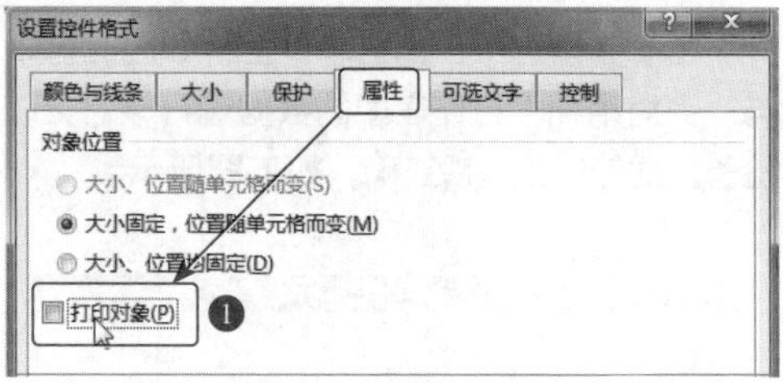

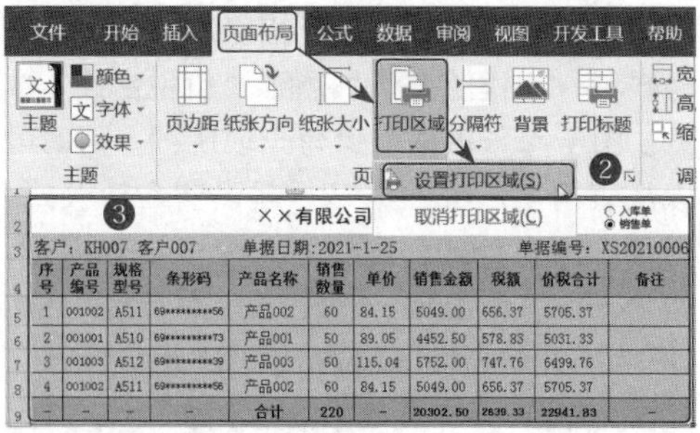

4.2.4 动态汇总进销存数据

在实际经营活动中，时时刻刻都可能发生采购入库和销售出库的业务，虽然能够在采购入库明细表与销售出库明细表中详细记录产品的出入库信息，但是这些数据记录是不断重复和分散在每张单据中的，如果需要随时查询总体数据，就需要制作一份动态进销存数据汇总表，在每个入库和出库数据产生的同时自动汇总当前的进销存总数据。本节将运用函数设置公式制作表格，实现全自动、动态化汇总所有数据的工作目标。

扫一扫，看视频

1. 按月份汇总进销存数据

汇总进销存数据具体来说，就是对"入库明细"工作表中相同产品在同一月份中产生的"入库数量""入库金额"和"销售明细"工作表中的"销售数量"等数据进行求和，并结合期初数计算加权平均成本单价，再以此计算出库成本及当月结存数据。本节将运用SUMIFS、MAX、IF、VLOOKUP、MATCH、INDIRECT、ROUND、TEXT 函数等。函数介绍和说明如下。

① SUMIFS 函数：数学函数。

◆函数作用：对指定区域中满足两组或两组以上条件的部分单元格中的数据求和。

◆基 本 语 法 :SUMIFS(sum_range, criteria_range1,criteria1, criteria_range2,criteria2,...)

◆语法解释：SUMIFS(求和区域，条件区域 1,求和条件 1,条件区域 2,求和条件 2,...)

◆参数说明：

●前 5 个参数缺一不可，即必须包含求和区域，并设置两组条件区域与求和条件。

●最多可设置 127 个条件区域与求和条件，即参数总数最多可设置 255 个。

●求和条件的设置规则与 COUNTIF 函数相同。

◆在本例中的作用：汇总进销存数据。

② MAX、VLOOKUP、MATCH、IF、ROUND、EOMONTH、INDIRECT 等函数，前面已做介绍。

步骤 01 绘制表格框架。❶新增工作表，命名为"2021.01 进销存"，绘制表格框架，设置字段名称、基础格式等，将合计行设置在表头，便于查看合计数。由于当前产品数量为 60，因此表体区域设定为 A5:Q64。❷在 A1 单元格中输入"2021-1-31"，自定义单元格格式，设置格式代码为"×× 有限公司 yyyy 年 m 月进销存汇总"。由于 A1 单元格中的日期将在后面作为 SUMIFS 函数公式汇总进销存数据的关键参数之一，因此，注意在汇总后面月份的数据时，均在其中输入每月最后一日的日期。

步骤 02 引用产品基本信息。❶在 A4 单元格中设置公式"=MAX(产品档案!A:A)"，返回"产品档案"工作表A列（"序号"字段）数组中的最大数字（即最大序号），作用是统计当前产品数量。如果后期在"产品档案"明细表中添加新产品信息，可以及时提醒

操作人员扩展进销存汇总表格的表体区域。
❷在A5单元格中设置公式"=IF(ROW()-4<=$A$4,ROW()-4,"-")"，自动生成序号；❸在B5单元格中设置公式"=VLOOKUP($A5,产品档案!$A:$N,MATCH(B$2,产品档案!$2:$2,0),0)"，根据A5单元格中的序号在"产品档案"工作表中查找与之匹配的产品编码；❹在C5单元格中设置公式"=VLOOKUP($B5,产品档案!$B:$N,MATCH(C$2,产品档案!$2:$2,0)-1,0)"，根据B5单元格中的产品编码在"产品档案"工作表中查找引用与之匹配的产品名称，将公式复制粘贴至D5:F5单元格区域中；❺将A5:F5单元格的公式填充至A6:F64单元格区域中，如下图所示。

步骤 03 汇总入库数据。❶在G5:I64单元格区域中虚拟录入产品数量、平均成本单价、金额的期初余额（即2020年12月的期末余额），后面月份的期初余额可以运用函数设置公式自动引用上月的期末余额；❷在J5单元格中设置公式"=SUMIFS(入库明细!K:K,入库明细!$F:$F,$B5,入库明细!$C:$C,">"&EOMONTH($A$1,-1),入库明细!$C:$C,"<="&$A$1)"，汇总"入库明细"工作表中2021年1月的入库数量。

SUMIFS函数公式的原理如下：

① 第1个参数"入库明细!K:K"为求和区域，即对满足条件的入库数量求和。

② 第2、3个参数是第1组条件区域和求

和条件，其含义是"入库明细"工作表F列（"产品编号"字段）中的产品编号与B5单元格相同。

③ 第4、5个参数是第2组条件区域和求和条件。其含义是条件区域"入库明细!$C:$C"中的入库日期必须大于A1单元格所在月份的前一月的最后一日（嵌套EOMONTH计算），也就是必须大于2020年12月31日。

④ 同理，第6、7个参数的含义是入库日期必须小于或等于A1单元格中的日期（2021年1月31日），这样就将需要汇总入库数量的日期锁定在2021年1月。

❸ 将J5单元格的公式复制粘贴至L5单元格中，将SUMIFS函数的第1个参数替换为IF+VLOOKUP函数组合公式"IF(VLOOKUP(F5,供应商档案!C:G,5,0)="可抵扣",入库明细!M:M,入库明细!O:O)"，作用是根据F5单元格中的供应商名称判断其进项税额是否可以抵扣，然后分别返回"入库明细!M:M"（即"不含税进价"字段）或"入库明细!G:G"（即"含税进价"字段）作为求和区域。SUMIFS函数的其他参数不做改动，将单元格格式设置为"会计"（小数位数：2，货币符号：无），数字为0时，显示符号"-"；❹在K5单元格中设置公式"=IFERROR(ROUND((L5+I5)/(J5+G5),2),0)"，计算加权平均成本单价，算术公式如下：平均成本单价=（期初金额＋本月入库金额）÷（期初数量＋本月入库数量）；❺将J5:L5单元格区域中的公式填充至J6:L64单元格区域中，如下图所示。

步骤 04 汇总销售数量，计算出库成本。❶ 在 M5 单元格中设置公式"=SUMIFS(销售明细 !L:L,销售明细 !$G:$G,$B5,销售明细 !$D:$D,">"&EOMONTH($A$1,-1),销售明细 !$D:$D, "<="&$A$1)"，汇总"销售明细"工作表中 2021 年 1 月的销售数量（请参照 J5 单元格中的公式理解其含义）；❷ 在 N5 单元格中设置公式"=ROUND(K5*M5,2)"，计算出库成本金额，算术公式：出库成本 = 平均成本单价 × 销售数量，同样将单元格格式设置为"会计"；❸ 将 M5:N5 单元格区域的公式填充至 M6:N64 单元格区域中，如下图所示。

步骤 06 计算各字段合计数。❶ 在 G4 单元格中设置公式"=SUM(G5:G887)"，计算期初库存数量合计数；❷ 在 I4 单元格中设置公式"=ROUND(SUM(I5:I887),2)"，计算期初库存金额的合计数；❸ 将公式复制粘贴至 J4:Q4 单元格区域中，如下图所示。

步骤 05 计算期末结存数据。❶ 在 O5 单元格中设置公式"=G5+J5-M5"，计算期末结存数量。算术公式为"期末结存数量 = 期初数量 + 本月入库数量 - 本月出库数量"；❷ 在 Q5 单元格中设置公式"=ROUND(I5+L5-N5,2)"，计算期末结存金额，算术公式：期末结存金额 = 期初金额 + 本月入库金额 - 本月出库金额；❸ 在 P5 单元格中设置公式"=IFERROR(ROUND(Q5/O5,2),0)"，计算期末平均成本单价，算术公式：期末结存金额 ÷ 期末结存数量；❹ 将 O5:Q5 单元格区域的公式填充至 O6:Q64 单元格区域中，如下图所示。

步骤 07 自动生成 2 月及后期进销存数据。制作 2 月及以后月份的进销存汇总表时，复制粘贴 1 月表格后，在"期初余额"字段下设置公式自动引用上月期末数据。此后每月在 A1 单元格中输入当月最末日期后，即可自动生成所有进销存数据。❶ 新增工作表，命名为"2021.02 进销存"，将"2021.01 进销存"工作表整个复制粘贴至新工作表中，在 A1 单元格中输入"2021-2-28"，此时可看到 J5:Q64 单元格区域中的数据全部发生变化，而 G5:I64 单元格区域中的期初数仍然是 1 月数据。❷ 删除 G2 单元格中的字段名称，设置公式"=TEXT(A1-40," 期初余额 (yyyy.mm 期末)")"，生成动态字段名称。其中，TEXT 函数中的第 1 个参数"A1-40"的作用是计算 A1 单元格中月份的前一个月份数，公式返回结果为"期初余额 (2021.01 期末)"。❸ 删除 G5:I64 单元格区域中的原始数据，在 G5 单元格中设置公式"=VLOOKUP($B5,INDIRECT(MID($G$2,6,7)&" 进销存 !$B:$Q"),14,0)"。其中，VLOOKUP 函数的第 2 个参数运用 INDIRECT+MID 函数组合返回查找区域；MID 函数的作用是截取 G2 单元格文本中的"2021.01"部分，与文本 " 进销存 !$B:$Q" 组合，即构成查找区域。❹ 将 G5 单元格的公式复制粘贴至 H5 和 I5 单元格中，将 VLOOKUP 函数的第 3 个参数分别修改为 15 和 16。❺ 将 G5:I5 单元格区域的公式填充至 G6:I64 单元格区域中，如下图所示。

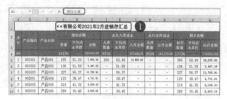

步骤 08 测试公式效果。新增工作表，命名为"2021.03 进销存"，整个复制"2021.02"工作表粘贴至新工作表中，在 A1 单元格中输入"2021-3-31"，可以看到进销存汇总表中全部数据发生变化，如下图所示。

2. 在入库明细和销售明细工作表中查询库存数据

将进销存数据引用至"入库明细"和"销售明细"工作表中，方便操作人员及时掌握动态库存数据。同时，在"销售明细"工作表中引用库存数据还可以同步计算每个产品的利润率和利润额，不仅能为操作人员提供价格参考，且在出现超低或负利润时，也可以立即发现价格方面的问题，以便及时做出调整。公式设置非常简单，运用 VLOOKUP+INDIRECT 函数组合即可。

步骤 01 在入库明细中引用库存数量和金额。❶ 切换至"入库明细"工作表，在 T3 单元格中设置公式"=VLOOKUP($F3,INDIRECT("2021."&D3&" 进销存 !B:Q"),14,0)"，根据 F3 单元格中的产品编号引用"2021.01 进销存"工作表中的"结存数量"，其中，第 2 个参数，即 INDIRECT 表达式中的""2021."&D3"就是将文本"2021."与 D3 单元格中的月份、文本""进销存 !B:Q"组合构成的查找区域；❷ 将 T3 单元格的公式复制粘贴至 U3 单元格，将第 3 个参数改为 16 即可（下面区域自动填充公式），如下图所示。

步骤 02 在入库明细中引用平均成本单价，计算利润率和利润额。❶ 切换至"销售明细"工作表，在 V3、Y3 和 Z3 单元格中设置 VLOOKUP+INDIRECT 函数公式引用"进销存汇总"表中的"平均成本单价""结存数量""结存金额"数据（请参照步骤 01 的公式表达式进行设置）；❷ 在 W3 单元格中设置公式"=ROUND(O3-V3*L3,2)"，计算利润额，算术公式为"利润额=销售金额-成本价×销售数量"；❸ 在 X3 单元格中设置公式"=ROUND(W3/O3,4)"，计算利润率，如下图所示。算术公式为"利润率=利润额÷销售金额×100%"（由于 X3 单元格中的数值格式为"百分比"，因此函数公式中不必乘以 100%）。

4.3 财务数据管理和分析

案例说明

财务管理是一项综合性非常强的管理工作，也是现代化企业管理的核心。做好财务管理的关键是要管好财务数据。财务人员需要核算和分析的数据量远比其他环节多得多，数据之间的勾稽关系也更加复杂。Excel 中的函数公式就是财务人员高效处理海量数据的首选工具。本节将综合运用各种函数设置公式，充分发挥其核心价值，制作以下多种财务数据管理表，帮助财务人员深入学习函数应用技能，在保证数据质量的同时，大幅度提高工作效率。

① 制作电子收款收据：简化手工填写内容，自动计算收款金额，并按照数位分列显示、同步显示大写金额，分类汇总收款金额。

② 制作固定资产管理表：计算固定资产折旧起止日期，按照不同的折旧方法计算各项固定资产折旧数据，根据指定月份快速生成折旧明细表，分类归集期间费用。

③ 制作应收账款管理表：以账龄 30 天、60 天、90 天、90 天以上为例，计算每笔应收账款的不同账龄，并对客户信用进行“五星”等级评定。

④ 打造增值税数据管理系统：制作增值税发票登记表，记录并统计发票原始数据，同时计算动态税负数据；制作税负统计表，随时掌握税负变动，及时规避风险；制作发票汇总表，分类汇总销项和进项发票数据；制作客户、供应商税票汇总表，从销售方和购货方角度分别汇总发票数据。

如下图所示，是本节制作的电子收款收据和应收账款账龄分析表（结果文件参见：结果文件\第 4 章\电子收款收据 .xlsx、应收账款管理表 .xlsx、固定资产管理表 .xlsx、增值税发票管理表 .xlsx）。

××市××有限公司

收款收据　　No:202100001

交款单位(个人)：××公司　　收款日期：2021 年 1 月 6 日

收款项目	单位	数量	单价	十	万	千	百	十	元	角	分	收款方式
		1	300.00				3	0	0	0	0	现金
		1	1000.00			1	0	0	0	0	0	转账
		1	1200.00			1	2	0	0	0	0	转账
合计						2	5	0	0	0	0	-

（金额）　第1联：存根　第2联：收据

合计(大写)：人民币贰仟伍佰元整

备注：微信转账1200元

经办人：　出纳：　会计：

××市××有限公司应收账款账龄分析表															2021-7-31

客户名称：kh001客户001　　账期：60天　　客户信用等级评定：D　★★☆☆☆

2021年	销售统计		结算统计			收款统计		应收账款分析			账龄分析				
	销售金额	到期日期	结算开票日期	折扣	结算开票金额	收款日期	收款金额	销售未结算金额	结算未收款金额	应收余额	未到期	00-30天	30-60天	60-90天	90天以上
1月	132,305.86	2021-4-1	2021-4-2	19,845.88	112,459.98	2021-4-25	80,000.00	—	12,459.98	12,459.98	—	—	—	—	12,459.98
2月	121,768.32	2021-4-29	2021-5-8	12,176.83	109,591.49	2021-5-20	20,000.00	—	109,591.49	109,591.49	—	—	—	—	109,591.49
3月	151,371.57	2021-5-30	2021-6-2	22,705.75	128,665.82			—	128,665.82	128,665.82	—	—	—	128,665.82	—
4月	104,140.94	2021-6-29	2021-7-2	10,000.00	94,140.94			—	94,140.94	94,140.94	—	—	94,140.94	—	—
5月	115,234.08	2021-7-29			—			115,234.08	—	115,234.08	—	115,234.08	—	—	—
6月	82,541.83	2021-8-29			—			82,541.83	—	82,541.83	82,541.83	—	—	—	—
7月		2021-9-29													
8月		2021-10-30													
9月		2021-11-29													
10月		2021-12-30													
11月		2022-1-29													
12月		2022-3-1													
合计	707,362.60	—	—	64,728.46	444,658.23		100,000.00	197,775.91	344,658.23	542,634.14	82,541.83	115,234.08	94,140.94	128,665.82	122,051.47

思路分析

　　各种财务数据都有不同的计算方法和管理重心，设置函数公式的重点和难点也有所不同。例如，对于日常开具收据的工作，直接以单据形式制作表格，重点是如何运用函数将金额自动拆分为对应位数的数字，难点是将金额数字自动转换为中文大写金额。而对于固定资产的管理，重心是做好入账登记；难点是遵循相关法规，根据不同的折旧方法自动计算每项固定资产的折旧额等。本案例的具体制作思路如下图所示。

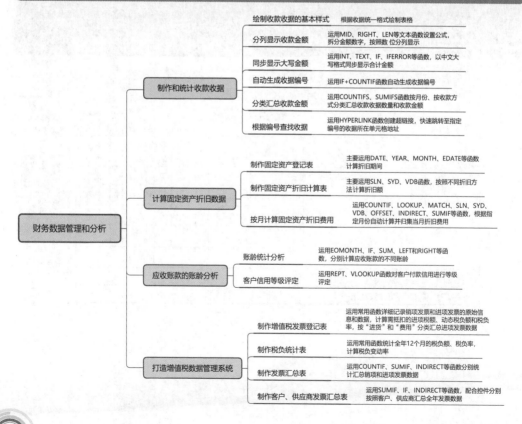

4.3.1　制作和统计收款收据

收款收据是企业在收到款项时向付款单位或个人出具的一种收款凭据，也是财务人员用于记账的必不可少的原始凭证之一。日常工作中，收款收据一般由财务人员手工填写，不仅效率低，而且填写大写金额容易出错。本节将运用各种函数设置公式，制作电子收款收据，帮助财务人员快速填写内容，自动计算收款金额，并同步显示大写金额。同时，根据收款方式分类汇总收款数据。读者可参考制作方法和思路，制作其他原始凭证，如借款单、报销单等。

扫一扫，看视频

1. 绘制收款收据的基本样式

收款收据的样式可参照标准样式进行绘制。单据编号和交款单位可通过自定义单元格格式的方法简化手工输入。为了方便分栏填写收款金额数字，简化公式，可增加一列辅助列，用于计算收款金额。另外，需增设一列填写收款方式，以便于后面分类汇总收款数据。

步骤 01 绘制收款收据样式。新建工作簿，命名为"电子收据"，将工作表"Sheet1"重命名为"收据"，绘制表格框架，并设置字段名称、基本格式，E6:M10 单元格区域及 A11 单元格将设置函数公式。其中，E6:E10 单元格区域作为辅助区域，用于计算收款金额及合计金额（制作完成后隐藏即可），F6:M10 单元格区域用于分列显示收款金额；A11 单元格同步显示大写金额收款收据。收款收据的初始样式如下图所示。

步骤 02 设置收款单位、收款日期和单据编号的格式及收款方式。❶ 在 A3 单元格中任意输入交款单位，自定义单元格格式，设置

格式代码为"交款单位（个人）:@"；❷ 在 F3 单元格中任意输入交款日期，自定义单元格格式，设置格式代码为"收款日期：yyyy年 m 月 d 日"；❸ 在 K2 单元格中输入单据编号"1"，自定义单元格格式，设置格式代码为""No:2021"00000"；❹ 运用"数据验证"工具在 N6:N9 单元格区域制作下拉列表，设置序列来源为"现金, 转账, 其他"，以便后面按照以上三种收款方式分类汇总收款数据，如下图所示。

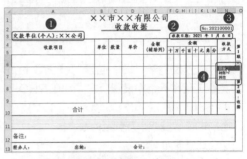

2. 分列显示收款金额

实现收款金额的分列显示效果，主要用到文本类函数中的字符截取函数，包括 MID、RIGHT、LEN 等函数，需要运用逻辑函数 IF、IFERROR 进行判断和屏蔽错误值。计算金额使用 ROUND+SUM 函数。函数介绍和说明如下。

① LEN 函数：文本函数。

◆函数作用：计算文本字符串的字符个数。

◆基本语法：LEN(text)

◆语法解释：LEN（文本字符串）

◆参数说明：只有一个参数，可以设置文本、数值、单元格引用及公式表达式等。

◆在本例中的作用：返回结果为数字，与 MID 函数嵌套，配合截取指定文本。

② MID、RIGHT、ROUND、SUM、IF、IFERROR 函数：前面已做介绍。

步骤 01 计算收款金额。❶ 在 C6:D9 单元格区域中任意输入数量和单价。注意将单价设定为大小不一、位数不同的数字，以便测试分栏显示金额和大写金额的公式的准确性，在 E6 单元格中设置公式"=ROUND(C6*D6,2)"，

计算收款金额，将公式填充至 E7:E9 单元格区域中；❷ 在 E10 单元格中设置公式 "=ROUND(SUM(E6:E9),2)"，计算合计金额，如下图所示。

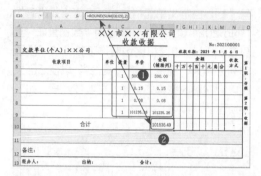

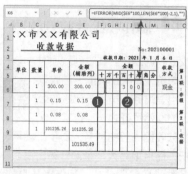

步骤 02 分栏显示 "元" 位至 "十万" 位数字。❶在F6单元格中设置公式 "=IFERROR(MID($E6*100,LEN($E6*100)-7,1),"")"，运用MID函数截取十万位上的数字。

公式原理如下：

① MID 函数的第 1 个参数 "E6*100" 的作用是去除小数，将 E6 单元格中的数字 300.00 转换为 30000。

② MID 函数的第 2 个参数是截取字符的起始位置，运用 LEN 函数计算 "E6*100" 的字符个数。由于 E6 单元格中的数字是整数 300.00，LEN 函数只对整数部分的字符计数，小数后面的 0 不计入。因此将 E6 单元格中的数字乘以 100，转换为整数后，才能使 LEN 函数准确计算字符个数。"－7" 是要减掉十万位后面的万、千、十、元、角、分上的 7 位数字。

③ MID 函数的第 3 个参数固定为 1（只截取十万位上的一个数字）。由于 LEN 函数中 "E6*100" 以后只有 5 位数，第 2 个参数减 7 后将返回错误值，因此运用 IFERROR 函数将其屏蔽，返回空值。

❷ 将 F6 单元格的公式复制粘贴至 G6:K6 单元格区域后，将公式中 MID 函数的第 2 个参数的减数依次修改为 6、5、4、3、2，如下图所示。

步骤 03 分列显示 "角" 位和 "分" 位数字。❶ 在 L6 单元格中设置公式 "=IF(LEN($E6*100)>=2,MID($E6*100,LEN($E6*100)-1,1),"")"，运用 IF 函数判断 "E6*100" 之后的字符个数大于或等于 2 时，表明角位和分位上均有数字，即运用 MID 函数截取 "角" 位数字。将 LEN 函数表达式的计算结果代入 MID 函数中，即 "MID(30000,4,1)"，公式返回结果为角位上的数字 0。如果 "E6*100" 的字符个数小于 2，表明 "角" 位上没有数字，仅 "分" 位上有数字，因此设定 IF 函数的第 3 个参数在不满足 "E6*100>=2" 这一条件时返回空值。❷ 在 M6 单元格中设置公式 "=IF(E6=0,"",IF(LEN($E6*100)>=1,RIGHT($E6*100,1)))"，运用 IF 函数判断 E6 单元格中数字为 0 时，表明没有填写数量和单价，返回空值，否则返回第 3 个表达式的结果（作用与 L6 单元格的公式相同）。由于 "分" 位数字在字符串中的位数始终在最末位，因此这里不必运用 MID 函数从字符中间截取数字，运用 RIGHT 函数从右截取 1 位数即可。❸ 将 F6:M6 单元格区域的公式复制粘贴至 F7:M10 单元格区域中，如下图所示。

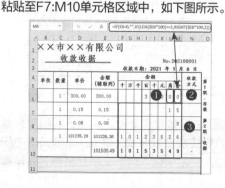

3. 同步显示大写金额

关于显示大写数字的问题，虽然可以通过单元格格式的设置方式将格式设置为"中文大写数字"，但是这种方法只能将数字本身直观地转换为大写数字，而无法显示包含数位（即"元""角""分"）的大写金额。例如，E10 单元格中的合计金额为 101535.49，设置为"中文大写数字"格式后，显示"壹拾万壹仟伍佰叁拾伍.肆玖"。因此必须设置函数公式才能实现。本节的主要函数是文本类函数 TEXT、数学函数 INT，以及逻辑函数 IF 和 IFERROR，前面已做介绍。

步骤 01 提取格式代码。为了简化公式，便于理解，本例首先提取中文大写数字的格式代码并复制粘贴至辅助单元格中，设置公式时，直接引用单元格地址即可。❶选中任意一个包含数字的单元格，如 E10 单元格，打开"设置单元格格式"对话框，选择"数字"选项卡中"分类"列表框的"特殊"选项，选择"类型"列表框中的"中文大写数字"选项；❷切换至"自定义"选项，可看到"类型"文本框中显示"中文大写数字"的格式代码，按组合键 Ctrl+C 复制格式代码；❸单击"取消"按钮关闭对话框；❹选中 A2 单元格，按组合键 Ctrl+V 即可将格式代码粘贴至其中，如下图所示。

显示大写金额需要对金额中的整数、角位数、分位数三部分分别设置公式。为了方便理解，下面先在辅助单元格中分别设置三个公式表达式，再运用文本运算符"&"将三个表达式组合起来。

步骤 02 显示整数部分的大写金额。在 B11 单元格中设置公式"=" 合计（大写）：人民币 "&IF(INT(E10)=0,"",TEXT(INT(E10),$A$2 &IF(L10&M10="00"," 元整 "," 元 ")))"，显示整数部分的大写金额。公式原理如下：

① INT 函数的作用：将 E10 单元格中的数字取整，返回结果为 101535。

②第 1 层 IF 函数的第 1 个参数设置为"INT(E10)=0"，作用是判断 INT 函数对 E10 单元格中数字取整后为 0 时，代表整数部分没有数字，返回第 2 个参数（空值），否则返回第 3 个参数，即 TEXT 函数的表达式。

③在 TEXT 函数的表达式中嵌套 IF 函数

的作用是，判断"L10&M10="00""是否为 0，这是因为 L10 和 M10 单元格的数字是文本型，需要运用文本运算符"&"将其组合，同时 0 也需要添加英文双引号。如果为 0，代表"角"位和"分"位均无数字，E10 单元格中数字为整数，即转换为 A2 单元格中格式代码所代表的格式与文本"元整"组合，否则与文本"元"组合。

公式中，第 2 层 IF 函数的第 1 个参数设置为"L10&M10="00""，其实是一种简化公式的技巧。如果嵌套函数表达式，则需要运用 AND 函数协助 IF 函数进行判断，即"AND(L10="0",M10="0")"。公式效果如下图所示。

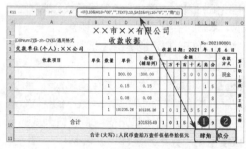

步骤 03 显示"角"位大写金额。❶ 在 K11 单元格中设置公式"IF(L10&M10="00","", TEXT(L10,$A$2&IF(L10="0",""," 角 ")))"，运用 IF 函数判断 L10 和 M10 单元格中数字均为 0 时，表明角位和分位均无数字，返回空值，否则运用 TEXT 函数将 L10 单元格中的数字转换为 A2 单元格中格式代码代表的格式与空值或文本"角"的组合，本例返回结果为"肆角"；❷ 在 N11 单元格中设置公式"IF(M10="0","",TEXT(M10,$A$2&" 分 "))"，运用 IF 函数判断 M10 单元格中的文本为 0 时，返回空值，否则运用 TEXT 函数将 A2 单元格中格式代码代表的格式与文本"分"组合，本例返回结果为"玖分"；❸ 将 B11、J11 和 N11 单元格中的三个公式表达式分别复制粘贴至 A11 单元格，用文本运算符"&"组合，嵌套 IFERROR 函数屏蔽错误值。

因此，A11 单元格中公式表达式为"=" 合计（大写）: 人民币 "&IFERROR(IF(INT(E10)=0,"", TEXT(INT(E10),$A$2&IF(L10&M10="00", " 元整 "," 元 ")))&IF (L10&M10="00","", TEXT(L10,$A$2&IF(L10="0",""," 角 ")))&IF(M10="0","", TEXT(M10, $A$2&" 分 ")),"")"，将 A11:N11 单元格区域合并为一个单元格，如下图所示。

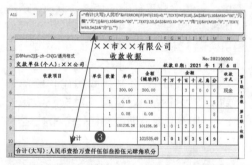

步骤 04 测试公式效果。❶ 在 E10 单元格中输入数字 50000，以检验数字为 5 位整数时的大写金额是否正确；❷ 在 E10 单元格中输入数字 1235.06，以检验数字为 4 位整数，且"角"数为 0，"分"位数不为 0 的数字的大写金额是否正确；❸ 在 E10 单元格中输入 126.5，以检验数字为 3 位整数且"角"位数不为 0，"分"位数为 0 时的大写金额是否正确；❹ 在 E10 单元格中输入 0.08，以检验整数部分与"角"位均为 0，"分"位数不为 0 的数字大写金额是否正确；❺ 恢复 E10 单元格中原有公式"=ROUND(SUM(E6:E9),2)"，删除 C6:E9 单元格中的数字，使 E10 单元格中的合计数为

0，可检验未填制收款收据时的公式结果是否正确，如下图所示。

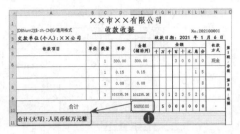

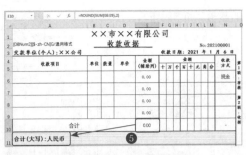

步骤 05 隐藏辅助单元格数据和辅助列。❶ 自定义 A2 单元格格式，设置格式代码为"；；；"，即可隐藏其中数据；❷ 右击 E 列列号，即选中 E 列，选择快捷菜单中的"隐藏"命令，将辅助列隐藏，如下图所示。

🔔 **小提示**

　　如果需要显示被隐藏的行、列，右击任一行号或列号后，选择快捷菜单中的"取消隐藏"命令即可。

4．自动生成收款收据编号

　　收款收据制作完成后即可无限次复制粘贴并连续使用。此时还需要解决一个小问题：自动生成收款收据编号。票据编号应当确保其格式统一、号码连续但不重复。如果每份单据均手工输入编号，难免会出现编号重复或编号不连续的情况，影响后续统计分析数据的准确性。对此，运用 COUNTIF 函数设置公式按顺序自动编号，即可避免出现上述情况。

步骤 01 设置 COUNTIF 函数公式。在 K2 单元格中设置公式"=COUNTIF(B\$2:B2, B\$2)"，运用 COUNTIF 函数统计 B\$2:B2 单元格区域中，B21 单元格中文本"收款收据"

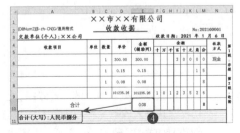

的数量，如下图所示。

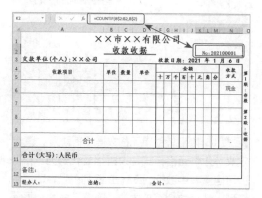

步骤 02 测试自动编号效果。选中 1:13 行区域，复制粘贴几份收款收据至下面区域，可看到编号自动依次变化，如下图所示。

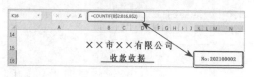

5. 统计汇总收款数据

汇总收款数据的目的是便于财务人员核对收款的各项总数。例如，2021 年 1 月开具收款收据的份数、各种收款方式的收款金额、全部收款总额等。下面制作收款统计表，在填制收款收据的同时，即可根据月份和收款方式同步汇总收款凭证的份数和收款金额。

本例需运用 COUNTIFS、SUMIFS、ROUND、SUM 等函数，前面已做介绍。

步骤 01 添加辅助列。❶ 在 P6 单元格中设置公式"=F3"，引用 F3 单元格中的单据日期；❷ 在 P7 单元格中设置公式"=P6"，引用 P6 单元格中的日期，将公式填充至 P8:P9 单元格区域。新增收款收据时，注意将 P6:P9 单元格区域一并复制后粘贴至下方区域，如下图所示。

步骤 02 绘制统计表格框架。在 R2:W16 单元格区域绘制表格框架，设置字段名称和基本格式，在 R4:R15 单元格区域中依次输入"2021-1-1""2021-2-1"……"2021-12-1"，将 R4:R15 单元格区域的单元格格式设置为"日期"，将"类型"设置为"2012 年 3 月"，使输入的日期仅显示 × 年 × 月，如下图所示。

	R	S	T	U	V	W
1				收款统计表		
2	月份	收款收据份数	收款金额			
3			现金	转账	其他	合计
4	2021年1月					
5	2021年2月					
6	2021年3月					
7	2021年4月					
8	2021年5月					
9	2021年6月					
10	2021年7月					
11	2021年8月					
12	2021年9月					
13	2021年10月					
14	2021年11月					
15	2021年12月					
16	合计					

步骤 03 统计收款数据。为测试公式效果，已新增收款数据并录入收款金额和收款方式（当前共 6 份收款收据）。❶ 在 S4 单元格中设置公式"=COUNTIFS(F:F,">="&R4,F:F,"<"&R5)"，统计 2021 年 1 月的收款收据的数量。其中，统计条件"">="&R4"和""<"&R5"

的含义是指 F:F 区域中的日期必须大于或等于 R4 单元格中的日期（2021-1-1），并且小于 R5 单元格中的日期（2021-2-1）；❷ 在 T4 单元格中设置公式"=SUMIFS(\$D:\$D,\$N:\$N,T\$3,\$P:\$P,">="&R4,\$P:\$P,"<"&\$R5)"，汇总"现金"收款金额，将公式复制粘贴至 U4:V4 单元格区域；❸ 在 W4 单元格中设置公式"=ROUND(SUM(T4:V4),2)"，汇总 2021 年 1 月的收款金额；❹ 将 S4:W4 单元格区域的公式填充至 S5:W15 单元格区域；❺ 运用 SUM 函数在 S16:W16 单元格区域设置求和公式，如下图所示。

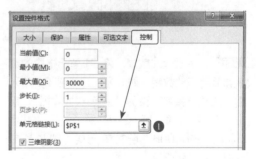

6. 创建超链接快速查找收款收据

进行数据查找除了可以按照前面介绍的方法，运用 VLOOKUP、HLOOKUP、OFFSET 等函数设置公式将目标数据引用至新表格中，还可以运用另一个非常实用的查找引用函数——HYPERLINK 自动创建超链接，单击超链接即可直接跳转至目标数据所在的单元格地址。本节运用的函数介绍和说明如下。

① HYPERLINK 函数：查找引用函数。
◆ 函数作用：创建一个超链接（或快捷方式），以便快速跳转至目标单元格，或

打开一个存储在硬盘、网络服务器或 Internet 上的文档。
◆ 基本语法：HYPERLINK(link_location, [friendly_name])
◆ 语法解释：HYPERLINK(指定位置 ,[超链接的名称])
◆ 参数说明：
● 第 2 个参数可以省略。
● 第 2 个参数可以设置为数值、文本字符串、名称或包含跳转文本或数值的单元格。如果省略，HYPERLINK 函数默认第 1 个参数作为单元格中显示的文本和数值内容。
◆ 在本例中的作用：快速跳转至需要查找的收据编号所在的单元格地址。

② MATCH、IFERROR 函数，前面已做介绍。

步骤 01 插入"数值调节钮"控件。❶ 插入一个"数值调节钮"控件，打开"设置控件格式"对话框，在"控制"选项卡中将单元格链接设置为"\$P\$1"；❷ 将 P1 单元格中数字调节为 1，自定义单元格格式，格式代码为""第 202100000" 号 ""，如下图所示。

步骤 02 创建超链接。在 P2 单元格中设置公式

"=IFERROR(HYPERLINK("#K"&MATCH(P1,K:K,0),"查看"&P1&"号收据"),"无此收据")"，根据P1单元格中指定的收据编号创建超链接。

公式原理如下：

① HYPERLINK 函数的第 1 个参数代表指定位置，嵌套 MATCH 函数根据 P1 单元格中的编号查找在 K 列中的行号，与文本"K"组合后即可构成单元格地址。

② HYPERLINK 函数的第 2 个参数是超链接名称，返回指定文本与 P1 单元格中编号组合而成的内容。

③ 如果查找不到指定编号，将返回错误值，因此嵌套 IFERROR 函数将其屏蔽，返回文本"无此收据"，如下图所示。

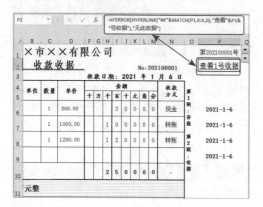

步骤 03 测试公式效果。将 P1 单元格中的数字调节至其他数字，如 6 号，可看到 P2 单元格中的超链接名称变为"查看 6 号收据"，单击超链接即可立即跳转至编号"NO:202100006"所在单元格，即 K71 单元格，如下图所示。

4.3.2 计算固定资产折旧数据

扫一扫，看视频

固定资产是指企业为生产产品、提供劳务、出租或者经营管理而持有的、使用时间超过 12 个月的且价值达到一定标准的非货币性资产。管理固定资产数据是企业财务人员的一项主要工作，每一项固定资产所包含的数据量非常大，其中最重要的数据就是固定资产折旧的计算及折旧费用的归集。本节将制作 Excel 表格，设置函数公式，根据不同的折旧方法，高效计算固定资产折旧费用。

1. 制作固定资产登记表

固定资产在购置入账的同时就应当做好对原始信息的详细记录。这一点非常重要，对后期计算折旧、归集费用或相关财务数据是否准确起着决定性作用。固定资产的重要原始信息主要包括固定资产编号、固定资产名称、购置日期、发票号码、使用部门、用途等。除此之外，还需要设置其折旧方法，并计算固定资产折旧的相关数据，如折旧期数、折旧起始日期等。

本节主要运用的函数包括统计函数 COUNTA 及日期函数 DATE、YEAR、MONTH、EDATE。函数介绍和说明如下。

① COUNTA 函数：统计函数。

◆ 函数作用：统计指定区域中非空单元格的个数。

◆ 基本语法：COUNTA(value1,[value2],...)

◆ 语法解释：COUNTA(区域 1,[区域 2], ...)

◆ 参数说明：

● 第 2 个参数可以省略。

● 参数最多可以设置 255 个。

◆ 在本例中的作用：自动生成序号。

② DATE 函数：日期函数。

◆ 函数作用：将代表年份、月份、日期的数字组合为代表日期的数字。将单元格格式设置为日期格式，即显示为日期。

◆基本语法：DATE(year,month,day)

◆语法解释：DATE(年 , 月 , 日)

◆参数说明：

● 3 个参数缺一不可。

● 第 2 个参数和第 3 个参数可以空置，需用符号"，"占位。

● 第 2 个参数为月份，如果为空，返回第 1 个参数所指定年数前一年的 12 月。例如，设置公式"=DATE(2020,,1)"，返回结果为"2019-12-1"。

● 第 3 个参数为日期，如果为空，返回第 2 个参数指定月份的前一月份的最末一日。若第 2、3 个参数均为空，返回第 1 个参数指定年份的上一年的 11 月 30 日。例如，设置公式"=DATE(2020,3,)"，返回结果为"2020-2-28"；公式"=DATE(2020,,)"，返回结果为"2019-11-30"。

◆在本例中的作用：与 YEAR、MONTH 函数嵌套，计算固定资产的起始日期。

③ IF、MAX、YEAR、MONTH、EDATE 函数，前面已做介绍。

打开"素材文件 \ 第 4 章 \ 固定资产管理表 .xlsx"文件，其中包含一个工作表，名称为"固定资产登记表"。已创建超级表，并预先录入 10 项固定资产的资产编号、名称、购置日期、使用年限、资产原值等原始信息，并按照资产原值 ×5% 计算预计净残值，将资产原值减预计净残值的余额作为固定资产的折旧基数。表格初始框架及数据如下图所示。

序号	资产编号	固定资产名称	购置日期	发票号码	资产用途	使用部门	使用年限
							×× 有限公司
					合计		
	HYZC001	办公设备A	2020-3-10	12345678	生产经营	财务部	3
	HYZC002	机械设备A	2020-4-3	56789012	生产经营	销售部	10
	HYZC003	汽车A	2020-4-20	00234567	生产经营	物流部	8
	HYZC004	生产设备A	2020-5-20	34567890	生产经营	生产部	8
	HYZC005	办公设备B	2020-6-18	23456789	生产经营	行政部	5
	HYZC006	汽车B	2020-11-18	03456789	生产经营	销售部	6
	HYZC007	生产设备B	2020-12-20	45678901	生产经营	生产部	10
	HYZC008	生产设备B	2021-1-8	00678901	生产经营	生产部	8

固定资产登记表						
资产原值	预计净残值(5%)	折旧基数	折旧方法	折旧期数	折旧起始日期	折旧结束日期
1,220,000.00	61,000.00	1,159,000.00	-	-	-	-
30,000.00	1,500.00	28,500.00				
150,000.00	7,500.00	142,500.00				
150,000.00	7,500.00	142,500.00				
250,000.00	12,500.00	237,500.00				
120,000.00	6,000.00	114,000.00				
100,000.00	5,000.00	95,000.00				
300,000.00	15,000.00	285,000.00				
120,000.00	6,000.00	114,000.00				

步骤 01 自动生成序号，统计固定资产数量。❶ 在 A4 单元格中设置公式"=IF(B4="","",COUNTA(B$4:B4))"，统计 B$4:B4 单元格区域中非空单元格数量，将公式填充至 A5:A11 单元格区域即可自动生成序号；❷ 在 A3 单元格中设置公式"=MAX(A4:A30)"，统计 A4:A30 单元格区域中的最大数字，即可得到资产数量，如下图所示。

A4		× ✓ fx	=IF(B4="","",COUNTA(B$4:B4))		
	A	B	C	D	E	F
1						
2	序号	资产编号	固定资产名称	购置日期	发票号码	资产用途
3	8 ❷			合计		
4	1	HYZC001	办公设备A	2020-3-10	12345678	生产经营
5	2 ❶	YZC002	机械设备A	2020-4-3	56789012	生产经营
6	3	HYZC003	汽车A	2020-4-20	00234567	生产经营
7	4	HYZC004	生产设备A	2020-5-20	34567890	生产经营
8	5	HYZC005	办公设备B	2020-6-18	23456789	生产经营
9	6	HYZC006	汽车B	2020-11-18	03456789	生产经营
10	7	HYZC007	生产设备B	2020-12-20	45678901	生产经营
11	8	HYZC008	生产设备B	2021-1-8	00678901	生产经营

步骤 02 计算每期折旧期数。❶ 运用"数据验证"工具在 L4:L11 单元格区域制作下拉列表，设置序列来源为 4 种折旧方法，即"直线法，双倍余额递减法，年数总和法，工作量法"，填入折旧方法。❷ 在 M4 单元格中设置公式"=IF(L4=" 直线法 ",H4*12&" 期 / "&ROUND(K4/(H4*12),2)&" 元 ",H4*12)"，运用 IF 函数判断 L4 单元格中内容为"直线法"时，则返回第 2 个参数"H4*12&" 期 / "&ROUND(K4/(H4*12),2)&" 元 ",H4*12)"的计算结果，否则返回第 3 个参数"H4*12"

（年限 12 个月）的计算结果。"直线法"折旧额的计算方法非常简单，而且每期折旧额相同，因此可在此同步计算折旧期数和每期折旧额。

❸ 将 M4 单元格的公式填充至 M5:M11 单元格区域中，如下图所示。

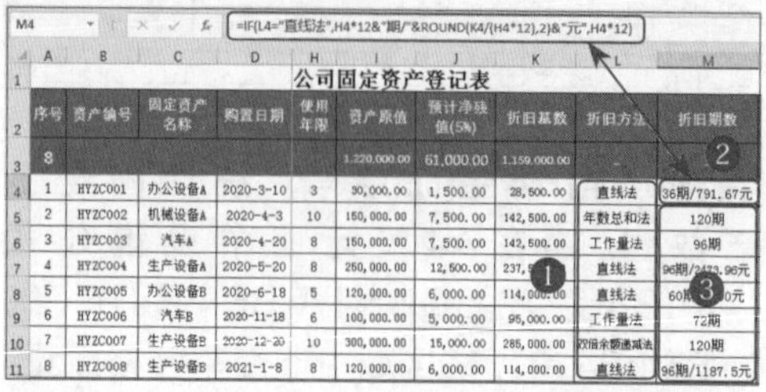

步骤 03 计算折旧起止日期。根据固定资产折旧的相关规定，折旧起始日期为购置日期当月的次月 1 日，结束日期为折旧期满当月的最末一日。❶ 在 N4 单元格中设置公式"=IF(B4="","",DATE(YEAR(D4),MONTH(D4)+1,1))"，计算固定资产"办公设备A"的折旧起始日期。其中，IF 函数的第 3 个参数运用 DATE 函数将 D4 单元格中日期的年数（运用 YEAR 函数提取）、月数（运用 MONTH 函数提取）+1 及数字"1"组合成新的日期，返回结果为"2020-4-1"。❷ 在 O4 单元格中设置公式"=IF(B4="","",EDATE(N4,H4*12)-1)"，计算折旧结束日期。其中，IF 函数的第 3 个参数运用 EDATE 函数根据 N4 单元格中的起始日期，计算折旧到期日期。❸ 将 N4:O4 单元格区域的公式填充至 N5:O11 单元格区域中。

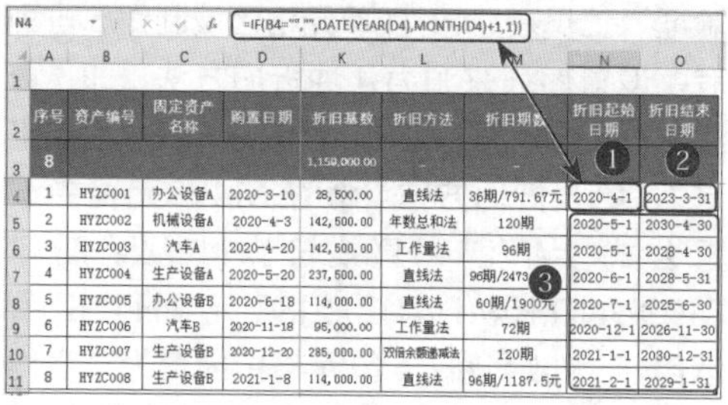

2. 制作固定资产折旧计算表

做好固定资产原始信息登记工作后，接着最重要的工作是根据折旧方法对固定资产各年折旧额进行准确计算。除直线法外，其他 3 种折旧方法计算得出的每年折旧额都不尽相同，需要制作表格进行计算。本节将制作以下两份折旧计算表：①动态折旧计算表，用于计算年数总和法、双倍余额法及直线法的每年和每月折旧额；②工作量法折旧计算表，工作量法折旧是根据固定资产每月的实际工作量计算折旧额，因此，需要另制表格专门计算。

本节主要运用财务类函数 SLN、SYD、VDB 计算折旧额，并运用其他函数配合完成表格制作，实现动态计算效果，包括 DATEDIF、VLOOKUP、IF、TEXT、ROW、IFERROR、SUM、ROUND等函数。函数介绍和说明如下。

① SLN 函数：财务函数。

◆函数作用：计算固定资产的每期线性折旧费，即按照"直线法"计算折旧额。

◆基本语法：SLN(cost,salvage,life)

◆语法解释：SLN(资产原值，预计净残值，折旧期数)

◆参数说明：

● 3 个参数缺一不可。

● 第 2 个参数为预计净残值，如果无此数据，可设为 0。

● 第 3 个参数为折旧期数，默认为折旧年数。如果以"月"或"日"为单位计算折旧额，应将折旧年数 ×12 以后的结果作为参数。

② SYD 函数：财务函数。

◆函数作用：按照"年数总和法"计算固定资产每期折旧额。

◆基本语法：SYD(cost,salvage,life,per)

◆语法解释：SYD(资产原值，预计净残值，使用寿命，折旧期数)

◆参数说明：

● 4 个参数缺一不可。

● 第 3 个参数"使用寿命"只能设定为年数。

● 第 4 个参数"折旧期数"需指定第 n 年。

③ VDB 函数：财务函数。

◆函数作用：按照"双倍余额递减法"计

算固定资产每期折旧费。

◆基本语法：VDB(cost,salvage,life, start_period,end_period,[factor], [no_switch])

◆语法解释：VDB(资产原值，预计净残值，使用寿命，起始期间，截止期间，[余额递减速率],[是否转为直线法])

◆参数说明：

● 前 5 个参数缺一不可。第 3、4、5 个参数可以设定为年数、月数、天数，但 3 个参数的单位必须一致。

● 第 4、5 个参数为起始期间和截止期间，所设定的数字不被包含在计算期间范围之内。例如，按年计算第 1 年折旧额，第 4、5 个参数应分别设置为 0、1。

● 第 6 个参数可省略。代表余额递减速率，省略时默认为 2。

● 第 7 个参数可省略。可设为逻辑值 TRUE(不转换为直线法)或 FALSE（转换为直线法），也可用数字1或0替代。省略时默认为FALSE，即转换为"直线法"。

④ DATEDIF 函数：日期函数。

◆函数作用：计算两个日期之间的间隔数，返回指定类型的数字。

◆基本语法：DATEDIF(start_date,end_date,unit)

◆语法解释：DATEDIF(起始日期，结束日期，指定类型）

◆参数说明：

● 3 个参数缺一不可。

● 第 3 个参数的取值包括"Y""M""D""YD""MD""YM"，含义如下。

▲"Y"：返回两个日期的间隔整年数。

▲"M"：返回两个日期的间隔整月数。

▲"D"：返回两个日期的间隔天数。

▲"YD"：返回两个日期的间隔天数，忽略日期中的年数。

▲"MD"：返回两个日期的间隔天数，忽

略日期中的年数和月数。

▲"YM"：返回两个日期的间隔月数，忽略日期中的年数。

⑤ VLOOKUP、IFS、TEXT、ROW、IFERROR、SUM、ROUND 函数，前面已做介绍。

步骤 01 引用固定资产相关基本信息。❶ 新增工作表，命名为"折旧计算"，在 A2:H3 单元格区域绘制"表1：固定资产查询表"框架，设置字段名称、基本格式等，用于引用计算固定资产折旧额所需的相关基本信息；❷ 将"固定资产登记表"工作表中 B4:B11 单元格区域（"资产编号"字段）定义名称为"资产编号"，运用"数据验证"工具在"折旧计算"工作表的 A3 单元格中制作下拉列表，设置数据来源为"= 资产编号"；❸ 在 B3 单元格中设置公式"=VLOOKUP($A3, 固定资产登记表 !$B:O, MATCH(B$2, 固定资产登记表 !$2:$2,0)-1,0)"，根据A3 单元格中的资产编号查找引用"固定资产登记表"工作表中与之匹配的固定资产名称，将公式复制粘贴至C3:H3 单元格区域中，如下图所示。

步骤 02 制作折旧计算表，根据折旧年数生成序列数字。❶ 在 A7:E18 单元格区域绘制"表2：×× 有限公司折旧计算表"，在 A6 单元格中设置公式"=B3&"—"&H3"，生成动态标题；❷ 在 A9 单元格中设置公式"=IF(ROW()-8<=$D$3,ROW()-8,"")"，根据 D3 单元格中的年数生成序列数字，作为后面计算折旧额公式中的参数之一；❸ 将 A9 单元格的公式填充至A10:A18 单元格区域中，如下图所示。

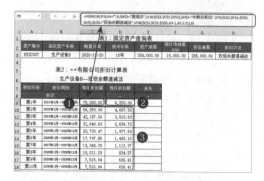

步骤 03 计算每年的折旧起止月份。❶ 在 B9 单元格中设置公式 "=IFERROR(TEXT(EDATE($C$3,A9*12-11),"YYYY 年 M 月 ")&"—"&TEXT(EDATE($C$3,A9*12),"YYYY 年 M 月 "),"")"，公式由两个 TEXT 函数表达式组合而成，C3 单元格中的折旧年数分别计算第 1 年的折旧起始月份和截止月份。

公式原理如下：

① 第 1 个 TEXT 函数表达式中，嵌套 EDATE 函数，计算 C3 单元格中购置日期间隔 A9 单元格中数字 *12-11 之后的月份数的日期。其中，A9*12-11 的含义是年数 ×12 个月，减 11 是要使公式的结果返回数字 1，即第 1 年的第 1 个月。因此，EDATE 函数表达式返回结果 "2021-1-20" 后，TEXT 函数将其格式转换为 "2021 年 1 月"。

② 第 2 个 TEXT 函数表达式中，EDATE 函数计算 C3 单元格中购置日期在第 1 年的最后一个月的日期。TEXT 函数的返回结果为 "2021 年 12 月"。

③ 最后运用文本运算符 "&" 使两个 TEXT 函数表达式和文本 "—" 组合，再嵌套 IFERROR 函数屏蔽错误值。

❷ 将 B9 单元格的公式填充至 B10:B18 单元格区域中，如下图所示。

步骤 04 动态计算折旧额。❶ 在 C9 单元格中设置公式 "=IFERROR(IFS(A9="",0,$H$3="直线法",SLN($E$3,$F$3,$D$3),$H$3="年数总和法",SYD($E$3,$F$3,$D$3,$A9),$H$3="双倍余额递减法",VDB($E$3,$F$3,$D$3,A9-1,A9, 2.5)),0)"，运用 IFS 函数判断 H3 单元格中的折旧方法后，分别运用 SLN、SYD 和 VDB 函数表达式计算 "直线法""年数总和法""双倍余额递减法"下的固定资产折旧额；❷ 在 D9 单元格中设置公式 "=IFERROR(ROUND(C9/12,2),0)"，计算每月折旧额；❸ 将 C9:D9 单元格区域的公式填充至 C10:D18 单元格区域中，如下图所示。

步骤 05 计算折旧总数，标识 "本年"所在的折旧期间。❶ 在 C8 单元格中设置公式 "=ROUND(SUM(C9:C18),2)"，将各年份的折旧额汇总，可与 F3 单元格中的折旧基数核对是否一致；❷ 在 E9 单元格中设置公式

"=IFERROR(IF(DATEDIF(C\$3,TODAY(), "Y")+1=\$A9," √ ","")," √ ","")，""), "")"，运用 IF 函数判断当前计算机系统日期（2021 年 5 月 1 日）是否为折旧期间的第 1 年，分别返回文本 "√" 和空值；

❸ 将 E9 单元格的公式填充至 E10:E18 单元格区域中，如下图所示。

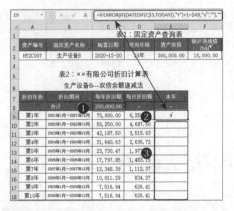

步骤 06 设置条件格式隐藏 0，清除表格框线。运用 "条件格式" 工具设置以下两组公式及条件格式。

① 条件公式: "=AND(\$A9="",\$C9=0, \$D9=0)"。

条件格式: 自定义格式代码 ";;;"。

作用: 当 A9 单元格为空，C9 和 D9 单元格中数字均为 0 时，即隐藏数字。

② 条件公式: "=\$A9<>""。

条件格式: 添加外边框。

作用: 当 A9 单元格中数字不为空时，自动添加表格外边框。

最后将 A9:E9 单元格区域的格式复制粘贴至 A10:E18 单元格区域。

步骤 07 测试公式及条件格式效果。❶ 在 A3 单元格的下拉列表中选择 "HYZC002"，检

验 "年数总和法" 下的折旧额是否计算正确；

❷ 在 A3 单元格的下拉列表中选择 "HYZC001"，检验 "直线法" 下的折旧额是否计算正确，如下图所示。

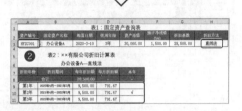

步骤 08 绘制工作量法折旧计算表框架。由于固定资产每期工作量各有不同，因此，应当制作静态表格模板，复制粘贴后使用。❶新增工作表，命名为 "工作量法"，绘制表格框架，设置字段名称和基础格式，填入固定资产基本信息；❷在 F3 单元格中设置公式 "=ROUND(D3/E3,2)"，计算单位工作量折旧额；❸在 A5 单元格中输入 1，自定义单元格格式，格式代码为 "第#年"，后面将根据这一数字自动列出折旧月份，如下图所示。

步骤 09 动态列出折旧月份。❶ 在 A6 单元

格中设置公式“=EDATE(DATE(YEAR(C3),MONTH(C$3)+1,1),A5*12-12)”，根据 C3 单元格中购置日期的年月数，以及 A5 单元格中的折旧年数自动生成当年折旧期间的第 1 个月份数；❷ 在 A7 单元格中设置公式“=DATE(YEAR(A6),MONTH(A6)+1,1)”，根据 A6 单元格中月份数加 1，将公式填充至 A8:A17 单元格区域中，如下图所示。

=EDATE(DATE(YEAR(C3),MONTH(C$3)+1,1),A5*12-12

××有限公司工作量法折旧计算表				
资产编号	固定资产名称	购置日期	折旧基数	预计总工作量
HYZC003	汽车A	2020-4-20	142500	450000公里
第1年	里程期初数	里程期末数	月工作量(公里)	月折旧额
2020年5月 ❶				
2020年6月				
2020年7月				
2020年8月				
2020年9月				
2020年10月 ❷				
2020年11月				
2020年12月				
2021年1月				
2021年2月				
2021年3月				
2021年4月				
合计				

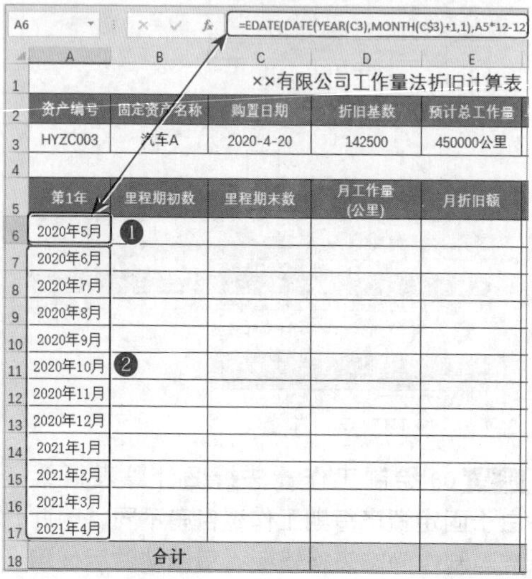

步骤 10 计算工作量法折旧额。❶ 在 C6:C17 单元格区域中依次填入几个月份的里程期末数，在 D6 单元格中设置公式“=IF(C6=0,0, ROUND (C6-B6,2))”，计算 2020 年 5 月实际工作量（算术公式：期末数 - 期初数）；❷ 在 E6 单元格中设置公式“=IFERROR(ROUND(D6*$F$3,2), "")”，计算 2020 年 5 月折旧额（算术公式：月工作量 × 单位工作量折旧额）；❸ 在 F6 单元格中设置公式“=ROUND(SUM(E$6: E6),2)”，计算累计折旧额；❹ 在 G6 单元格中设置公式“=ROUND(D$3-F6,2)”，计算固定资产余额（算术公式：折旧基数 - 累计折旧额）；❺ 将 D6:G6 单元格区域的公式填充至 D7:G17 单元格区域中；❻ 在 B7 单元格中设置公式“=C6”，引用上一月的期末数作为期初数，将公式填充至 B8:B17 单元格区域中；❼ 最后运用 SUM 函数在 D18 和 E18 单元格中设置求和公式，汇总月工作量和月折旧额，如下图所示。

=IFERROR(ROUND(D6*$F$3,2),"")

××有限公司工作量法折旧计算表						
资产编号	固定资产名称	购置日期	折旧基数	预计总工作量	单位工作量折旧额	
HYZC003	汽车A	2020-4-20	142500	450000公里	0.32元	
第1年	里程期初数 ❻	里程期末数	❶	❷	❸	❹
2020年5月	-	5, 261. 00	5, 261. 00	1, 683. 52	1, 683. 52	140, 816. 48
2020年6月	5, 261. 00	13, 533. 00	8, 272. 00	2, 647. 04	4, 330. 56	138, 169. 44
2020年7月	13, 533. 00	18, 622. 00	5, 089. 00	1, 628. 48	5, 959. 04	136, 540. 96
2020年8月	18, 622. 00	22, 560. 00	3, 938. 00	1, 260. 16	7, 219. 20	135, 280. 80
2020年9月	22, 560. 00	27, 625. 00	5, 065. 00	1, 620. 80	8, 840. 00	133, 660. 00
2020年10月	27, 625. 00	33, 155. 00	5, 530. 00	1, 769. 60	10, 609. 60	131, 890. 40
2020年11月	33, 155. 00	38, 66 ❺	5, 508. 00	1, 762. 56	12, 372. 16	130, 127. 84
2020年12月	38, 663. 00	45, 622. 00	6, 959. 00	2, 226. 88	14, 599. 04	127, 900. 96
2021年1月	45, 622. 00		-	-	14, 599. 04	127, 900. 96
2021年2月	-		-	-	14, 599. 04	127, 900. 96
2021年3月	-		-	-	14, 599. 04	127, 900. 96
2021年4月	-		-	-	14, 599. 04	127, 900. 96
合计		❼	45, 622. 00	14, 599. 04	-	-

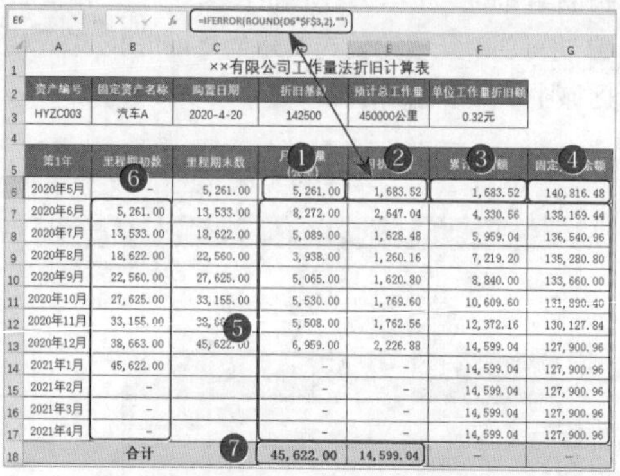

小提示

计算第 2 年折旧额时，可复制粘贴计算表，在 A5 单元格中填入 2，将第 1 年折旧期最末月的里程期末数填入 B6 单元格，将固定资产余额填入 D3 单元格中即可继续计算折旧额。注意操作之前将第 1 个折旧期间的折旧计算表中的“累计折旧额”和“固定资产余额”数据保存为静态数字，选中 F6:G17 单元格区域，复制并“选择性粘贴”为“数值”格式即可。

3. 制作固定资产每月折旧表

日常财务工作中，财务人员每月末都需要将各项固定资产每月折旧费用进行汇总，再分别计入当期成本或当期损益。同时，需要将计算表格打印纸质文件作为原始凭证附在记账凭证后面。本节将制作表格，动态计算各月折旧额、自动统计截至当月的固定资产数量，标识本月开始折旧的固定资产、分类汇总各项费用金额。制作完成后，计算当月折旧额时，只需输入当月最末一日的日期，即可快速计算所有相关数据。核对无误后，将表格复制粘贴为静态表格另行保存并直接打印即可。

本节将运用 COUNTIF、IF、ROW、VLOOKUP、MATCH、SLN、SYD、VDB、SUM、OFFSET、INDIRECT、ROUND、IFERROR 等函数制作表格。

本节以 2020 年 12 月作为时间节点，计算当月固定资产折旧额。

步骤 01 绘制动态计算表框架。❶ 新增工作表，命名为"固定资产折旧明细表模板"，绘制表格框架，设置字段名称、基础格式等（同样将合计行设置在表头）；❷ 在 A1 单元格中输入日期"2020-12-31"，自定义单元格格式，格式代码为"×× 有限公司 yyyy 年 m 月固定资产折旧明细表"，如下图所示。

步骤 02 统计截至当月已经开始折旧的固定资产数量，并生成序号。❶ 在 A2 单元格中设置公式"=COUNTIF(固定资产登记表 !$N$3:$N$11,"<="&A1)"，按照 A2 单元格中的日期，统计"固定资产登记表"工作表中记录截至"2020 年 12 月 31 日"应当开始折旧的固定资产数量；❷ 在 A3 单元格中设置公式"=" 截至 "&TEXT(A1,"YYYY 年 M 月 D 日 ")&" 已有 "&A2&" 项固定资产开始折旧""，将 A1 和 A2 单元格中的内容与文本组合成一个提示性短句；❸ 在 A4 单元格中设置公式"=IFERROR(SMALL(IF(固定资产登记表 !$N$4:$N$11<=$A$1, 固定资产登记表 !$A$4:$A$11,""),ROW()-ROW(A$3)),"")"，根据 A1 单元格中的日期和 A2 单元

格中的数字自动生成序号；❹ 将公式填充至 A5:A9 单元格区域中。

A4 单元格的公式原理如下。

① SMALL 函数的第 1 个参数：运用 IF 函数判断"固定资产登记表"中 N4:N11 单元区格区域的折旧起始日期是否小于或等于 A1 单元格中日期，如果是，则返回与之对应的 A4:A11 单元格区域中的序号作为数组，否则返回空值。

② SMALL 函数的第 2 个参数：运用 ROW 函数计算本行的行号，减"ROW(A$3)"是要减掉 1~3 行，返回结果为 1，即运用 SMALL 函数在符号条件的数组中，查找从小到大的第 1 个序号。

③ 实际工作中，固定资产开始折旧的日期并不一定与登记固定资产的顺序一致。如果仅仅使用 IF+ROW 函数返回序号，下一步根据序号引用固定资产信息时就会产生"张冠李戴"的错误，因此本例运用 SMALL+IF 函数查找"固定资产登记表"中的序号，如下图所示。

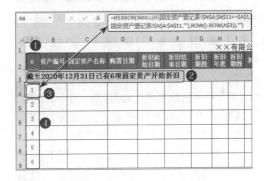

步骤 03 引用固定资产基本信息。❶ 在 B4 单元格中设置公式"=IFERROR(VLOOKUP($A4, 固定资产登记表 !$A$4:$O30,MATCH(B$2, 固定资产登记表 !$2:$2,0),0),"")"，根据 A4 单元格中的序号查找"固定资产登记表"中与之匹配的资产编号；❷ 将 B4 单元格的公式填充至 B5:B9 单元格区域中；❸ 将 B4:B9 单元格区域的公式复制粘贴至 C4:G9、J4:K9 和 M4:O9 单元格区域中，如下图所示。

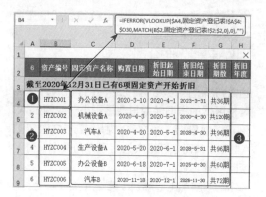

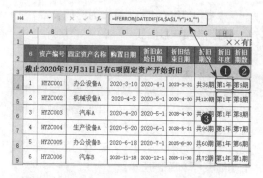

步骤 04 计算折旧年度和折旧期数。❶在H4单元格中设置公式"=IFERROR(DATEDIF(E4,$A$1, "Y")+1,"")"，计算E4单元格中的折旧起始日期与A1单元格中日期之间的间隔年数，即计算2020年12月是在此项固定资产整个折旧期间中的第n年，自定义单元格格式，格式代码为"第#年"；❷在I4单元格中设置公式"=IFERROR(DATEDIF(E4,$A$1,"m")+1,"")"，计算E4单元格中的折旧起始日期与A1单元格中日期之间的间隔月数，即计算2020年12月是在此项固定资产整个折旧期间的第n期，自定义单元格格式，格式代码为"第#期"；❸将H4:I4单元格区域的公式填充至H5:I9单元格区域，如下图所示。

步骤 05 计算折旧额。❶运用"数据验证"工具在L4:L9单元格区域中制作下拉列表，设置序列来源为"营业费用，管理费用，生产成本，制造费用"，在每个单元格的下拉列表中选择费用项目；❷在P4:P9单元格区域中填入"期初累计折旧额"（计算次月折旧额时，可复制粘贴静态折旧明细表中的上月"期末累计折旧额"数据作为本月"期初累计折旧额"。例如，复制2020年12月的期末数粘贴至2021年1月折旧明细表中即可）；❸在Q4单元格中设置公式"=IFS(A4="","",J4="直线法",SLN(M4,N4,G4), J4="年数总和法",SYD(M4,N4,G4/12,H4)/12,J4="双倍余额递减法",VDB(M4,N4,G4/12,H4-1,H4)/12,J4="工作量法","请直接填入折旧额")"，根据J4单元格中的折旧方法，分别运用SLN、SYD、VDB函数计算折旧额；如果J4单元格中的折旧方法为"工作量法"，则返回指定文本予以提示，只需按照"工作量法折旧"工作表中计算得到的折旧额直接填入即可；❹在R4单元格中设置公式"=IFERROR(IF(A4="","",ROUND(P4+Q4,2)),0)"，计算期末累计折旧额；❺在S4单元格中设置公式"=IF(A4="","",ROUND(O4-R4,2))"，计算固定资产余额；❻将Q4:S4单元格区域的公式填充至Q5:S9单元格区域中，如下图所示。

小提示

在 Q4:Q9 单元格区域中，如果 IFS 函数返回 SLN、SYD、VDB 函数计算的折旧额，可与"折旧计算表"工作表中的数据进行核对，如有差异，表明公式可能出错或发生其他问题。

步骤 06 标识当月开始折旧的固定资产。❶ 在 T4 单元格中设置公式"=IFERROR(IF (AND(H4=1,I4=1),"√","") ,"")"，运用 IF 函数判断 H4 和 I4 单元格中数字相加等于 2 时，表明此项固定资产的折旧年度和折旧期数为第 1 年第 1 期（即本月开始折旧），将公式填充至 T5:T9 单元格区域；❷ 选中 A4:T4 单元格区域，运用"条件格式"设置公式和格式（与 T4 单元格的公式完全相同）标识本月开始折旧的固定资产所在单元格区域，将条件格式复制粘贴至 A5:T9 单元格区域，如下图所示。

步骤 07 计算当月合计折旧额。❶ 在 M3 单元格中设置公式"=SUM(OFFSET(M$4,,,): INDIRECT("M"&($A$2+3)))"，计算资产原值的合计数；❷ 将 M3 单元格的公式复制粘贴至 N3、O3、Q3、S3 单元格中，并将公式中 INDIRECT 函数表达式中的文本"M"分别修改为与"N""O""Q""S"即可；❸ 在 G3 单元格中设置公式"=IF($A$2=COUNT

(A$4:A100),"合计","本月有新增折旧的固定资产，请及时添加")"，运用 IF 函数判断 A2 单元格中数字与 A4:A100 单元格区域包含数字的单元格个数是否相等，分别返回指定文本。设置这一公式的目的是提示操作人员及时添加固定资产信息。其中，COUNT 函数的统计区域同样可以嵌套 OFFSET 和 INDIRECT 函数自动计算，如下图所示。

M3 单元格中公式原理如下：

①由于后面月份将有新增固定资产开始折旧，因此在 SUM 函数中嵌套 OFFSET 函数和 INDIRECT 函数自动返回应求和的单元格区域的地址。

②SUM 函数求和区域中的起始单元格是嵌套 OFFSET 函数自动定位为 M4 单元格。

③SUM 函数求和区域中的末尾单元格嵌套 INDIRECT 引用由文本"M"和"A$2+3"的值的组合作为单元格地址。其中，"A$2+3"是将 A2 单元格中统计得到的当月应折旧的固定资产数量"6"加上表格标题和表头占用的 3 行，即返回"9"，那么 INDIRECT 函数表达式返回"M9"。因此，SUM 函数的求和区域即为 M4:M9 单元格区域。

步骤 08 测试公式效果。❶ 在 A1 单元格中输入"2021-1-31"，可看到 A2 单元格中数字变化为 7，以及 A3、G3 单元格中的提示内容，表明 2021 年 1 月有一项新增固定资产开始折旧；❷ 选择 A10:T10 单元格区域，按组合键 Alt+D 即可复制粘贴上一行区域中的全部内容（包括公式）。因为 Q9 单元格中的折旧额是直接填入（无公式），故将 Q8 单元格的公式复制粘贴至 Q10 单元格中即可，如下图所示。

步骤 09 分类汇总费用金额。❶ 在 V2:W7 单元格区域绘制统计表格，在 W3 单元格中设置公式"=SUMIF(L:L,V3,Q:Q)"，汇总"生产成本"金额，将公式填充至 W4:W6 单元格区域中；❷ 在 W7 单元格中设置公式"=ROUND(SUM(W3:W6),2)"，汇总当月全部费用金额。同时也可以与 Q3 单元格中的"本月折旧额"合计数核对是否一致，如下图所示。

4.3.3 应收账款的账龄分析

扫一扫，看视频

应收账款是企业的一项重要的流动资产，是指企业在正常的经营过程中因为销售产品、提供劳务等业务，应当向购买方收取的款项。应收账款的账龄是指应收账款从销售实现、产生应收账款之日起，至收回应收账款所经历的这段时间。换言之，就是负债人所欠账款的时间。账龄越长，发生坏账的可能性就越大。因此，企业应当加强对应收账款的账龄分析，尽量避免坏账损失，保障企业的资金链正常运转。

本节将运用 Excel 函数公式制作账龄统计分析表，对应收账款进行账龄统计分析，并对客户的信用等级进行评定。

1. 制作账龄统计分析表

实际经营过程中，供销双方通常以"月结 n 天"的账期模式结算款项。本例以"月结 60 天"账期为例，按照账龄 0~30 天、30~60 天、60~90 天及 90 天以上等不同时间段对每月产生的应收账款进行清晰的划分，以便明确每笔应收账款的账龄。本节将运用 LEFT、RIGHT、IF、SUM、ROUND 等函数实现账龄分析和统计分析。

打开"素材文件\第 4 章\应收账款管理表.xlsx"文件，其中包括一个工作表，名称为"kh001 客户 001"。初始表格框架及原始数据如下图所示。

	应收账款账龄分析表							

限公司应收账款账龄分析表

应收账款分析			账龄分析					
销售未结算金额	结算未收款金额	应收余额	未到期	00-30天	30-60天	60-90天	90天以上
一	一	一					

步骤 01 自动生成月份序列。❶ 在 A3 单元格中输入当年的第 1 日的日期,即"2021-1-1",自定义单元格格式,格式代码为"yyyy 年"。❷ 在 A5 单元格中设置公式"=EOMONTH(A$3,ROW()-5)",返回 1 月最末一日的日期,即"2021-1-31"。公式含义: 从 A3 单元格中的日期"2021-1-1"起,计算间隔 n 月后的月份的最末一日的日期。EOMONTH 函数的第 2 个参数嵌套 ROW 函数,自动返回代表间隔月份数的数字 0。由此,公式返回结果为"2021-1-31"。自定义单元格格式,格式代码为"m 月",使其仅显示月份,使表格整洁清爽。❸ 将 A5 单元格的公式填充至 A6:A16 单元格区域中,如下图所示。

A5		× ✓ fx	=EOMONTH(A$3,ROW()-5)		
	A	B	C	D	E
1					
2	客户名称:kh001客户001		账期: 60天		客
3	2021年	销售统计		结算统计	
4		销售金额	到期日期	结算开票日期	折扣	结算开票金额
5	1月	132,305.86		2021-4-2	19,845.88	112,459.98
6	2月	121,768.32		2021-5-8	12,176.83	109,591.49
7	3月	151,371.57		2021-6-2	22,705.75	128,665.82
8	4月	104,140.94		2021-7-2	10,000.00	94,140.94
9	5月	115,234.08				一
10	6月	82,541.83				一
11	7月					一
12	8月					一
13	9月					一
14	10月					一
15	11月					一
16	12月					一
17	合计	707,362.60	一	一	64,728.46	444,858.23

步骤 02 计算应结算销售额的到期日期。❶ 在 C5 单元格中设置公式"=A5+E$2",用 A5 单元格的日期加上 E2 单元格的账期天数,即可计算得到应结算 2021 年 1 月销售额的到期日期;❷ 将公式填充至 C6:C16 单元格区域中,如下图所示。

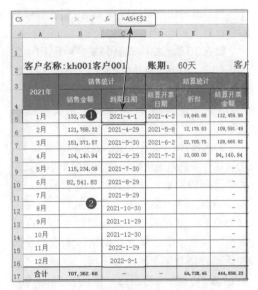

C5		× ✓ fx	=A5+E$2		
	A	B	C	D	E	F
1						
2	客户名称:kh001客户001		账期: 60天			客户
3	2021年	销售统计		结算统计		
4		销售金额	到期日期	结算开票日期	折扣	结算开票金额
5	1月	132,30	2021-4-1	2021-4-2	19,845.88	112,459.98
6	2月	121,768.32	2021-4-29	2021-5-8	12,176.83	109,591.49
7	3月	151,371.57	2021-5-30	2021-6-2	22,705.75	128,665.82
8	4月	104,140.94	2021-6-29	2021-7-2	10,000.00	94,140.94
9	5月	115,234.08	2021-7-30			一
10	6月	82,541.83	2021-8-29			一
11	7月		2021-9-29			一
12	8月		2021-10-30			一
13	9月		2021-11-29			一
14	10月		2021-12-30			一
15	11月		2022-1-29			一
16	12月		2022-3-1			一
17	合计	707,362.60	一		64,728.46	444,858.23

步骤 03 计算应收账款余额。根据实际工作中的货款结算流程,应收账款余额中一般包括两个部分,即已销售未对账结算部分与已结算并开具发票,但未收到货款的部分。两个部分的数据应分别计算后再合计为应收账款余额。❶ 在 I5 单元格中设置公式"=ROUND(B5-E5-F5,2)",计算"销售未结算金额"(销售额 – 折扣 – 结算开票金额),将公式填充至 I6:I16 单元格区域中;❷ 在 J5 单元格中设置公式"=IF(F5=0,0,IF(F5>=H$17,ROUND(F5-H$17,2),0))",计算 2021 年 1 月的"结算未收款金额"。

公式原理如下:

① 如果 F5 单元格中数字为 0,表明货款尚未结算开票,必然不会存在已经结算开票,并且未收到货款的部分,因此返回数字 0。

② 如果 F5 单元格中数字不为 0,即运用第 2 层 IF 函数判断 F5 单元格中的"结算开票金额"大于或者等于 H17 单元格中的合计收

款金额时，即计算二者之间的差额，也就是已开具发票但未收到货款的部分。反之，如果合计收款金额大于结算开票金额，则表明这笔货款已经全部回收，即返回数字0。其中，设置"F5-H$17"的原因是实际工作中客户往往不会完全按照开票金额一次足额支付货款，因此本例将开票金额减掉 H17 单元格中的合计收款金额计算"结算未收款金额"。

❸在J6单元格中设置公式"=IF(F6=0,0,IF(J5<=0,IF(SUM(F$5:F6)<H$17,0,ROUND(SUM(F$5: F6)- H$17,2)),F6))"，计算2021年2月"结算未收款金额"。

公式按照实际工作中应收账款"先结算，先收款"冲减方法进行设置，即当第1笔货款尚未足额收取时，在收到第2笔货款后，首先冲减第1笔已结算未收款的余额，直至冲减为0后，再对第2笔货款进行冲减，以此类推。因此，第2笔及后期结算未收款金额的计算方法与第1笔略有不同，需嵌套3层IF 函数进行条件判断后，返回不同的计算结果。

公式原理如下。

① 第1层 IF 函数的含义与 F5 单元格的公式相同。

② 第2层 IF 函数的含义：如果 J5 单元格中数字小于或者等于0，表明上一笔货款已经全部收取，返回第3层 IF 函数表达式的结果，否则返回 F6 单元格中的"结算开票金额"。

③ 第3层 IF 函数的含义：如果 F5 与 F6 单元格中的收款合计数小于 H17 单元格中的收款合计数，表明当前收到的第1笔和第2笔货款合计数已经足额冲减两笔结算开票金额，因此返回数字0。反之，则返回两笔结算开票金额与实际收款合计之间的差额。

❹ 将 J6 单元格的公式填充至 J7:J16 单元格区域中；❺ 在 K5 单元格中设置公式"=ROUND(I5+J5,2)"，计算应收账款余额（销售未结算金额＋结算未开票金额），将公式填充至 K6:K16 单元格区域中，如下图所示。

步骤 04 计算应收账款账龄。❶ 在 P1 单元格中任意输入一个日期，如"2021-7-31"，以此为时间节点计算到期日期及账龄。实际运用时，可设置公式"=TODAY()"获取当前计算机系统日期（或在计算账龄的公式中直接嵌套）；❷ 在 L5 单元格中设置公式"=IF($P$1>=C5,0,K5)"，运用 IF 函数判断 P1 单元格中的日期大于或等于 C5 单元格中的到期日期时，表明没有"未到期"的应收账款，返回数字0，否则返回 K5 单元格中的数字（"应收余额"）；❸ 在 M5 单元格中设置公式"=IF(AND($P$1-$C5>=LEFT(M$4,2)*1,$P$1-$C5<RIGHT(M$4,2)*1),$K5,0)"，运用 IF 函数判断 P1 单元格中日期与 C5 单元格中的到期日期之间的差额大于或等于0，并且小于30天时，返回 M5 单元格中数字，否则返回数字0，公式中嵌套 LEFT 和 RIGHT 函数分别从左、右截取 M4 单元格中的文本"00"和"30"后，乘1的作用是将文本转换为数字；❹ 将 M5 单元格的公式填充至 N5 和 O5 单元格中，计算账龄为 30~60 天与 60~90 天的应收账款金额；❺ 在 P5 单元格中设置公式"=IF($P$1-$C5>=LEFT(P$4,2)*1,$K5,0)"，计算账龄为 90 天以上的应收账款金额；❻ 将 L5:P5 单元格区域的公式填充至 L6:P16 单元格区域中，如下图所示。

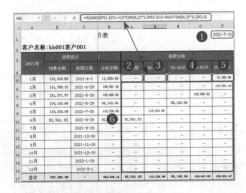

2. 客户信用等级评定

对客户信用等级评定是按照一定的标准，根据不同的应收账款账龄，对客户的支付能力进行等级划分和评价，目的是加强客户信用控制，降低坏账风险，并为不同等级的客户采取不同的账期及相关收款政策提供合理的依据。本例以账龄为90天以上的应收账款金额占总额的比例为标准，划分客户信用等级，并以"五星"符号代表不同的信用级别。

本节将运用 REPT、VLOOKUP、ROUND 等函数实现对客户信用等级的评定。函数说明和介绍如下。

① REPT 函数：文本函数。

◆函数作用：根据指定次数重复指定文本。

◆基本语法：REPT(text,number_times)

◆语法解释：REPT(指定文本 , 指定次数)

◆参数说明：第 1 个参数可以设置为数字、文本、单元格引用及公式表达式。如果设置为数字，REPT 函数重复后即转换为文本型数字。例如，设置公式"=REPT(1,2)"，返回结果为文本"11"。

◆在本例中的作用：与 VLOOKUP 函数嵌套，对客户信用进行五星评级。

② VLOOKUP、ROUND 函数，前面已做介绍。

步骤 01 计算各账龄下应收账款占比。❶在 L18 单元格中设置公式"=ROUND(L17/$K17,4)"，计算"未到期"的应收账款余额占总额的比例；❷将公式填充至 M18:P18 单元格区域中，如下图所示。

步骤 02 信用等级五星评级。❶在空白区域制作评级标准表，作为下一步设置五星评级公式的数据源；❷在 I2 单元格中设置公式"=VLOOKUP(P18,R4:S8,2,1)"，根据 P18 单元格中的数字（账龄 90 天以上的应收账款金额占总数的比例），在 R4:S8 单元格中查找与之匹配或与之近似数字所对应的级别；❸在 J2 单元格中设置公式"=REPT("★",VLOOKUP(I2,S4:T8,2,0))&REPT("☆",5-VLOOKUP(I2, S4:T8,2,0))"，生成五星评级。

公式由两个 REPT 函数表达式组合而成，原理如下：

① 第 1 个 REPT 函数重复显示"★"符号，重复次数运用 VLOOKUP 函数根据 I2 单元格中代表级别的字母"D"，在 S4:T8 单元格区域中查找与之匹配的数字。

② 第 2 个 REPT 函数重复显示"☆"符号，重复次数为 5 减去运用 VLOOKUP 函数查找到的星级数后的差额，如下图所示。

评级标准		
账龄90天以上金额占比	级别	星级
0.00%	A	5星
8.01%	B	4星
15.01%	C	3星
22.01%	D	2星
25.01%	E	1星

1. 制作增值税发票登记表，统计进销项发票数据

制作增值税发票登记表的关键和重点在于增值税发票的管理方法和思路。具体制作方法非常简单，只需运用常用工具与函数进行设置和计算即可。

步骤 01 准备客户和供应商信息。打开"素材文件 \ 第 4 章 \ 增值税发票管理表 .xlsx"文件，其中包含一个空白工作表，名称为"客户和供应商信息"，创建 2 个超级表，分别录入统计增值税发票数据所需的客户和供应商的关键信息。❶ 客户信息方面，以销售企业为例，销项税率统一为 13%，表格中只需登记"客户名称"即可。但是，如果企业存在无票收入业务，同样需要计算并缴纳增值税，因此应当添加"客户名称"列专门用于登记"无票收入"数据；❷ 供应商信息方面，由于供应商提供的发票并非全部允许抵扣，同时，可抵扣发票的税率（或征收率）也不一致，因此，供应商信息中还应包括"发票类型""进项税率"等项目。将 B2:B12 和 E2:E13 单元格区域分别定义名称为"客户名称"和"供应商名称"（定义名称的具体操作参见 4.1.3、4.2.1 节的介绍），如下图所示。

步骤 03 测试效果。在 P1 单元格中重新输入一个日期，如"2021-5-31"。信用等级评定的结果及账龄分析数据的变化如下图所示。

4.3.4 打造增值税数据管理系统

扫一扫，看视频

增值税是我国收入规模最大的税种，也是国家税务的重点监管对象。我国目前对于增值税的征收管理方式实行"以票控税"，因此，核算和管理增值税数据也是财务人员工作的"重中之重"。

本节将以一般纳税人（适用增值税率 13%）为例，从企业日常开具、收受、记录增值税票等细节着手，打造增值税数据管理系统，从不同角度计算和统计增值税相关数据，主要包括预算进项税额、计算动态税负额、税负率及税负变动率，分别从发票、客户和供应商角度汇总增值税的进、销项金额、税额及价税合计金额等，同时分享增值税数据管理思路。

序号	❶ 客户名称		序号	供应商名称 ❷	发票类型	进项税率
1	无票收入		1	供应商001	普票	3%
2	客户001		2	供应商002	专票	3%
3	客户002		3	供应商003	专票	13%
4	客户003		4	供应商004	专票	13%
5	客户004		5	供应商005	专票	3%
6	客户005		6	供应商006	专票	13%
7	客户006		7	供应商007	普票	3%
8	客户007		8	供应商008	专票	3%
9	客户008		9	供应商009	专票	3%
10	客户009		10	供应商010	专票	13%
11	客户010		11	供应商011	普票	3%
12			12	供应商012	专票	13%

步骤 02 绘制销项发票登记表框架。❶ 新增工作表，命名为"2021.01 月"，在 A1 单元格中输入"2021-1"，自定义单元格格式，格式代码为"×× 有限公司 yyyy 年 m 月销项发票登记表"；❷ 在 A2:L23 单元格区域中绘制表格框架，设置字段名称及基本格式，运用"数据验

证"工具在 C4:C23、E4:E23 和 K4:K23 单元格区域中分别制作下拉列表，序列来源分别为"= 客户名称""专票，普票，无票""作废"，填入增值税发票原始信息（税票号码均为虚拟号码），如下图所示。其中，"含税金额"字段的作用是方便财务人员在预算当月销项数据时直接录入预估开票金额或已开具发票的票面含税金额。

G5:I23 单元格区域中。❻ 在 F2 单元格中设置公式"=ROUND(SUM(F$4:F23),2)"，将公式填充至 G2:J2 单元格区域中。❼ 在 K2 单元格中设置公式"=" 作废 "&COUNTIF(K4:K23，" 作废 ")&" 份 ""，统计作废发票份数，并与指定文本组合，如下图所示。

步骤 03 设置公式计算销项数据。❶ 在 A4 单元格中设置公式"=IF(G4=0,""，COUNT(A$3:A3)+1)"，当 G4 单元格中的"未税金额"为 0 时，返回空值，否则自动生成序号，将公式填充至 A5:A23 单元格区域中。❷ 在 G4 单元格中设置公式"=IF(K4=" 作废 ",0,ROUND(F4/1.13,2))+J4"，计算未税金额。公式含义：如果发票作废，则返回数字 0，否则根据 F4 单元格中的含税金额和 J4 单元格中的尾差调整数值计算未税金额（算术公式：含税金额 ÷1.13+ 尾差调整）。"尾差调整"字段的作用：由于 G4 单元格中的未税金额是设置函数公式计算而得的，与增值税开票系统实际开具的销项税票票面金额可能存在 ±0.02 元之内的尾数差异。而发票登记表中的金额、税额、价税合计等数据都必须和发票票面所记载的金额分毫不差，因此需要进行调整，在 J4:J14 单元格区域任意填入尾差数值，以测试公式效果。❸ 在 H4 单元格中设置公式"=IF(K4=" 作废 ",0,ROUND(F4-G4,2))"，计算销项税额。❹ 在 I4 单元格中设置公式"=ROUND(SUM(G4:H4),2)"，计算价税合计金额。❺ 将 G4:I4 单元格区域的公式填充至

步骤 04 制作进项发票登记表。进项发票登记表的表格框架与销项发票登记表基本相同，只需在其基础上稍做调整即可。❶ 将 A:L 区域复制粘贴至 N:Y 区域中，重新填入"开票日期""税票号码""含税金额"等原始数据，在 N1 单元格中设置公式"=A1"，引用 A1 单元格中填入的月份，将自定义格式代码中的"销项"修改为"进项"即可；❷ 在 P 列插入一列，在 P3 单元格中输入字段名称"发票项目"，运用"数据验证"工具在 P4:P23 单元格中制作下拉列表，设置序列来源为"进货，费用"，用于标识进货和费用发票，以便后面计算未税金额和分类汇总进货和费用金额；❸ 将 Q4:Q23 单元格区域中下拉列表的序列来源修改为"= 供应商名称"；❹ 在 R 列前插入一列，在 R3 单元格中输入字段名称"税率"，在 R4 单元格中设置公式"=IFERROR(VLOOKUP($Q4，客户和供应商信息 !$E:$G,3,0),"")"，将"客户和供应商信息"工作表中的"供应商 001"的进项税率引用至 R4 单元格中，清除 S4:S23 单元格区域中原有数据验证条件，在 S4 单元格中设置公式"=IFERROR(VLOOKUP($Q4，客户和供应商信息 !$E:$G,2,0),"")"，引用"供应商 001"的发票种类，将 P4:S4 单元格区域的公式填

充至 P5:S23 单元格区域中；❺ 在 V4 单元格中设置公式 "=IF($P4=" 进货 ",ROUND(U4/(1+R4),2),ROUND(U4/1.06,2))+Y4"，运用 IF 函数判断 P4 单元格中内容为 "进货" 时，即按照 R4 单元格中税率计算进货未税金额，否则按 6% 计算费用发票的未税金额，将公式填充至 V5:V23 单元格区域中；❻ 在 Z 列前插入一列，在 Z3 单元格中输入字段名称 "本月抵扣"，自定义 Z4:Z23 单元格区域格式，格式代码为 "[=1] √ ;[=2] 留置 ;不抵扣"，其作用是标识本月抵扣的专用发票、留置后期抵扣的专用发票及不能抵扣的普通发票的相关数据。最后填入相关原始数据，如下图所示。

2. 计算动态税负等相关数据

税负包括两项数据，即税负额和税负率。税负额即每期销项税额 − 进项税额后的余额，

也就是应当向税务机关实际缴纳的税金。税负率是指当期税负额占当期收入的比率，也是税务机关用以与行业平均税负率比较，以监控企业纳税情况和评价企业是否诚信纳税的一个重要依据。因此，财务人员要随时掌握税负率变动，并计算实际税负额与平均税负额之间的差异，以便及时提示企业调整当月抵扣的进项发票数据，避免实际税负率过高或过低，有效规避涉税风险。

本节将运用 SUM、ROUND、TEXT、COUNTIF、SUMIFS、LEFT、RIGHT、IF 等函数计算税负额、税负率、分类统计发票数量、分类汇总发票金额。函数介绍和说明如下。

① LEFT 函数：文本函数。

◆ 函数作用：从一个文本字符串的第一个字符开始截取指定个数的字符。

◆ 基本语法：LEFT (text,[num_chars] ,...)

◆ 语法解释：LEFT(文本字符串，截取个数)

◆ 参数说明：第 1 个参数可以设置为文本、数字、单元格引用或公式。一个空格视为一个字符。

◆ 在本例中的作用：截取指定字符，作为 SUMIF 函数的参数之一（求和条件）。

② SUM、ROUND、TEXT、COUNTIF、SUMIFS、RIGHT、IF 函数，前面已做介绍。

步骤 01 绘制表格框架。在第 1 行之上插入两行，绘制表格框架，设置字段名称和基本格式。除 G1 单元格外，其他填充背景色的单元格将全部设置函数公式自动计算，在 G1 单元格中输入平均税负率（以 2.5% 为例），如下图所示。

步骤 02 计算实际税负率和实际税负额。❶ 在 D1 和 D2 单元格中分别设置公式"=$G$4"和"=$H$4"，引用 G4 单元格和 H4 单元格中的"未税金额"和"销项税额"的合计数；❷ 在 G2 单元格中设置公式"=ROUND(D1*G1,4)"，计算平均税负额（已开具销项未税金额 × 平均税负率）；❸ 在 Q2 单元格中设置公式"=$Z$4"，引用 Z4 单元格的"本月抵扣"合计数；❹ 在 I2 单元格中设置公式"=ROUND(D2-Q2,2)"，计算实际税负额（销项税额 - 可抵扣进项税额），在 I1 单元格中设置公式"=ROUND(I2/D1,4)"，计算实际税负率（实际税负额 ÷ 已开具销项未税金额）；❺ 在 J1 单元格中设置公式"=TEXT(ROUND(G1-I1,4),"[<0] 高 于平均 0.00%; 低于平均 0.00%")"，计算实际税负率与平均税负率之间的差距，并返回指定格式，以作提示；在 J2 单元格中设置公式"=TEXT(ROUND(G2-I2,2),"[<0] 高于平均 0.00 元; 低于平均 0.00 元")"，计算实际税负额与平均税负额之间的差额，如下图所示。

步骤 03 计算应抵扣进项税额和差额。❶ 在 U1 单元格中设置公式"=D2-G2"，计算应抵扣的进项税额（已开具销项税额 - 平均税负额）；❷ 在 U2 单元格中设置公式"=ROUND(U1/0.13,2)&"/"&ROUND(U1/0.13*1.13,2)"，同时计算需要抵扣税额的进项税票的未税金额和含税金额，以便与供应商协商提供发票事宜。注意这是一个参考值，是以增值税率 13% 为基数，以需要抵扣的进项税额为依据倒推需要

的进项税票的开票金额。实际工作中，应以本企业主营业务适用的增值税率或大部分供应商所能提供的可抵扣的进项税票的税率（或征收率）作为基数进行计算。例如，90% 的供应商为小规模纳税人，仅能提供征收率为 3% 的可抵扣的进项税票，那么应以 3% 的征收率倒推需要抵扣的进项税额和进项税票金额，如下图所示。

步骤 04 分类汇总发票项目金额。❶ 在 W1 单元格中设置公式"="进货发票"&COUNTIF(P:P,"进货")&"份"&"抵扣"&COUNTIFS(P:P,"进货",Z:Z,1)&"份""，统计进货发票份数和本月抵扣的进货发票份数，在 W2 单元格中设置公式"="费用发票"&COUNTIF(P:P,"费用")&"份"&"抵扣"&COUNTIFS(P:P,"费用",Z:Z,1)&"份""，统计"费用"发票份数及本月抵扣的费用发票份数；❷ 在 Y1 单元格中设置公式"=SUMIFS($V:$V,$P:$P,LEFT($W1,2),$Z:$Z,1)"，汇总本月抵扣的进货发票的未税金额，将公式复制粘贴至 Y2 单元格中，汇总本月抵扣的费用发票的未税金额；❸ 在 AA1 单元格中设置公式"=SUMIFS($W:$W,$P:$P,LEFT($W1,2),$Z:$Z,1)"，汇总本月抵扣的进货发票的进项税额，将公式复制粘贴至 AA2 单元格中，汇总本月抵扣的费用发票的进项税额，如下图所示。

Y1　=SUMIFS($V:$V,$P:$P,LEFT($W1,2),$Z:$Z,1)

进项税额差额		-2,851.59		进货发票10份 抵扣5份		399,664.78		38438.57
进项税票差额		-21935.31/-24786.9		费用发票2份 抵扣1份		1,028.30		61.70
××有限公司2021年1月增值税进项发票登记表 ①						②		③
		717712.13	667,503.63	50,208.50	717,712.13	0.03	38,500.27	
发票种类	税票号码	含税金额	未税金额	进项税额	价税合计	尾差调整	本月抵扣	备注
普票	12345678	35155.27	34,131.35	1,023.92	35,155.27	0.02	不抵扣	
专票	52653501	86568.67	84,047.24	2,521.43	86,568.67	-0.01	√	
专票	00360816	119632.68	105,869.63	13,763.05	119,632.68	-	√	
专票	00567890	121620.56	107,628.83	13,991.73	121,620.56	0.02	√	
专票	36521563	52665.22	51,131.28	1,533.94	52,665.22	-	√	
专票	00789012	32538.30	30,696.50	1,841.80	32,538.30	-0.01	留置	
专票	00789013	1090.00	1,028.30	61.70	1,090.00		√	
普票	23456789	51366.30	49,870.20	1,496.10	51,366.30		不抵扣	
专票	34567890	57616.22	50,987.80	6,628.42	57,616.22	-0.01	√	
专票	45678901	54628.31	53,037.20	1,591.11	54,628.31	0.01	留置	
普票	56789012	73382.17	71,244.80	2,137.37	73,382.17	-0.02	不抵扣	
专票	67890123	31448.43	27,830.50	3,617.93	31,448.43	0.03	留置	

步骤 05 月末留置进项发票的处理。月末确定当月抵扣和留置的进项发票后，应当将发票信息复制粘贴至次月发票登记表中，并删除当月登记表中的含税金额，以免后期统计数据时重复汇总，如下图所示。

应抵扣进项税额			35,648.68		进项税额差额		-2,851.59		进货发票10份 抵扣5份		399,664.78	
可抵扣进项税额			38,500.27		进项税票差额		-21935.31/-24786.9		费用发票2份 抵扣1份		1,028.30	
××有限公司2021年1月增值税进项发票登记表												
进项数据合计							599097.09	555,939.43	43,157.66	599,097.09	-	36,500.27
序号	开票日期	发票项目	供应商名称	税率	发票种类	税票号码	含税金额	未税金额	进项税额	价税合计	尾差调整	本月抵扣
1	1月8日	进货	供应商001	3%	普票	12345678	35155.27	34,131.35	1,023.92	35,155.27	0.02	不抵扣
2	1月12日	进货	供应商002	3%	专票	52653501	86568.67	84,047.24	2,521.43	86,568.67	-0.01	√
3	1月16日	进货	供应商003	13%	专票	00360816	119632.68	105,869.63	13,763.05	119,632.68	-	√
4	1月19日	进货	供应商004	13%	专票	00567890	121620.56	107,628.83	13,991.73	121,620.56	0.02	√
5	1月22日	进货	供应商005	3%	专票	36521563	52665.22	51,131.28	1,533.94	52,665.22	-	√
	1月22日	费用	供应商006	13%	专票	00789012		-	-	-	-	留置
6	1月23日	费用	供应商006	13%	专票	00789013	1090.00	1,028.30	61.70	1,090.00		√
7	1月25日	进货	供应商008	3%	普票	23456789	51366.30	49,870.20	1,496.10	51,366.30		不抵扣
8	1月25日	进货	供应商010	13%	专票	34567890	57616.22	50,987.80	6,628.42	57,616.22	-0.01	√
	1月25日	进货	供应商009	3%	专票	45678901		-	-	-	-	留置
9	1月26日	进货	供应商011	3%	普票	56789012	73382.17	71,244.80	2,137.37	73,382.17	-0.02	不抵扣
	1月26日	进货	供应商012	13%	专票	67890123		-	-	-	-	留置
								-	-	-		

3．制作税负统计表，掌握税负变动率

税负变动率是指本期税负额和上期税负额之间的差额与上期税负额之间的比率，计算公式为“税负变动率 =（本期税负额 − 上期税负额）÷ 上期税负额 ×100%”。税负变动率是税务机关监控企业纳税情况的另一个重要指标。企业在正常经营的前提下，其税负变动率一般在 ±30% 变动。因此，财务人员需要随时掌握税负变动率，以便及时发现问题，并做出调整。

税负统计表的制作十分简单，只需引用每期销项和进项等相关数据，即可计算得到税负数据，同时也可与每月税票登记表中的数据进行核对。因此，本节运用的函数也非常简单易懂，包括 INDIRECT、ROUND、SUM 等函数。另外，为了更好地展示公式效果，除已制作的 2021 年 1 月发票登记表外，本例已补充 2021 年 2—12 月表格并录入发票数据（共 12 个工作表，所有发票金额及发票号码均为虚拟数据）。

步骤 01 绘制表格框架。新增工作表，命名为“税负统计表”，绘制表格框架，设置字段名称及基本格式，在 A4:A15 单元格区域中输入 2021 年全部月份，注意内容应与工作表名称完全一致，如下图所示。

××有限公司2021年税负（实缴税金）统计表										
月份	销项			进项			税负统计			
	未税金额	销项税额	价税合计	未税金额	销项税额	价税合计	税负额（实缴税金）	税负率	税负变动额	税负变动率
2021.01月										
2021.02月										
2021.03月										
2021.04月										
2021.05月										
2021.06月										
2021.07月										
2021.08月										
2021.09月										
2021.10月										
2021.11月										
2021.12月										
合计									-	-

步骤 02 引用每月销项和进项数据。❶在B4单元格中设置公式“=INDIRECT($A4&"!D$1")”，引用“2021.01月”工作表中D1单元格中的销项未税金额数据，将公式填充至C4单元格后，将其中的文本“D$1”修改为“D$2”，即引用销项税额数据；❷在D4单元格中设置公式“=ROUND(SUM(B4:C4),2)”，计算销项价税合计金额；❸在E4单元格中设置公式“=INDIRECT($A4&"!Y$1")+INDIRECT($A4&"!Y$2")”，引用“2021.01月”工作表中Y1和Y2单元格中的进货和费用的未税金额后进行相加（注意这里必须引用当月实际抵扣进项税额对应的未税金额，并非全部进项发票数据）；❹在F4单元格中设置公式“=INDIRECT($A4&"!Z$4")”，引用实际抵扣的进项税额；❺将B4单元格的公式复制粘贴至G4单元格中，计算进项价税合计金额；❻将B4:G4单元格区域的公式填充至B5:G15单元格区域中，如下图所示。

E4　=INDIRECT($A4&"!Y$1")+INDIRECT($A4&"!Y$2")

××有限公司2021年税负（实缴税金）统计						
月份	销项			进项		
	未税金额 ①	销项税额	价税合计 ②	未税金额 ③	销项税额 ④	价税合计 ⑤
2021.01月	367,719.03	47,803.50	415,522.53	400,693.08	38,500.27	439,193.35
2021.02月	367,719.23	47,803.53	415,522.76	409,230.21	38,773.79	448,004.00
2021.03月	336,945.55	43,802.93	380,748.48	371,164.26	35,215.04	406,379.30
2021.04月	352,282.21	45,796.70	398,078.91	397,053.91	37,906.15	434,960.06
2021.05月	381,965.05	49,655.47	431,620.52	437,887.80	41,905.68	479,793.48
2021.06月	364,074.52	47,329.69	411,404.21	385,834.60	38,035.66	423,870.26
2021 ⑥	340,647.78	44,284.23	384,932.01	381,993.73	36,305.72	418,299.45
2021.08月	359,666.38	46,756.64	406,423.02	394,281.36	37,884.73	432,166.09
2021.09月	379,051.49	49,276.71	428,328.20	417,256.12	39,486.92	456,743.04
2021.10月	352,101.33	45,773.20	397,874.53	389,864.02	37,149.58	427,013.60
2021.11月	323,807.72	42,095.01	365,902.73	362,464.60	34,791.97	397,256.57
2021.12月	338,806.25	44,044.81	382,851.06	372,831.96	35,688.69	408,520.65

步骤 03 计算税负额和税负率。❶ 在 H4 单元格中设置公式"=ROUND(C4-F4,2)"，计算税负额（销项税额－进项税额）；❷ 在 I4 单元格中设置公式"=IFERROR(ROUND(H4/B4,4),"-")"，计算税负率（税负额÷销项未税金额）；❸ 将 H4:I4 单元格区域的公式填充至 H5:I15 单元格区域中，如下图所示。

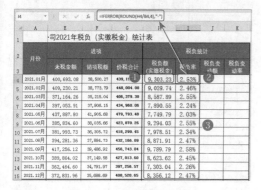

步骤 04 设置条件格式核对税负额。由于 H4 单元格中的税负额是直接由本表格中的销项税额－进项税额计算得出，并非从"2021.01 月"工作表中引用而来，如果两个表中的税负额出现差异，表明某一处公式可能设置错误或者被引用工作表中单元格的地址发生变化。对此，设置条件格式进行核对，可以及时提示操作人员发现并解决问题。

框选 H4:H15 单元格区域，运用"条件格式"工具设置以下条件公式及自定义格式。

◆条件公式："=H4<>INDIRECT (A4&"!I$2")"。

公式含义：H4 单元格中的数字大于或小于（即不等于）"2021.01 月"工作表中 I2 单元格中的数字。

◆条件格式：自定义单元格格式，格式代码为"[红色]#,##0.00 ×"。

格式代码含义：将数字标识为红色，并在数字旁标识符号"×"。自定义单元格格式的设置方法如下图所示。

步骤 05 测试条件格式效果。❶ 切换至"2021.02 月"工作表，将 I2 单元格中公式的单元格地址 Q2 修改为 Q1；❷ 切换至"税负统计表"工作表，可看到 H5 单元格格式的效果（测试无误后注意恢复"2021.02 月"工作表 I2 单元格的公式），如下图所示。

步骤 06 计算税负变动额和变动率。❶ 在 J5 单元格中设置公式"=ROUND(H5-H4,2)"，从 2021 年 2 月起计算当年首次税负变动额（2 月税负额－1 月税负额）；❷ 在 K5 单元格中设置公式"=ROUND(J5/H4,4)"，计算税负变动率（2 月税负变动额÷1 月税负额），自

定义单元格格式，格式代码为"[红色][<0]-0.00%;0.00%"，其含义是：当税负变动率小于 0 时，将数字标识为负数，数字颜色标识为红色；❸ 将 J5:K5 单元格区域的公式填充至 J6:K15 单元格区域中，如下图所示。

K5				f_x	=ROUND(J5/H4,4)	

	A	H	I	J	K
1		十表				
2	月份	税负统计			
3		税负额 (实缴税金)	税负率	税负变动额	税负变动率
4	2021.01月	9,303.23	2.53%	❶	❷
5	2021.02月	9,029.74	2.46%	−273.49	−2.94%
6	2021.03月	8,587.89	2.55%	−441.85	−4.89%
7	2021.04月	7,890.55	2.24%	−697.34	−8.12%
8	2021.05月	7,749.79	2.03%	−140.76	−1.78%
9	2021.06月	9,294.03	2.55%	1544.24	19.93%
10	2021.07月	7,978.51	2.3❸	−1315.52	−14.15%
11	2021.08月	8,871.91	2.47%	893.40	11.20%
12	2021.09月	9,789.79	2.58%	917.88	10.35%
13	2021.10月	8,623.62	2.45%	−1166.17	−11.91%
14	2021.11月	7,303.04	2.26%	−1320.58	−15.31%
15	2021.12月	8,356.12	2.47%	1053.08	14.42%

最后运用 ROUND+SUM 函数在 B16:H16 单元格中设置求和公式，对各字段下的数据求和。注意，I16 单元格是根据全年税负额计算税负率，应复制粘贴 I15 单元格的公式。

4. 制作发票汇总表，统计销项和进项发票数据

发票汇总表是从发票角度分别汇总销项和进项数据。例如，对于销项发票，按照发票类型（专票、普票和无票收入）分别汇总发票数据。对于进项发票，可以在发票类型的基础上再细分为进货和费用发票进行分类汇总。本节制作销项和进项发票汇总表，按照上述分类标准分别汇总销项数据和进项数据。本例主要运用 SUMIF、SUMIFS、INDIRECT、SUM、ROUND 等常用函数。

步骤 01 绘制表格框架。新增工作表，命名为"发票汇总表"，绘制表格框架，设置字段名称及基本格式，在 A4:A15 单元格区域中输入

2021 年全部月份，注意内容应与工作表名称完全一致，如下图所示。

	A	B	C	D	E
1	××有限公司销项发票数据汇总表				
2	月份	专票收入			
3		份数	未税金额	销项税额	价税合计
4	2021.01月				
5	2021.02月				
6	2021.03月				
7	2021.04月				
8	2021.05月				
9	2021.06月				
10	2021.07月				
11	2021.08月				
12	2021.09月				
13	2021.10月				
14	2021.11月				
15	2021.12月				
16	合计				

步骤 02 统计"专票收入"数据。❶在 B4 单元格中设置公式"=COUNTIF(INDIRECT($A4&"!E:E"),LEFT($B$2,2))"，统计 2021 年 1 月开具的专票份数（包括作废发票），自定义单元格格式，格式代码为"0份"；❷在 C4 单元格中设置公式"=SUMIF(INDIRECT($A4&"!E:E"),LEFT($B$2,2),INDIRECT($A4&"!G:G"))"，汇总 2021 年 1 月开具的专票未税金额；❸在 D4 单元格中设置公式"=SUMIF(INDIRECT($A4&"!E:E"),LEFT($B$2,2),INDIRECT($A4&"!H:H"))"，汇总 2021 年 1 月开具的专票销项税额；❹在 E4 单元格中设置公式"=ROUND(SUM(C4:D4),2)"，计算价税合计金额；❺将 B4:E4 单元格区域的公式填充至 B5:E15 单元格区域中；❻在 B16:E16 单元格区域中设置 SUM 函数求和公式，如下图所示。

C4 = `=SUMIF(INDIRECT($A4&"!E:E"),LEFT($B$2,2),INDIRECT($A4&"!G:G"))`

××有限公司销项发票数据汇总表

月份	专票收入		
	份数	未税金额	销项税额	价税合计
2021.01月	7份	220,927.18	28,720.56	249,647.74
2021.02月	6份	220,927.38	28,720.59	249,647.97
2021.03月	6份	201,220.52	26,158.67	227,379.19
2021.04月	6份	210,136.86	27,317.80	237,454.66
2021.05月	6份	226,965.69	29,505.56	256,471.25
2021.06月	6份	217,591.63	28,286.91	245,878.54
2021.07月	6份	202,608.07	26,339.07	228,947.14
2021.08月	6份	214,693.83	27,910.20	242,604.03
2021.09月	6份	228,219.42	29,668.54	257,887.96
2021.10月	6份	212,280.75	27,596.51	239,877.26
2021.11月	6份	194,394.78	25,271.32	219,666.10
2021.12月	6份	202,580.04	26,335.40	228,915.44
合计	73份	2,552,546.15	331,831.13	2,884,377.28

步骤 03 统计"普票收入"和"无票收入"数据。只需复制粘贴"专票收入"统计表后，批量替换公式中的单元格引用地址即可。❶框选B2:E16单元格区域，复制后粘贴至F2:I16单元格区域中；将F2单元格中的文本修改为"普票收入"；❷选中F4:H15单元格区域，按组合键Ctrl+H，打开"查找和替换"对话框，将F4单元格中公式的"LEFT($B$2,2)"复制粘贴至"查找内容"和"替换为"文本框中，将"替换为"文本框中的B修改为F；❸单击"全部替换"按钮；❹重复第❶~❸步操作，统计无票收入数据，自定义J4:J16单元格区域的格式，格式代码为"0次"，如下图所示。

查找内容(N)：`LEFT($B$2,2)`
替换为(E)：`LEFT($F$2,2)`

F	G	H	I	J	K	L	M
份数	普票收入			次数	无票收入		
	未税金额	销项税额	价税合计		未税金额	销项税额	价税合计
4份	137,942.29	17,932.50	155,874.79	1次	8,849.56	1,150.44	10,000.00
4份	137,942.29	17,932.50	155,874.79	1次	8,849.56	1,150.44	10,000.00
4份	127,583.44	16,585.85	144,169.29	1次	8,141.59	1,058.41	9,200.00
4份	133,515.28	17,356.99	150,872.25	1次	8,630.09	1,121.91	9,752.00
4份	145,506.26	18,915.81	164,422.07	1次	9,493.10	1,234.10	10,727.20
4份	137,369.62	17,858.05	155,227.67	1次	9,113.27	1,184.73	10,298.00
4份	129,473.34	16,831.53	146,304.87	1次	8,566.37	1,113.63	9,680.00
4份	135,720.34	17,643.85	153,363.99	1次	9,252.21	1,202.79	10,455.00
4份	140,832.07	18,308.17	159,140.24	1次	10,000.00	1,300.00	11,300.00
4份	130,422.35	16,954.92	147,377.27	1次	9,398.23	1,221.77	10,620.00
4份	120,766.57	15,699.66	136,466.23	1次	8,646.37	1,124.03	9,770.40
4份	127,234.17	16,540.45	143,774.62	1次	8,992.06	1,168.96	10,161.02
48份	1,604,306.00	208,560.00	1,812,868.00	12次	107,932.39	14,031.21	121,963.60

步骤 04 汇总销项发票数据。❶复制J2:M16单元格区域，粘贴至N2:Q16单元格区域，修改N2和N3单元格中的字段名称；❷清除N4:P15单元格区域中的原有公式，在N4单元格中设置公式"=SUMIF($B$3:$M$3,"*数",$B4:MJ4)"，汇总全部发票份数（或次数）；❸在O4单元格中设置公式"=SUMIF($B$3:$M$3,O$3,$B4:$M4)"，汇总全部发票的未税金额，将公式填充至P4单元格中；❹将N4:P4单元格区域的公式填充至N5:P15单元格区域中，如下图所示。

O4 = `=SUMIF($B$3:$M$3,O$3,$B4:$M4)`

月份	合计			
	份/次数	未税金额	销项税额	价税合计
2021.01月	12	367,719.03	47,803.50	415,522.53
2021.02月	11	367,719.23	47,803.53	415,522.76
2021.03月	11	336,945.55	43,802.93	380,748.48
2021.04月	11	352,282.21	45,796.70	398,078.91
2021.05月	11	381,965.05	49,655.47	431,620.52
2021.06月	11	364,074.52	47,329.69	411,404.21
2021.07月	11	340,647.78	44,284.23	384,932.01
2021.08月	11	359,666.38	46,756.64	406,423.02
2021.09月	11	379,051.49	49,276.71	428,328.20
2021.10月	11	352,101.33	45,773.20	397,874.53
2021.11月	11	323,807.72	42,095.01	365,902.73
2021.12月	11	338,806.25	44,044.81	382,851.06
合计	133	4264786.54	554422.42	4819208.96

步骤 05 汇总进项发票数据。进项发票不仅需要分别统计专票和普票数据，还应根据发票项目不同分类汇总进货和费用发票金额。❶ 复制 1:16 行区域粘贴至 18:33 行区域中，修改表格标题、字段名称，设置 5 个汇总项目：进货专票、进货普票、费用专票、费用普票、合计；❷ 在 B21 单元格中设置公式"=COUNTIFS(INDIRECT($A21&"!P:P"),LEFT($B$19,2),INDIRECT($A21&"!S:S"),RIGHT($B$19,2))"，统计 2021 年 1 月的进货专票份数；❸ 在 C21 单元格中设置公式"=SUMIFS(INDIRECT($A21&!V:V"),INDIRECT($A21&"!P:P"),LEFT($B$19,2),INDIRECT($A21&"!S:S"),RIGHT($B$19,2))"，汇总 2021 年 1 月进货专票未税金额，将公式填充至 D21 单元格后，将 SUMIFS 函数的第 1 个参数表达式中的"V:V"替换为"W:W"；❹ 将 B21:D21 单元格区域的公式填充至 B22:D32 单元格区域中；❺ 将 B21:D32 单元格区域的公式复制粘贴至 F21:I32、J21:M32 和 N21:Q32 单元格区域中后，将公式中 LEFT 和 RIGHT 函数所引用的单元格地址批量替换为各项目名称所在单元格地址；❻ 将"合计"项目下 R21:U32 单元格区域的公式中 SUMIF 函数的第 1 个参数与第 3 个参数分别批量替换为"$B$20:$Q$20"和"$B21:$Q21"，如下图所示。

5. 制作"客户税票汇总表"

从客户和供应商角度汇总每月的税票数据，可以为财务人员核算和分析应收账款、销售情况、应付账款、库存状况提供重要的参考依据，为企业掌握应收、应付数据及结算进度，做出正确决策提供重要的参考依据。本节首先制作客户汇总表，主要运用 INDIRECT、SUMIF、COUNTIF、IFS 等函数，并结合窗体控件，动态汇总每一客户在 2021 年 1—12 月发生的"未税金额""销项税额""价税合计"金额。

步骤 01 绘制表格框架，设置求和公式。在 A3:O15 单元格区域绘制表格框架，设置表格标题和字段名称，运用 ROUND+SUM 函数组合在 C4:O4 和 O5:O15 单元格区域中设置求和公式，分别汇总同一月份全部客户、同一客户 1—12 月的税票数据，如下图所示。

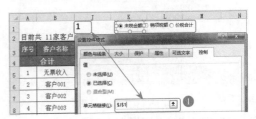

总表——

序号	2021.07月	2021.08月	2021.09月	2021.10月	2021.11月	2021.12月	合计
							—
							—
1							—
2							—
3							—
4							—
5							—
6							—
7							—
8							—
9							—
10							—
11							—

步骤 02 统计客户数量，引用客户名称。❶ 在 A2 单元格中设置公式 "=" 目前共 "&MAX(客户和供应商信息 !A:A)&" 家客户 ""，统计客户数量，其作用是如果后期新增客户信息，可提示操作人员在此表格下方复制上一行公式，即可迅速汇总新增客户的税票数据；❷ 在 B5 单元格中设置公式 "=IFERROR(VLOOKUP(A5, 客户和供应商信息 !$A$2:$B$12,2,0),"–")"，根据 A5 单元格中的序号，在 "客户和供应商信息" 工作表中查找与之匹配的客户名称；❸ 将 B5 单元格的公式填充至 B6:B15 单元格区域中，如下图所示。

=IFERROR(VLOOKUP(A5,客户和供应商信息!$A$2:$B$12,2,0),"–")

目前共 11家客户

序号	客户名称	2021.01月	2021.02月	2021.03月
	合计	—	—	—
1	无票收入			
2	客户001			
3	客户002			
4	客户003			
5	客户004			
6	客户005			
7	客户006			
8	客户007			
9	客户008			
10	客户009			
11	客户010			

步骤 03 制作 "选项按钮" 控件。❶ 插入 3 个选项按钮控件◉，分别命名为 "未税金额"（选中后返回 1）、"销项税额"（选中后返回 2）、

"价税合计"（选中后返回 3），在 "设置控件格式" 对话框中将 "单元格链接" 设置为 "$J$1"；❷ 自定义 J1 单元格格式，格式代码为 "[=1] 未税金额 ;[=2] 销项税额 ; 价税合计"，根据数字变化，显示不同的文本，如下图所示。

步骤 04 汇总客户税票数据。❶ 为了简化公式，便于理解，在 A1 单元格中设置公式 "= LOOKUP($J$1,{1,2,3},{"!$G:$G","!$H:$H","!$I:$I"})"，根据 J1 单元格中的数字变化，以文本形式返回不同的单元格区域地址，下一步的公式将引用 A1 单元格的数据；❷ 在 C5 单元格中设置公式 "=SUMIF(INDIRECT(C$3& "!$C:$C"),$B5,INDIRECT(C$3&$A$1))"，汇总 2021 年 1 月的无票收入数据，将 C5 单元格的公式复制粘贴至 C5:N15 单元格区域中，如下图所示。

6. 制作"供应商税票汇总表"

制作"供应商税票汇总表"的总体思路、表格框架，以及需要运用的函数、控件等与客户汇总表基本一致。但是如果在分别汇总"未税金额""进项税额""价税合计"数据的同时，还要分类汇总"进货"和"费用"数据，就需要再添加两个"复选框"控件，并在汇总公式中嵌套 SUMIF 和 SUMIFS 函数。

步骤 01 调整引用公式和"选项按钮"控件。❶ 新增工作表，命名为"供应商税票汇总表"，将"客户税票汇总表"工作表整个复制粘贴至新工作表中，删除 A1 单元格和 C5:N15 单元格区域中的公式，修改 A2 单元格和 B5:B15 单元格区域的公式（只需分别修改统计区域和查找区域即可），由于供应商数量为12，因此在第15行下面添加一行，在 A16 单元格中输入 12，将 B15 单元格的公式填充至 B16 单元格中；❷ 将 3 个"选项按钮"控件的名称分别修改为"全部""进货""费用"；❸ 修改表格标题文本，将 J1 单元格的自定义格式代码修改为"[=1] 全部项目 ;[=2]进货;费用"，如下图所示。

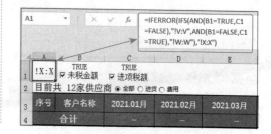

步骤 02 制作"复选框"控件。绘制两个"复选框"控件（在"开发工具"选项卡的"插入"下拉列表中的按钮样式为 ☑），分别命名为"未税金额"和"进项税额"，将两个控件的链接单元格分别设置为 B1 和 C1 单元格。勾选复选框后，被链接的单元格中将返回逻辑值 TRUE，取消勾选后返回 FALSE，如下图所示。

	A	B	C	D
		TRUE	FALSE	
1		☑ 未税金额	☐ 进项税额	
2		目前共 12家供应商	◉ 全部 ○ 进货 ○ 费用	
3	序号	客户名称	2021.01月	2021.02月
4		合计	—	—

步骤 03 设置辅助单元格的公式。在 A1 单元格中设置公式"=IFERROR(IFS(AND(B1=TRUE,C1=FALSE),"!V:V",AND(B1=FALSE,C1=TRUE),"!W:W"),"!X:X")"，根据 B1 和 C1 单元格中的逻辑值，返回不同的文本。

公式含义如下：

① 当 B1 单元格的值为 TRUE 且 C1 单元格的值为 FALSE 时，仅汇总"未税金额"，因此返回各月份的税票登记表中代表"未税金额"数据所在区域的文本"!V:V"。

② 当 B1 单元格的值为 FALSE 且 C1 单元格的值为 TRUE 时，仅汇总"进项税额"，返回各月份的税票登记表中代表"未税金额"数据所在区域的文本"!W:W"。

③ 如果 B1 和 C1 单元格均为 TRUE 或 FALSE，则表明两个控件均已勾选或均未勾选，将返回错误值"#N/A"，因此运用 IFERROR 函数将其屏蔽后返回各月份的税票登记表中代表"价税合计"数据所在区域的文本"!X:X"。

A1		× ✓ fx	=IFERROR(IFS(AND(B1=TRUE,C1=FALSE),"!V:V",AND(B1=FALSE,C1=TRUE),"!W:W"),"!X:X")	
	A	B	C	E
		TRUE	TRUE	
1	!X:X	☑ 未税金额	☑ 进项税额	
2		目前共 12家供应商	◉ 全部 ○ 进货 ○ 费用	
3	序号	客户名称	2021.01月	2021.02月	2021.03月
4		合计			

步骤 04 设置汇总公式。在C5单元格中设置公式“=IF($J$1=1,SUMIF(INDIRECT(C$3&"!Q:Q"),$B5,INDIRECT(C$3&$A$1)),SUMIFS(INDIRECT(C$3&$A$1),INDIRECT(C$3&"!Q:Q"),$B5,INDIRECT(C$3&"!$P:$P"),IFS($J$1=2,"进货",$J$1=3,"费用")))”，汇总2021年1月供应商税票数据，将公式复制粘贴至C5:N16单元格区域中，如下图所示。

公式原理如下：

① 运用 IF 函数判断 J1 单元格中数字为 1 时，表明汇总全部发票项目数据，因此返回第 2 个参数，即 SUMIF 函数表达式的计算结果。其中，SUMIF 函数的第 3 个参数为求和区域，即引用了 A1 单元格中文本所代表的“2021.01 月”工作表的区域地址。

② 如果 J1 单元格中数字不为 1，则返回 IF 函数的第 3 个参数，即 SUMIFS 函数表达式的计算结果。其中，SUMIFS 函数的第 1 组求和条件与 SUMIF 函数相同；第 2 组求和条件是嵌套 IFS 函数判断 J1 单元格中数字为 2 或 3 时，分别返回文本“进货”或“费用”。

序号	客户名称	2021.01月	2021.02月	2021.03月	2021.04月	2021.05月	2021.06月
	合计	599,097.09	446,898.42	396,066.47	434,028.46	468,111.56	427,024.62
1	供应商001	35,155.27	32,342.85	32,342.85	34,283.42	38,054.60	35,390.78
2	供应商002	86,568.67	55,508.86	55,508.86	58,284.30	64,695.57	59,813.85
3	供应商003	119,632.68	110,062.07	60,062.07	61,863.93	67,431.68	65,408.73
4	供应商004	121,620.56	115,539.53	95,539.53	99,361.11	110,290.83	103,673.38
5	供应商005	52,665.22	38,452.00	38,452.00	40,374.60	44,008.31	32,247.98
6	供应商006	1,090.00	12,538.30	12,538.30	33,514.45	26,865.90	35,759.92
7	供应商007	-	-	22,503.28	23,823.48	25,998.79	24,698.83
8	供应商008	51,366.30	-	-	-	-	-
9	供应商009	-	54,628.31	39,293.08	41,501.87	44,822.02	31,684.48
10	供应商010	57,616.22	29,826.50	39,826.50	41,021.30	45,943.86	38,346.67
11	供应商011	73,382.17	-	-	-	-	-
12	供应商012	-	31,448.43	42,655.68	35,215.02	49,736.52	32,236.42

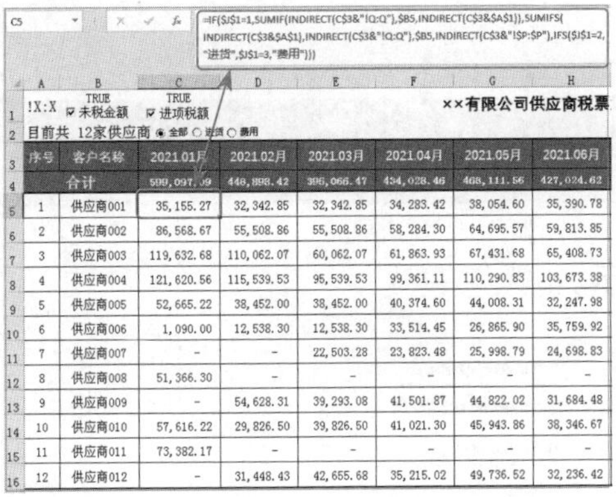

步骤 05 测试公式效果。单击“进货”选项按钮，取消勾选“未税金额”复选框，即汇总“进货”项目的进项税额数据，数据的变化效果如下图所示。

序号	客户名称	2021.01月	2021.02月	2021.03月	2021.04月	2021.05月	2021.06月
	合计	45,095.96	36,097.85	31,164.84	34,765.09	37,194.13	36,264.72
1	供应商001	1,023.92	942.02	942.00	998.53	1,108.37	1,030.78
2	供应商002	2,521.43	1,616.76	1,616.77	1,697.61	1,884.35	1,742.16
3	供应商003	13,763.05	12,662.01	6,909.80	7,117.09	7,757.63	7,524.90
4	供应商004	13,991.73	13,292.16	10,991.27	11,430.92	12,688.33	11,927.03
5	供应商005	1,533.94	1,119.96	1,119.96	1,175.96	1,281.80	939.26
6	供应商006	-	1,442.44	1,442.46	3,855.64	3,090.77	4,113.97
7	供应商007	-	-	2,416.31	2,561.29	2,791.80	2,652.21
8	供应商008	1,496.10	-	-	-	-	-
9	供应商009	-	1,591.13	1,144.46	1,208.79	1,305.50	922.85
10	供应商010	6,628.42	3,431.37	4,581.81	4,719.26	5,285.58	4,411.56
11	供应商011	2,137.37	-	-	-	-	-
12	供应商012	-	3,617.96	4,907.29	4,051.29	5,721.90	3,708.61

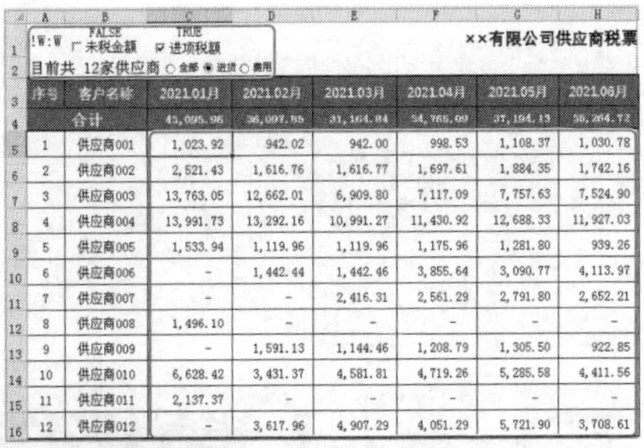

本章小结

本章通过人力资源、进销存、财务三大类共 12 个数据管理案例，系统地讲解了 Excel 2019 中七类共 43 个常用函数的实战应用方法，归纳如下。

① 逻辑函数：6 个，包括 IF、IFS、AND、OR、NOT、IFERROR。

② 查找引用函数：10 个，包括 VLOOKUP、HLOOKUP、LOOKUP、SMALL、ROW、INDEX、MATCH、OFFSET、INDIRECT、HYPERLINK。

③ 数学函数：5 个，包括 SUM、SUMIF、SUMIFS、ROUND、INT。

④ 统计函数：6 个，包括 COUNT、COUNTIF、COUNTIFS、COUNTA、MAX、MIN。

⑤ 日期函数：7 个，包括 YEAR、MONTH、DAY、DATE、TODAY、EDATE、EOMONTH。

⑥ 文本函数：6 个，包括 TEXT、LEN、LEFT、RIGHT、MID、REPT。

⑦ 财务函数：3 个，SLN、SYD、VDB。

在学习本章内容时，应首先了解并熟悉每个函数的语法、参数特点和设置参数的规则，在实际运用时，应重点掌握如何综合运用函数和在公式中嵌套函数，以及解决各种数据难题的思路和方法。

第5章

Excel 数据可视化：图表应用

本章导读

图表是一种将数据可视化的实用工具。图表的实质是以其具有强烈视觉冲击力的色彩和生动的形象，将表格中原本抽象的数字数据直观地展现出来，不仅能帮助阅读者充分理解数据的含义，而且能让数据的作用得以发挥，价值得以实现。

Excel 2019 提供了十七大类图表，包括数十种子类型图表。如柱形图中包括簇状柱形图、堆积柱形图、百分比柱形图、三维簇状柱形图、三维堆积柱形图等。目录虽然种类繁多，但其制作方法都非常简单，只需正确选择数据源，掌握图表布局技巧，即可制作出各种专业图表。本章以日常工作中最常见的销售收入数据、指标达成数据、利润数据作为图表的数据源，讲解创建图表、布局图表的具体操作方法和技巧。

知识技能

本章相关案例及知识技能如下图所示。

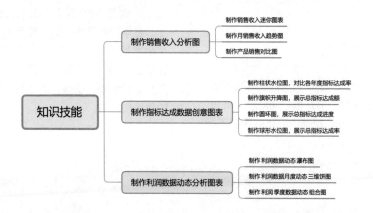

5.1　制作销售收入分析图

案例说明

扫一扫，看视频

　　对于销售收入数据，可以从各种不同的角度进行分析，并制作不同类型的图表，对分析结果进行展示和表达，使枯燥、抽象的数据能够直观、形象、生动地呈现出来，让数据的作用和价值得到充分发挥。本节将制作以下图表，对销售收入趋势、产品销售对比等数据进行展示。

　　①迷你图表：包括迷你折线图和迷你柱形图，分别展示同一产品的一段时期内的销售收入趋势，以及同一时期不同产品的销售收入对比数据。

　　②销售收入趋势图：制作折线图，展示全部产品销售收入的合计数及部分指定产品在一段时期内的发展趋势。

　　③产品销售对比图：制作 3 种图表，包括柱形图、带合计数的柱形图、正反条形图。其中，柱形图用于展示产品每月销售收入数据，通过柱条高低直观呈现各项产品在同一时期的销售收入对比情况；带合计数的柱形图既能展示各项产品指定时期内合计销售收入的对比，又能呈现每个年度的销售收入的对比情况；正反条形图用于展示各项产品的同期销售收入的对比情况，通过布局使条形向正反方向延伸，能够更直观地呈现数据差异。

　　销售收入趋势图、产品销售对比图（3 种）制作完成后的效果如下图所示（结果文件参见：结果文件 \ 第 5 章 \2020 年销售收入统计表 .xlsx、2020 年销售收入统计表 1.xlsx、2020 年销售收入统计表 2.xlsx）。

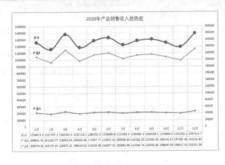

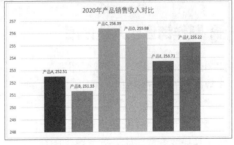

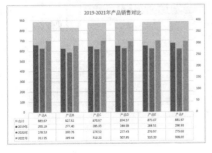

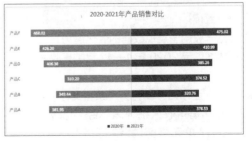

思路分析

制作图表时，无论是迷你图还是专用图表，最关键的两步操作是选择数据源创建基础图表和通过布局元素完善图表。其中，数据源的选择只需根据所要表达的数据内容选择表格中的单元格区域即可。图表布局方面，迷你图的元素非常简单，仅包括"高点""低点""负点""首点""尾点""标记"等，创建迷你图表后通过图表工具添加即可，也可以一键套用内置样式。专用图表的元素则多种多样，如图表标题、主要坐标轴、次要坐标轴、数据标签、数据表、图例、网格线、垂直线等。同时，每一种图表元素均可根据实际需求自行添加或删除，并设置元素格式，使图表更生动、形象。本案例制作图表的具体思路及流程如下图所示。

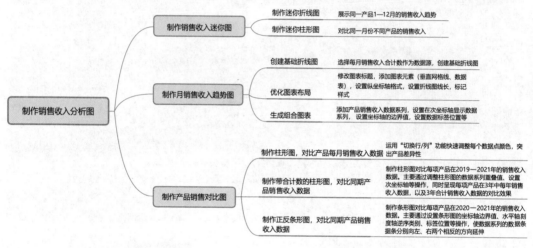

5.1.1 制作销售收入迷你图

迷你图是 Excel 中的一种微型图表工具，可直接在数据表的单元格里生成图形，迷你图包括 3 种类型：折线图、柱形图、盈亏图，用于展示数据表格的同一行或同一列中的同一组数据的变化趋势或变量对比效果。迷你图在具体操作上比其他图表更简单、快捷。

1. 制作迷你折线图

折线图一般用于展现数据的变化趋势，下面制作折线图展示 2020 年 1—12 月销售收入趋势。

步骤 01 插入迷你图。❶ 打开"素材文件 \ 第5 章 \2020 年销售收入统计表 .xlsx"文件，框选 B17:H17 单元格区域；❷ 选择"插入"选项卡中"迷你图"组的"折线"选项；❸ 弹

出"创建迷你图"对话框，单击"数据范围"文本框，框选 B4:H15 单元格区域；"位置范围"文本框中显示第 ❶ 步预先框选的单元格区域；❹ 单击"确定"按钮，如下图所示。

操作完成后，迷你图的初始效果如下图所示。

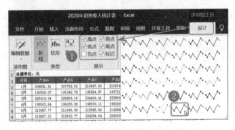

步骤 02 设计折线迷你图样式。❶ 框选迷你图所在的 B17:H17 单元格区域，激活"迷你图工具"选项卡，勾选"设计"选项卡中"显示"组的"高点""低点""首点""尾点""标记"复选框，数据源中无负数，可不必勾选"负点"复选框；❷ 展开"样式"组中的"样式"列表，选择其中一种样式，如下图所示。

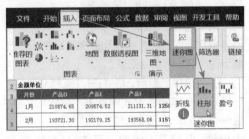

设计完成后，迷你图效果如下图所示。

2. 制作迷你柱形图

柱形迷你图主要用于表现数据大小的对比，

下面继续在"2020 年销售收入统计表"工作表中制作柱形迷你图，展示每月各项产品的销售收入对比效果。

步骤 01 插入柱形迷你图。操作方法和步骤与插入迷你折线图相同，但需注意数据范围的选择有所不同。❶ 在 H 列右侧增加一列，设置字段名称为"产品对比图"，框选 I4:I16 单元格区域，选择"插入"选项卡中"迷你图"组的"柱形"选项；❷ 弹出"创建迷你图"对话框，单击"数据范围"文本框，框选 B4:G16 单元格区域；❸ 单击"确定"按钮，如下图所示。

步骤 02 设计柱形迷你图。参照折线迷你图的设计方法进行操作即可。设计完成后，效果如下图所示。

5.1.2 制作月销售收入趋势图

趋势图是以观察变量为纵轴、时间为横轴，反映时间与数量之间的关系，观察变量发展变化的趋势及偏差的统计图。趋势图通常以折线图的形式表现。横轴时间可以设为小时、日、月、年，各时间点应当连续不间断，纵轴用于观察变量，可以设置绝对值、平均值和比率等。本节将制作趋势图（折线图），展示 2020 年每月销售收入的变化趋势。

1. 创建基础图表

创建基础图表的过程非常简单，只需通过两步操作，即选择数据源和选择图表类型，就能迅速创建一幅基础图表。

步骤 01 选择数据源。❶ 打开"素材文件\第5章\2020年销售收入统计表1.xlsx"文件，框选 A4:A15 单元格区域，即"月份"字段作为横轴；❷ 按住 Ctrl 键，框选 H4:H15 单元格区域，即"合计"字段作为纵轴，如下图所示。

	2020年产品销售收入统计表1						
金额单位：元							
月份	产品A	产品B	产品C	产品D	产品E	产品F	合计
1月	208891.91	207753.62	210697.00	210874.65	209574.52	211131.31	1258923.01
2月	191529.07	191042.78	193684.87	193721.30	192179.25	193568.06	1157325.33
3月	226919.04	226809.16	234409.41	233869.98	229475.21	229880.78	1381363.58
4月	195503.64	195030.88	198530.11	198249.81	196410.62	198393.11	1182118.17
5月	213957.77	211666.56	215685.60	214884.57	214850.46	215680.06	1286281.02
6月	219827.01	218632.77	224284.54	224290.07	220637.61	222168.86	1329840.86
7月	203006.44	202007.22	204725.06	204801.73	203683.98	205159.19	1223383.67
8月	213262.33	211962.25	215190.26	215284.23	214248.74	215056.56	1285004.37
9月	215304.00	214641.81	219835.94	219276.82	216559.80	217920.22	1303538.59
10月	208164.67	207102.00	209986.08	209787.22	208649.39	210120.17	1253809.53
11月	197183.06	196304.54	200360.12	200197.81	198517.51	199687.82	1192250.86
12月	231520.82	230411.52	234904.28	234496.01	232551.96	233530.11	1397414.70
总计	2525069.76	2513365.11	2563893.27	2559734.25	2537038.65	2552152.65	15251253.69

步骤 02 插入折线图。❶ 单击"插入"选项卡中"图表"组的"折线图"下拉按钮 ∿·；❷ 在下拉列表中选择"带标记的折线图"选项，如下图所示。

操作完成后，初始图表的效果如下图所示。

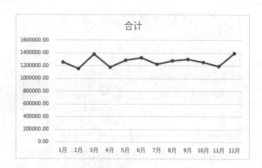

2. 优化图表布局

创建完成基础图表后，就需要对其布局进行优化，通过对组成图表的各种元素进行增删、设置、排版等一系列操作，使图表既能充分展现数据意义，又能保证美观，同时能展示制图人员的专业水平和敬业精神。

步骤 01 修改图表标题。基础图表是根据所选数据区域中的字段名称自动生成标题，可将其修改为自定义标题。单击图表上方的标题，拖动鼠标指标选中原标题内容（"合计"），输入自定义标题内容，如"2020年产品销售收入趋势图"，如下图所示。

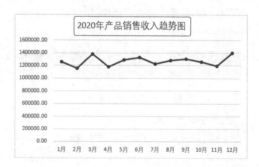

步骤 02 添加图表元素——垂直网格线。网格线是平行于纵轴或横轴的参照线，方便阅读者更准确地判断数据系列代表的数字大小。网格线不宜过多、过密，否则会影响读数和视觉效果，一般添加一次垂直网格线即可。❶ 单击图表后，右上角弹出三个快捷按钮，单击 + 按钮；❷ 弹出"图表元素"快捷列表，单击"网格线"选项右侧的 ▶ 按钮，展开二级列表；❸ 勾选"主轴主要垂直网格线"复选框，如下图所示。

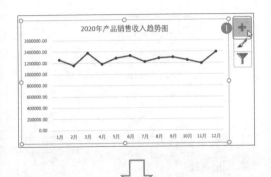

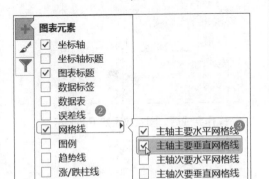

添加垂直网格线后，效果如下图所示。

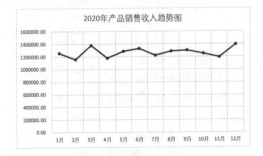

步骤 03 添加图表元素——数据表。数据表是将数据源区域中的数据系列名称、每一数据的具体大小以表格形式展示在图表中。❶ 在"图表元素"快捷列表中勾选"数据表"复选框，单击右侧 ▶ 按钮展开二级列表；❷ 选择"无图例项标示"选项（因为本例只有一个数据系列，所以不需要图例），如下图所示。

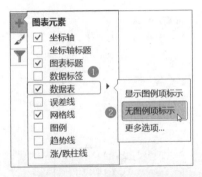

添加"数据表"元素后，根据数字的宽度适当调整图表区域的宽度，使数据表中的数字得以完整显示，如下图所示。

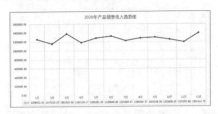

步骤 04 设置纵坐标轴格式。可以调整纵坐标轴数字的边界值、单位值及数字格式。❶ 右击纵坐标轴，弹出快捷菜单，选择"设置坐标轴格式"命令；❷ 窗口右侧弹出任务窗格，将"单位"的大值和小值分别调整为 100000 与 10000，缩小坐标轴数字间的步长值（边界值的最大值为 1500000，可不做调整）；❸ 向下拖动任务窗格右侧的滚动条，单击"数字"选项展开列表，数字的小数位数默认为 2，将其修改为 0（坐标轴上的数字通常设为整数），如下图所示。

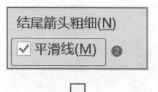

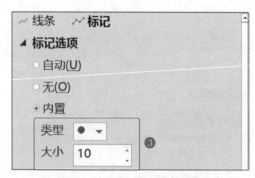

操作完成后，图表效果如下图所示。

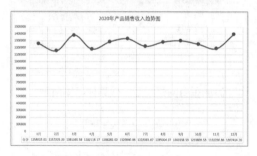

步骤 `05` 设置数据系列格式。数据系列是图表所展现的数据集合，是图表的核心元素。设置格式时，可以统一设置同一组数据系列的颜色、填充图形等，也可以对需要强调突出的某一个或多个数据点进行单独设置。❶ 右击数据系列（折线），在弹出的快捷菜单中选择"设置数据系列格式"命令，在"系列选项"选项卡中设置"线条"的颜色和宽度；❷ 向下拖动滚动条，勾选"平滑线"复选框，可使线条更柔和；❸ 切换至"标记"选项卡，设置标记类型、填充色、线条颜色等，如下图所示。

3. 生成组合图表

以上图表展示的是 2020 年 1—12 月的合计销售收入趋势，如果需要同时展示某项产品，则可添加数据系列，生成组合图表，并设置在次坐标轴上显示数据系列。下面在"2020 年销售收入趋势图"图表中同时展示"产品 A"和"产品 E"的销售收入趋势。

步骤 `01` 添加数据系列。❶ 右击图表区域，弹出快捷菜单，选择"选择数据"命令；❷ 弹出"选择数据源"对话框，单击"添加"按钮；❸ 弹出"编辑数据系列"对话框，单击"系列名称"文本框，选中 B3 单元格；❹ 单击"系列值"文本框，框选 B4:B15 单元格区域；❺ 单击"确定"按钮，返回"选择数据源"对话框；❻ 重复第❷~❺步，将"产品 E"的 1—

12 月销售数据所在单元格区域添加至"图例项（系列）"列表中；❼单击"确定"按钮，关闭对话框，如下图所示。

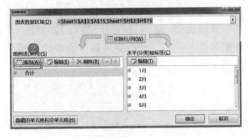

完成操作后，由于"产品 A"和"产品 E"的 1—12 月销售收入金额相近，导致两个数据系列的线条重合，影响阅读。对其进行调整，

如下图所示。

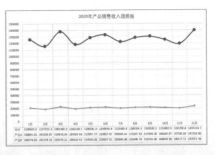

步骤 02 设置组合图表，在次坐标轴显示数据系列。❶右击图表区域，弹出快捷菜单，选择"更改图表类型"命令；❷弹出"更改图表类型"对话框，在"所有图表"选项卡的"组合图"选项中，勾选"产品 E"数据系列右侧的"次坐标轴"复选框；❸单击"确定"按钮，关闭对话框；❹次坐标轴在图表区域右侧显示。打开"设置坐标轴格式"任务窗格，将最大值设置为300000，将大、小单位分别设置为 20000和 4000，将小数位数设置为 0，如下图所示。

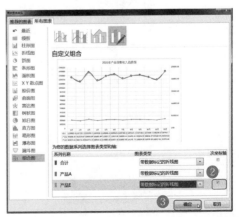

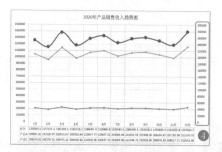

上面的图表中包含三个数据系列，需要添加"图例"元素，标注不同颜色所代表的数据系列名称。但是图例将占用部分图表区域，导致图表整体布局不合理。可以巧妙地利用数据标签的作用在每一线条处注明数据系列名称。

步骤 03 设置数据标签。❶ 在"图表元素"快捷列表中勾选"数据标签"复选框；❷ 单击"合计"数据系列的任一标签即可选中全部 12 个标签，再次单击其中一个标签后按 Delete 键删除，依次删除 11 个标签，仅保留第 1 个标签，右击第 1 个标签，在快捷菜单中选择"设置数据标签格式"命令；❸ 弹出任务窗格，在"标签选项"选项卡的"标签包括"列表中勾选"系列名称"复选框，取消勾选默认的"值"和"显示引导线"复选框；❹ 在"标签位置"选项组中选中"靠上"单选按钮，如下图所示。

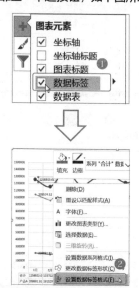

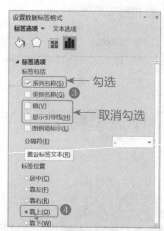

重复第 ❷~❹ 步，设置"产品 A"和"产品 E"数据系列的标签。操作完成后，图表效果如下图所示。

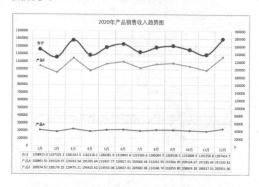

5.1.3 制作产品销售对比图

进行数据对比可以使用柱形图或条形图。

柱形图主要用于比较两个或两个以上同类项目的数据大小，也可以比较不同类别数据之间的差异。

条形图的形状其实就是横置的柱形图，同样可以用于表达项目数据之间的比较。

本节将分别介绍两种柱形图和一种正反条形图的制作方法、步骤及图表布局技巧，同时分享运用不同图表展示数据的思路。

① 产品全年销售对比图：制作柱形图，对比各项产品在 2020 年全年合计销售收入数据。

② 产品销售同期对比图：制作带合计数的柱形图，对比各项产品在 2019—2021 年每年及 3 年合计销售收入数据。

③ 产品销售同期对比图：制作正反条形图，对比两种产品 2016—2021 年销售收入数据。

1. 制作柱形图，对比产品每月销售收入数据

制作柱形图，对比数据的基本步骤与其他图表并无不同，即正确选择数据源和插入图表。但是要制作出专业、美观的图表，关键的操作仍然在于图表布局。

步骤 01 选择数据源。❶ 打开"素材文件 \ 第 5 章 \2020 年销售收入统计表 2.xlsx"文件，框选 B3:G3 单元格区域；❷ 按住 Ctrl 键，框选 B16:G16 单元格区域。

步骤 02 插入簇状柱形图。❶ 单击"插入"选项卡中"图表"组的"柱形图"下拉按钮；❷ 在下拉列表中选择"簇状柱形图"选项，如下图所示。

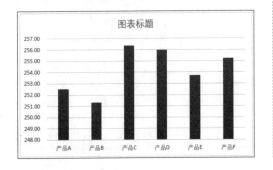

初始柱形图如下图所示。

步骤 03 切换行 / 列，快速调整数据点颜色。为了让数据系列中的不同数据点更加鲜明突出，可以将每个数据点设置为不同的颜色。但是，逐一设置颜色效率太低。对此，可利用行 / 列切换功能一次性调整全部数据点的颜色。❶ 右击图表区域，选择快捷菜单中的"选择数据源"命令，打开"选择数据源"对话框，单击"切换行 / 列"按钮；❷ 单击"确定"按钮，关闭对话框，如下图所示。

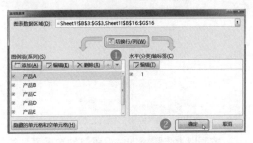

切换行 / 列后，数据系列由一组 6 个数据点变为 6 组各 1 个数据点，如下图所示。

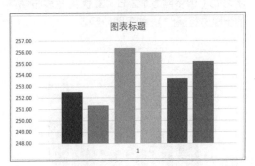

步骤 04 取消横坐标轴。切换行 / 列后，横坐标轴已无存在意义，因此可将其删除。单击选中横坐标轴后按 Delete 键即可。

步骤 05 设置数据标签格式。❶ 单击选中图表区域（注意不要单击数据系列，否则无法一次添加全部数据标签），单击"图表元素"快捷按钮，勾选快捷列表中的"数据标签"复选框；❷ 添加数据标签后，右击任一数据系列，打开"设置数据标签格式"任务窗格，在"标签选项"选项卡的"标签包括"列表中勾选"系列名称"复选框，如下图所示。

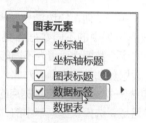

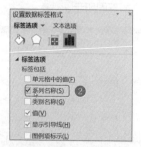

按照以上步骤添加并设置其他数据系列的数据标签，最后设置图表标题和纵坐标轴的数字格式（请参照 5.1.2 节 <2. 优化图表布局 > 的步骤进行操作），如下图所示。

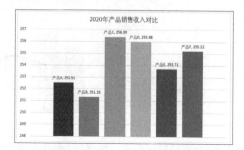

2. 制作带合计数的柱形图，对比同期产品销售收入数据

对比多项产品在各个年份中的明细销售数据和合计数据，可以巧妙地使用组合图表的次坐标轴来解决合计数据系列柱形过高的问题。本例将在柱形图中同时展示每种产品 2019—2021 年销售收入明细数据及 3 年销售合计数的对比效果。

步骤 01 插入簇状柱形图。❶ 打开"素材文件 \ 第 5 章 \2019—2021 年产品销售同期对比 .xlsx"文件，框选 A3:G7 单元格区域；❷ 插入簇状柱形图，如下图所示。

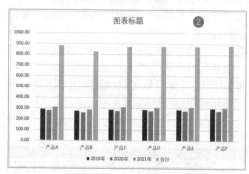

小提示

本例对比多项产品 3 年销售合计数据。H4:H6 单元格区域的合计是同一年份中不同产品的销售合计，因此未框选为图表的数据区域。

步骤 02 添加次坐标轴。❶ 打开"更改图表类型"对话框，在"所有图表"选项卡的"组合图"选项中分别勾选 2019—2021 年数据系列的"次坐标轴"复选框；❷ 单击"确定"按钮，关闭对话框。

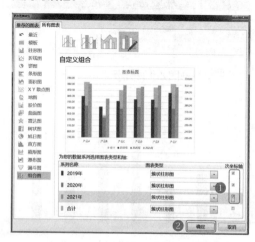

步骤 03 设置"合计"数据系列格式。选中"合计"数据系列，打开"设置数据系列格式"任务窗格，将"系列选项"选项卡的"系列重叠"设置为 0，将"间隙宽度"设置为 50%，加宽数据系列柱形的宽度，如下图所示。

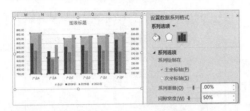

步骤 04 设置其他数据系列格式。选中 2019—2021 年的任意一个数据系列，打开"设置数据系列格式"任务窗格，将"系列选项"选项卡的"系列重叠"设置为 −28%，将"间隙宽度"设置为 200%，缩小数据系列柱形的宽度，如下图所示。

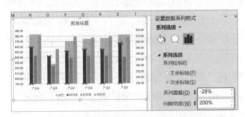

步骤 05 设置坐标轴的边界值。❶ 选中图表左侧的主坐标轴，打开"设置坐标轴格式"任务窗格，在"坐标轴选项"选项卡中将"边界"的最小值与最大值分别设置为 0 和 900，将小数位数设置为 0；❷ 选中图表右侧的次坐标轴，打开"设置坐标轴格式"任务窗格，在"坐标轴选项"选项卡将"边界"的最小值与最大值分别设置为 0 和 400，同样将小数位数设置为 0，如下图所示。

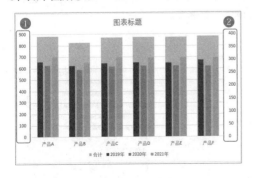

步骤 06 设置数据系列颜色。右击"合计"数据系列，弹出"填充"和"边框"按钮。单击"填充"按钮，在列表中选择一种合适的颜色，将边框色设置为"无边框"，将 2019—2021 年的数据系列分别设置为与"合计"数据系列的色系相同、深浅不同的颜色，如下图所示。

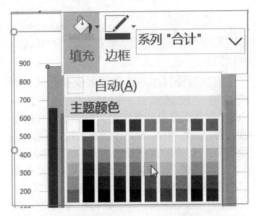

步骤 07 链接图表标题。图表标题不必手工输入，可直接链接数据源表格的标题。❶ 选中"图表标题"文本框；❷ 在"编辑栏"中输入符号"="，选中 A1 单元格后按 Enter 键。可以看到"编辑栏"中显示图表标题链接的单元格地址为"=Sheet1!$A$1"，如下图所示。

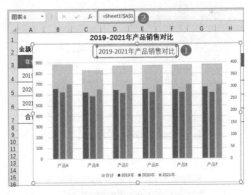

步骤 08 增删图表元素。可以删除"图例"元素，添加"数据表"元素，最终效果如下图所示。

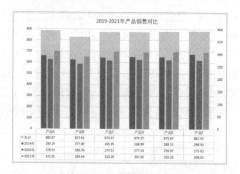

3. 制作正反条形图，对比同期产品销售收入数据

如果需要对比的数据项目仅有两项，即只需两个数据系列，例如，对比 2020—2021 年各项产品的销售收入数据。制作条形图，通过巧妙布局，使两个数据系列的条形向正反方向伸展，可以更加直观、清晰地呈现数据的对比效果。本例将制作正反条形图，对比各项产品在 2020 年和 2021 年的销售收入数据。

步骤 01 插入簇状条形图。❶ 打开"素材文件\第5章\2020—2021 年产品销售同期对比 .xlsx"文件，框选 A3:C9 单元格区域；❷ 单击"插入"选项卡中"图表"组的"柱形图"下拉按钮，在下拉列表中选择"簇状条形图"选项，如下图所示。

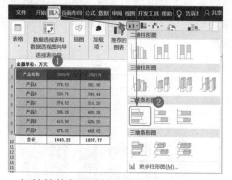

初始簇状条形图如下图所示。

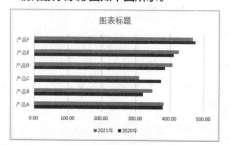

步骤 02 设置次坐标轴。❶ 选中图表区域，打开"更改图表类型"对话框，在"所有图表"选项卡的"组合图"选项中勾选 2021 年数据系列的"次坐标轴"复选框；❷ 单击"确定"按钮，关闭对话框，如下图所示。

步骤 03 设置次坐标轴和水平轴格式。❶ 选中图表上方的次坐标轴，打开"设置坐标轴格式"任务窗格，在"坐标轴选项"选项卡中将"边界"的最小值与最大值分别设置为 −500 和 500；❷ 将"单位"的大值和小值分别设置为 100 和 20；❸ 勾选"逆序刻度值"复选框，如下图所示。

按照第 ❶~❷ 步操作，将图表下方的水平轴的边界值和单位值设置为与次坐标轴完全相同，如下图所示。注意这一步不勾选"逆序刻度值"复选框。

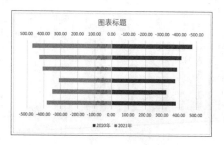

步骤 04 设置垂直坐标轴格式。选中垂直坐标轴，打开"设置坐标轴格式"任务窗格，在"标签"选项的"标签位置"下拉列表中选择"低"选项。

设置完成后，可以看到垂直坐标轴移至"2020 年"数据系列的左侧，如下图所示。

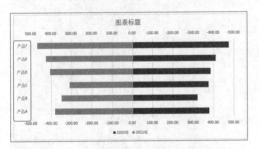

步骤 05 设置数据标签的位置和颜色。❶ 分别为两个数据系列添加标签，选中其中一个数据系列的数据标签，打开"设置数据标签格式"任务窗格，选中"标签选项"选项的"标签位置"选项组的"数据标签内"单选按钮；❷ 切换至"文本选项"选项卡，选中"文本填充与轮廓"选项中"文本轮廓"选项组的"实线"单选按钮，将"颜色"设置为白色，可以使数据标签中的数字更清晰，如下图所示。

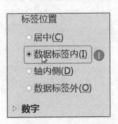 

按照上述步骤将另一数据系列的数据标签设置为与之相同的位置和文本颜色。最后设置图表标题，删除次坐标轴、水平轴、网格线等图表元素。正反条形图的最终效果如下图所示。

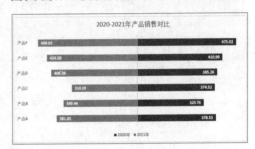

✏ 读书笔记

5.2 制作指标达成数据创意图表

案例说明

扫一扫，有视频

指标达成是指实际值对比目标值的符合程度，即达成目标的程度，具体通过实际完成值或百分比来表示指标达成情况。

实际经营中，企业通常会为当年的工作项目预先确定一个任务指标，如 ×× 年销售收入指标，以此作为目标开展工作。在完成指标的过程中，就需要定期获取指标达成的相关数据，以便相关部门及时发现问题，并针对问题调整经营方针和政策。在统计指标达成数据的同时，制作图表对其加以充分展示，能够更直观地分析数据、解决问题。但是，如果仅仅使用 Excel 提供的相对单调且有限的内置颜色和样式制作图表，则很容易产生审美疲劳，要表达的数据内涵就不能被完全接收到。可以根据数据分析的主题、图表使用场景的不同来制作合适的图表。例如，当图表仅为企业部门内部自行使用，或者数据报告场景比较轻松、活泼时，就可以充分发挥创意，运用布局技巧，对图表进行一些艺术化处理，利用视觉冲击效果让图表耳目一新，更有利于理解图表所表达的内涵。本节将制作以下 4 种颇具创意性的图表，通过布局技巧，以不同的形象展示指标达成情况，突出实际值与指标值的差异性。

① 柱状水位图：展示 2016—2021 年中每年实际销售收入与销售指标的差异，以及对比各年度实际销售收入与销售指标数据的高低。

② 旗帜升降图：展示 2016—2021 年实际销售收入总额与销售总指标之间的差异。

③ 圆环图：展示销售总指标达成进度。

④ 球形水位图：展示销售总指标达成率。

柱状水位图、旗帜升降图、圆环图、球形水位图等创意图表制作完成后的效果如下图所示（结果文件参见：结果文件＼第 5 章＼2016—2021 年销售指标达成分析 .xlsx、2021 年销售总指标达成分析 .xlsx）。

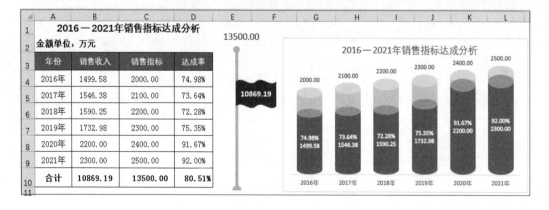

2021年销售收入统计表		2021年销售总指标达成统计			
	金额单位：万元	全年总指标 2000万元			
月份	实际销售收入	已完成	达成率	指标差额	差额占比
1月	138.26	1413.88	70.69%	586.12	29.31%
2月	129.62				
3月	155.72				
4月	132.50				
5月	138.08				
6月	145.66				
7月	152.26				
8月	155.78				
9月	266.00				
10月					
11月					
12月					

思路分析

　　制作创意图表的关键和核心操作是根据不同的创意对图表进行不同的布局。例如，制作柱状水位图时，可以将实际值与指标值这两个数据系列完全重叠，再绘制两个色调一致，但颜色深浅不一的圆柱图形，填充至实际值和指标值的两个数据系列中，即可形成色差对比效果，呈现数据差异。再如，制作旗帜升降图时，可以巧妙地利用折线图的专用元素——垂直线制作"旗杆"，并制作旗帜图形，填充"实际值"数据系列的数据标签，加以设置后，即可制作出旗帜升降效果等。

　　制作以上创意图表的主体思路及主要布局技巧如下图所示。

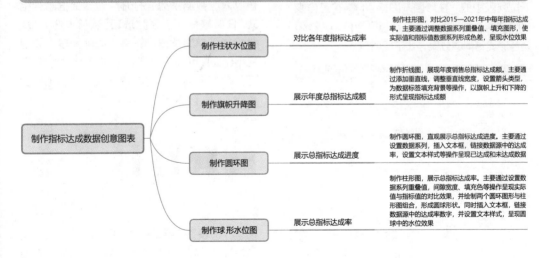

5.2.1 制作柱状水位图

　　柱状水位图是通过在簇状柱形图的基础上布局实现的。主要布局方法是：将实际销售收入与销售指标数据系列完全重叠后，为其填充形状相同、色调一致，但颜色深浅不同的两种圆柱图形，形成色差对比效果，当数据源发生变化时，即可呈现水位上升或下降的视觉效果，从而突出二者之间的差异。

　　下面制作柱状水位图，对比各年度指标达成率。

步骤 01 插入簇状柱形图。打开"素材文件 \ 第 5 章 \2016-2021 年销售指标达成分析 .xlsx"，框选 A3:C9 单元格区域，插入簇状柱形图，如下图所示。

步骤 02 绘制填充图形。❶ 单击"插入"选项卡中"插图"组的"形状"下拉按钮；❷ 单击下拉列表中的"柱形图"图标；❸ 在工作表中绘制两个柱形图，并分别填充为色调一致但颜色深浅不同的效果，如下图所示。

步骤 03 填充图形至数据系列。单击选中柱形图，按组合键 Ctrl+C 复制，再单击选中数据系列，按组合键 Ctrl+V 将图形填充至数据系列中，如下图所示。

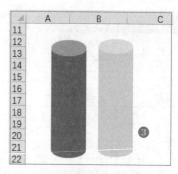

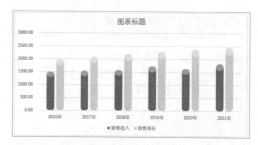

步骤 04 设置数据系列格式。❶ 单击选中"销售收入"数据系列，打开"设置数据系列格式"任务窗格，在"系列选项"选项卡选中"次坐标轴"单选按钮；❷ 将"间隙宽度"设置为 50%，可加宽柱条的宽度（将"销售指标"数据系列的"间隙宽度"设置为相同的数字），如下图所示。

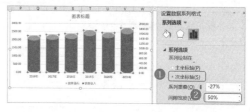

步骤 05 设置坐标轴格式。❶ 将主坐标轴和次坐标轴"边界"的最小值与最大值分别设置为 0 和 2500；❷ 将"单位"的大值与小值分别设置为 500 和 100，如下图所示。

设置完成后，效果如下图所示。

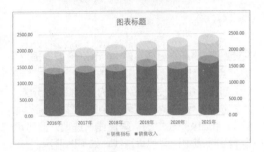

步骤 06 设置数据标签格式。❶ 分别为两个数据系列添加数据标签，选中"销售收入"数据标签，打开"设置数据标签格式"任务窗格，在"标签选项"选项卡的"标签包括"列表中取消勾选默认的"显示引导线"复选框；❷ 勾选"单元格中的值"复选框；❸ 弹出"数据标签区域"对话框，单击"选择数据标签区域"文本框，框选数据源表中的 D4:D9 单元格区域，可以在标签中同时显示"达成率"和"销售收入"数据；❹ 单击"确定"按钮，关闭对话框；❺ 选中"标签位置"选项组中的"居中"单选按钮；❻ 在"分隔符"下拉列表中选择"（新文本行）"选项，可使数据标签中的"达成率"和"销售收入"数据分行显示，如下图所示。

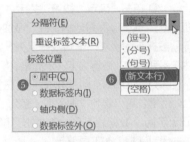

最后将文本颜色设置为白色，设置图表标题、删除主/次坐标轴、图例、网格线等图表元素。柱状水位图的最终效果如下图所示。

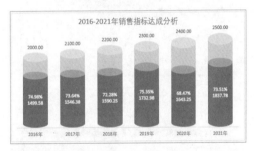

2016-2021年销售指标达成分析

5.2.2　制作旗帜升降图

本节制作旗帜升降图，展示总指标达成额，主要方法是：创建销售收入合计和销售总指标数据两个折线图数据系列，通过布局技巧将折线图的专有元素——垂直线改造成为"旗杆"样式，并添加数据标签，填充"旗帜"图形，再进行其他布局设置，使其呈现旗帜上升或下降的视觉效果，突出实际销售收入总额与销售总指标数据的差异。

下面仍然在"2016-2021 年销售指标达成分析 .xlsx"文件中制作创意折线图。

步骤 01 插入空白折线图，添加数据源。不同的数据系列中只有一个数据点，为了方便操作，可以先插入空白图表后再添加数据源。❶ 在工作表的空白区域插入一个空白折线图，打开"选择数据源"对话框，单击"图例项（系列）"列表的"添加"按钮；❷ 弹出"编辑数据系列"对话框，单击"系列名称"文本框，选中 B3 单元格（"销售收入"字段）；❸ 单击"系列值"文本框，选中 B10 单元格（"销售收入"的合计数）；❹ 单击"确定"按钮，关闭对话框；❺ 返回"选择数据源"对话框，继续添加"销售指标"数据系列，在"编辑数据系列"对话框中将"系列名称"设置为 C3 单元格，将"系列值"设置为 C10 单元格，再次返回"选择数据源"对话框，可以看到"图例项（系列）"列表中显示了两个数据源系列；❻ 单击"确定"按钮，关闭对话框，如下图所示。

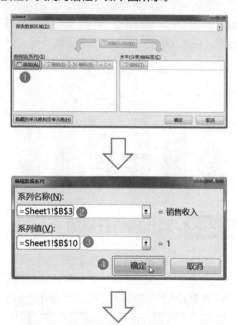

数据源添加完成后，可以看到图表中呈现

两个圆点，分别代表"销售收入"和"销售指标"数据系列中的唯一系列值，如下图所示。

步骤 02 添加垂直线。❶ 单击选中"销售指标"数据点，激活"图表工具"选项卡，单击"设计"选项卡中"图表布局"组的"添加图表元素"下拉按钮；❷ 选择下拉列表中的"线条"选项；❸ 选择二级列表中的"垂直线"选项。此时可以看到图表中已呈现垂直线，如下图所示。

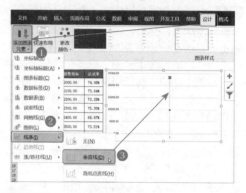

步骤 03 设置数据系列格式。❶ 选中"销售指标"标记，打开"设置数据系列格式"任务窗格，在"填充与线条"选项卡中选择"标记"选项卡；❷ 在"标记选项"选项组选中"内置"单选按钮；❸ 在"大小"文本框中输入 10，将标记颜色填充为灰色并取消边框，如下图所示。

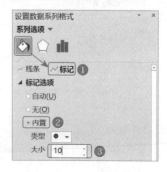

步骤 04 设置垂直线宽度和箭头类型。❶选中垂直线，打开"设置垂直线格式"任务窗格，调整"宽度"文本框中的数字，将垂直线调整至合适的宽度；❷单击"结尾箭头类型"下拉按钮，在下拉列表中选择箭头类型 —●，如下图所示。

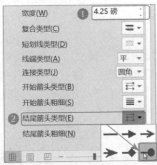

步骤 05 绘制数据标签的填充图形。❶分别为两个数据系列添加数据标签；❷在工作表的空白区域中绘制一个旗帜图形，填充为红色，如下图所示。

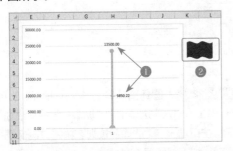

步骤 06 为数据标签填充图形。❶选中旗帜图形，按组合键 Ctrl+C 复制，选中"销售收入"数据标签，打开"设置数据标签格式"任务窗格，在"填充与线条"选项卡的"填充"选项组选中"图片或纹理填充"单选按钮；❷单击"图片源"列表中的"剪贴板"按钮，即可将图形填充至数据标签中，如下图所示。

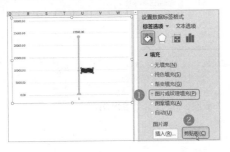

🔔 小提示

在数据标签中填充图形时，无法通过组合键 Ctrl+V 直接粘贴，需要复制至"剪贴板"中方可填充。

步骤 07 调整数据标签大小和文本字体格式。❶双击选中"销售收入"数据标签，拖动鼠标指针调整大小，将文本颜色设置为白色，字号设置为 14 号；❷将"销售指标"数据标签的文本字号也调整为 14 号，如下图所示。

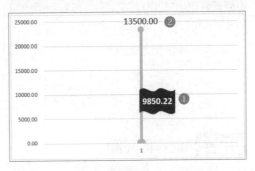

步骤 08 设置坐标轴格式。将"销售指标"数据系列设置在次坐标轴显示，将主 / 次坐标轴"边界"的最大值与最小值均设置为 16000 和 0，如下图所示。

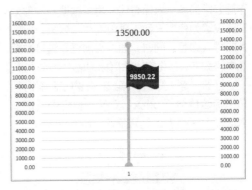

步骤 09 删除图表元素，调整绘图区。删除主 / 次坐标轴、水平轴、网格线等图表元素，取消绘图区边框并调整大小。旗帜升降图的最终效果如下图所示。

	A	B	C	D	E	F
1	2016-2021年销售指标达成分析				13500.00	
2	金额单位：万元					
3	年份	销售收入	销售指标	达成率		
4	2016年	1499.58	2000.00	74.98%		
5	2017年	1546.38	2100.00	73.64%		
6	2018年	1590.25	2200.00	72.28%	9850.22	
7	2019年	1732.98	2300.00	75.35%		
8	2020年	1643.25	2400.00	68.47%		
9	2021年	1837.78	2500.00	73.51%		
10	合计	9850.22	13500.00	72.96%		
11						

步骤 10 测试图表效果。将 B8 与 B9 单元格中数据修改为 2200 和 2300，可看到折线图和柱形图的变化效果，如下图所示。

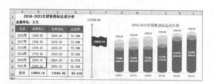

5.2.3 制作圆环图

圆环图是以圆形来表示一个数据系列中各项目的比例大小，或者与各项总和的占比关系。本例制作的圆环图的数据系列中仅有两个数据，即已完成和未完成销售收入，因此制作和布局非常简单，只需将代表两个数据点的部分圆环设置为色调一致、颜色深浅和效果有所区别的样式即可。同时，插入文本框，链接数据源中的数字，强化突出总指标达成进度的效果。

打开"素材文件＼第 5 章＼2021 年销售总指标达成分析 .xlsx"文件，表格中已记录 2021 年 1—8 月的销售总额，如下图所示。

	A	B
1	2021年销售收入统计表	
2		金额单位：万元
3	月份	实际销售收入
4	1月	138.26
5	2月	129.62
6	3月	155.72
7	4月	132.50
8	5月	138.08
9	6月	145.66
10	7月	152.26
11	8月	155.78
12	9月	
13	10月	
14	11月	
15	12月	

步骤 01 构建数据源。在 D3:G4 单元格区域绘制表格，用于计算已完成的销售额、达成率、指标差额与差额占比等数据，作为图表的数据源。❶ 在 D4 单元格中设置公式"=ROUND(SUM(B4:B15),2)"，计算已完成的销售总额；❷ 在 E4 单元格中设置公式"=ROUND(D4/E2,4)"，计算销售指标的达成率；❸ 在 F4 单元格中设置公式"=ROUND(E2-D4,2)"，计算销售总额与销售指标之间的差额；❹ 在 G4 单元格中设置公式"=ROUND(F4/E2,4)"，计算差额占比，如下图所示。

D4		×	✓	fx	=ROUND(SUM(B4:B15),2)	
	A	B		D	E	F	G
1	2021年销售收入统计表			2021年销售总指标达成统计			
2		金额单位：万元		全年总指标 2000万元			
3	月份	实际销售收入		已完成	达成率	指标差额	差额占比
4	1月	138.26		1147.88	57.39%	852.12	42.61%
5	2月	129.62		❶	❷	❸	❹
6	3月	155.72					
7	4月	132.50					
8	5月	138.08					
9	6月	145.66					
10	7月	152.26					
11	8月	155.78					
12	9月						
13	10月						
14	11月						
15	12月						

步骤 02 插入圆环图。❶ 选中 D4 和 F4 单元格，单击"插入"选项卡中"图表"组的"饼图"下拉按钮 ▾；❷ 选择下拉列表中的"圆环图"选项，如下图所示。

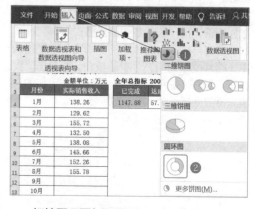

初始圆环图如下图所示。

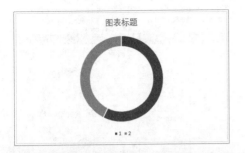

步骤 03 设置数据系列格式。❶ 选中数据系列 1，打开"设置数据系列格式"任务窗格，在"填充与线条"选项卡的"填充"选项组选中"渐变填充"单选按钮；❷ 在"预设渐变"下拉列表中选择一种样式；❸ 切换至"效果"选项卡，在"发光"选项组的"预设"下拉列表中选择一种样式；❹ 选中数据系列 2，切换至"填充与线条"选项卡，选中"填充"选项组的"图案填充"单选按钮，在"图案"列表中选择一种样式；❺ 切换至"系列选项"选项卡，将圆环图的圆环大小设置为 85%，如下图所示。

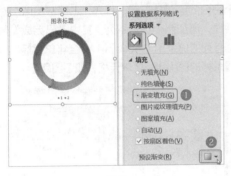

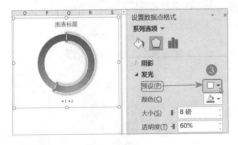

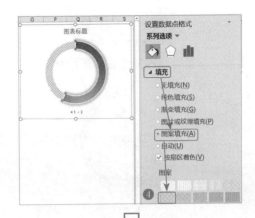

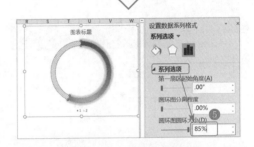

步骤 04 制作数字盘，显示达成率。❶ 单击"插入"选项卡中"插图"组的"形状"下拉按钮；❷ 单击下拉列表中的"文本框"按钮；❸ 在工作表的空白区域中绘制一个文本框，选中文本框，单击"编辑栏"文本框，选中 E4 单元格后可引用其中的"达成率"数字，将字号调整为合适大小；❹ 将文本框移至圆环中心，取消文本框的边框和填充色；❺ 选中文本框，激活"绘图工具"选项卡，在"格式"选项卡中"艺术样式"组的列表中选择一种样式；❻ 单击"文本效果"下拉按钮，在下拉列表中选择一种效果样式，如下图所示。

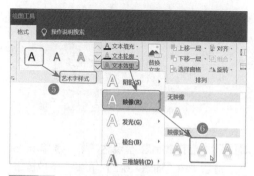

步骤 05 组合图表和数字盘文本框。❶ 选中数字盘文本框，按住 Ctrl 键单击图表的绘图区域，选中图表，右击弹出快捷菜单，选择"组合"命令；❷ 选择二级菜单中的"组合"命令，将图表和数字盘文本框组合为一个图片，如下图所示。

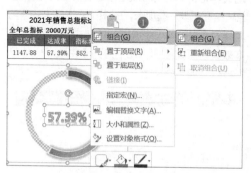

操作完成后，可以将图表的绘图区域的边框取消。圆环图的最终效果如下图所示。

5.2.4 制作球形水位图

球形水位图的制作方法与柱状水位图大致相同，都是以柱形图为基础进行布局，呈现水位上升或下降的效果。但是，柱形图是长方形，如果要呈现球形，可自制圆环图形，通过设置技巧遮挡柱形的四角，即可实现预想效果。

下面继续在"2021 年销售总指标达成分析 .xlsx"文件中制作图表，展示总指标达成率。

步骤 01 插入空白图表，选择数据源。插入一个空白的簇状柱形图，打开"选择数据源"对话框，添加两个数据系列。其中"已完成"数据系列的值引用 D4 单元格，"全年总指标"数据系列的值引用 E2 单元格，如下图所示。

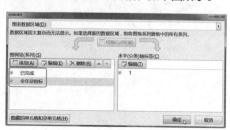

初始簇状柱形图如下图所示。

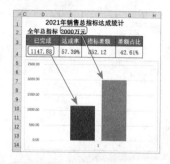

步骤 02 设置数据系列在次坐标轴显示。选中"已完成"数据系列（蓝色柱形），打开"设置数据系列格式"任务窗格，在"系列选项"选项卡的"系列绘制在"选项组选中"次坐标轴"单选按钮，如下图所示。

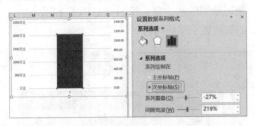

小提示

本例中，"系列重叠"值和"间隙宽度"值将在下一步调整主/次坐标轴的边界值和大小单位值，并且删除不需要的图表元素后再进行调整，可以更明确需要设定的具体数值。

步骤 03 重置主/次坐标轴的边界值和单位值。❶ 将主/次坐标轴"边界"的最小值与最大值重置为 0 和 2500；❷ 将"单位"的大值与小值设置为 500 和 100，如下图所示。

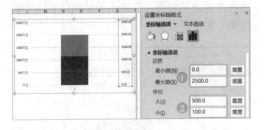

小提示

设置坐标轴的边界值和单位值时需要注意一点：即使创建图表后生成的"自动"值与目标值一致，也应当重新输入一次数值，将其重置后予以锁定，否则当数据源发生变化时，"自动"值也将随之变化，图表将无法准确地展示数据。

步骤 04 设置数据系列填充色、重叠和间隙宽度。❶ 删除主/次坐标轴、网格线、水平轴等图表元素，将"全年总指标"数据系列的填充色设置为浅蓝色，取消两个数据系列的边框颜

色；❷ 将两个数据系列的"系列重叠"设置为 100%，"间隙宽度"设置为 80%，如下图所示。

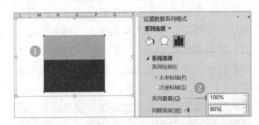

步骤 05 绘制内圆环图，形成圆球。在工作表的空白区域绘制一个圆环图，将填充色设置为与"全年总指标"相同的颜色，将边框设置为白色，将其移动至图表中"全年总指标"数据系列，调整大小，使圆环内圆的上/下顶点与柱形上/下两边紧贴，如下图所示。

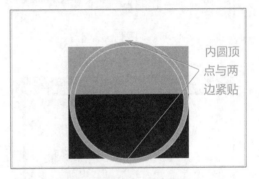

内圆顶点与两边紧贴

步骤 06 绘制外圆环图，遮挡柱形图的四角。在工作表的空白区域中再次绘制一个圆环图，将填充色设置为白色，将边框颜色暂时设置为任意颜色（白色除外，制作完成后取消边框），移动至数据系列上并调整大小和位置，使其完全遮挡柱形图的四角，如下图所示。

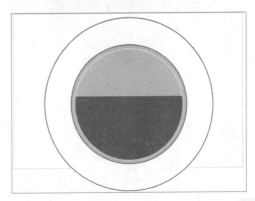

步骤 07 插入图片，填充"已完成"数据系列。❶ 单击"插入"选项卡中"插图"组的"图片"按钮；❷ 弹出"插入图片"对话框，打开存放图片的文件夹，选中图片后单击"插入"按钮后，将其插入工作表中；❸ 按组合键 Ctrl+C 复制图片，选中"已完成"数据系列，按组合键 Ctrl+V 即可填充图片，将"已完成"数据系列的边框线设置为蓝色虚线，使之呈现水纹效果，如下图所示。

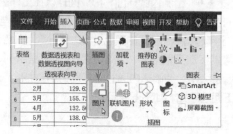

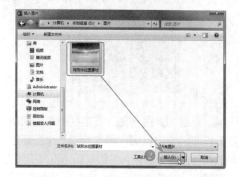

步骤 08 完善图表设置。参考 5.2.3 节的介绍制作"达成率"数字盘并在"图片工具"选项卡的"格式"选项卡中设置样式，设置内圆环图样式，将图表、内／外圆环图、数字盘组合成一幅图片，取消外圆环图、数字盘文本框和图表绘图区的边框。设置完成后，球形水位图的效果如下图所示。

步骤 09 测试效果。在 B12 单元格中填入任意数字后，可看到球形水位图与圆环图的变化效果，如下图所示。

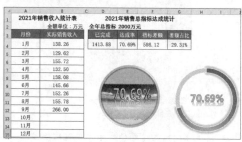

✏️ 读书笔记

5.3 制作利润数据动态分析图表

案例说明

　　利润是企业经营成绩的综合反映，也是其最终成果的具体体现。企业从事经营活动的最终目的是获取利润。经营者对利润数据的统计和分析高度重视，统计分析利润数据是企业的财务部门的重要工作。进行利润分析时需要对多个关联项目的数据进行统计分析，如营业收入、营业成本、税金及附加、营业费用、管理费用、财务费用、所得税费用等。本节之前制作的图表都是静态图表，即数据源一经选定之后，图表的数据系列组合也随之固定不变。如果需要改变图表的数据源，则只能通过手动添加或删除数据源，导致工作效率低下。例如，创建"营业收入"1—12 月对比柱形图后，需要再对比"利润总额"1—12 月的数据，此时需要在图表中添加数据源或另外制作图表。对此，可以制作动态图表，在一个图表中分别展示不同项目、不同时期的数据。与静态图表相比，动态图表更具灵活性，既能提高数据分析工作的效率，又能更丰富地展示数据，其含义也更易被阅读者理解和接受。本节将制作以下动态图表，分别从不同的角度和维度对利润数据进行充分展示。

　　① 动态瀑布图：以利润项目为数据系列，动态展示 2020 年 1—12 月的数据。

　　② 动态三维饼图：以月份为数据系列，动态展示每个项目在 2020 年 1—12 月的数据，以及每月数据占全年合计数的百分比。

　　③ 动态组合图：以季度为数据系列，组合柱形图和折线图，动态对比每个项目 1—4 季度的数据，以及"净利润率"趋势。

　　制作完成动态瀑布图、动态三维饼图、动态组合图后，其效果如下图所示（结果文件参见：结果文件 \ 第 5 章 \2020 年利润统计表 .xlsx、2020 年利润统计表 1.xlsx）。

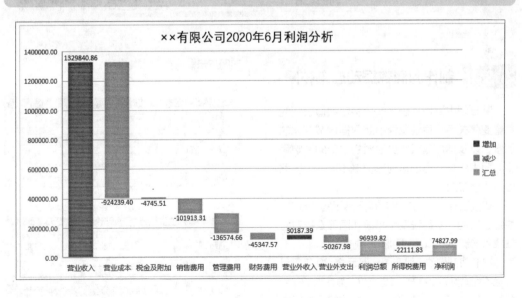

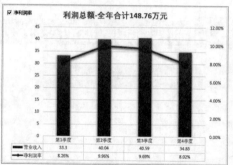

思路分析

动态图表的原理是通过构建动态数据源，使图表随之动态变化。构建动态数据源的方法非常简单，主要利用查找引用类函数，并结合"数据验证"工具、控件、定义名称等功能实现数据源的动态变化，由此制作的图表便自然而然地成为动态图表。本案例的具体制作思路如下图所示。

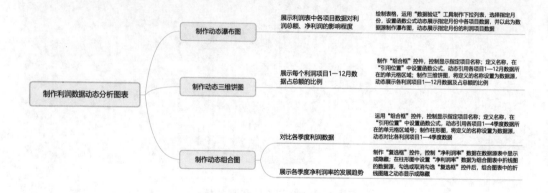

5.3.1　制作利润数据动态瀑布图

下图所示。

瀑布图主要用于表达多个特定数值之间的数量变化关系，直观反映引起数据增减变化的因素，以及增加值或减少值对初始值的影响程度。图表中数据点的排列形似瀑布流水，因此称为"瀑布图"。

实际工作中，瀑布图常用于展示营业成本、税金、费用、所得税费用和净利润等数据对营业收入的影响，以及对利润总额的影响。

本节将制作动态瀑布图，展示 2020 年每月及全年利润数据。打开"素材文件\第5章\2020年利润统计表.xlsx"文件，初始表格及数据如

1. 构建动态数据源

构建动态数据源非常简单，只需制作一个辅助表，再运用查找引用函数设置公式，将目标数据引用至辅助表中，即可形成动态数据源。以此为数据源制作图表后，其中的数据系列也会跟随数据源动态变化。

步骤 01 绘制辅助表。❶复制 A2:B13 单元格区域至 A16:B27 单元格区域中，删除B16:B27 单元格区域中的数据，运用"数据验证"工具在 B16 单元格中制作下拉列表，设置序列来源为"1,2,3,4,5,6,7,8,9,10,11,12,13"；❷自定义 B16 单元格格式，格式代码为"[=13]"全年合计";#" 月""，如下图所示。其含义是如果 B16 单元格中数字为 13，则显示文本"全年合计"，否则显示数字 + 文本"月"，如"2 月"。

步骤 02 设置公式制作动态标题和数据源。❶在A15单元格中设置公式"=" × × 有限公司2020年"&IF(B16=13,"全年",B16&"月")&"利润分析""，根据B16单元格中数字，返回不同文本。❷在B17单元格中设置公式"=OFFSET($A$2,MATCH(A17,A$2:A$14,0)-1,$B$16)"，引用目标数据。公式原理：OFFSET函数的第2个参数，即以A2单元格为起点向下偏移的行数，运用了MATCH函数定位A17单元格中的项目名称在A2:A14区域中的行数后减掉第1行即可准确定位；第3个参数是向右偏移的列数，引用B16单元格中的数字即可。❸将B17单元格的公式复制粘贴至B18:B27单元格区域，如下图所示。

2. 制作动态瀑布图

动态数据源制作完成后，以 A17:B27 单元格区域作为数据源制作图表，其中的数据系列自然跟随数据源动态变化，即形成动态图表。

步骤 01 插入瀑布图。❶框选A17:B27单元格区域；❷单击"插入"选项卡中"图表"组的"推荐的图表"按钮；❸弹出"插入图表"对话框，切换至"所有图表"选项卡，在左侧列表中选择"瀑布图"选项，右侧显示预览图；❹单击"确定"按钮，关闭对话框，如下图所示。

初始瀑布图如下图所示。

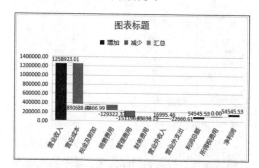

步骤 02 设置动态图表标题。❶ 调整瀑布绘图区的大小，使水平坐标轴正常显示；❷ 由于瀑布图中"图表标题"元素无法直接链接单元格，因此插入文本框，引用 A15 单元格中的动态标题。但需要保留"图表标题"元素在图表中的占位，因此，不可删除"图表标题"元素，将其中文本框中的字体颜色设置为白色即可隐藏图表标题。将图表与文本框组合，如下图所示。

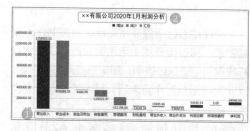

步骤 03 设置数据点为汇总项。利润总额和净利润数据的属性并非是数据增减，而是汇总数据，因此应将其设置为汇总项。❶ 单击数据系列后再次单击"利润总额"数据点即可选中，右击后在快捷菜单中选择"设置为汇总"命令；❷ 使用同样的方法将"净利润"数据点设置为汇总项，如下图所示。

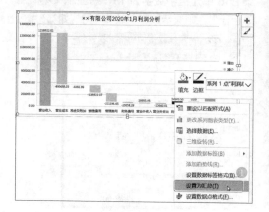

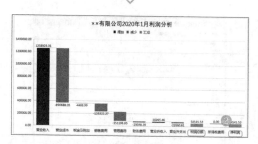

步骤 04 设置图表样式和图例位置。这里通过图表工具直接套用内置样式。❶ 单击选中图表后激活"图表工具"选项卡，在"设计"选项卡中"图表样式"组的列表中选择一种样式；❷ 右击"图例"元素，打开"设置图例格式"任务窗格，在"图例选项"选项卡的"图例位置"

选项组选中"靠右"单选按钮，如下图所示。

设置完成后，图表效果如下图所示。

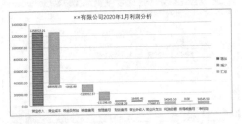

步骤 05 测试图表动态效果。在 B16 单元格的下拉列表中选择其他数字，如 6，可以看到瀑布图的动态变化效果，如下图所示。

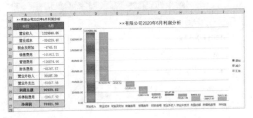

5.3.2 制作利润月度数据动态三维饼图

饼图与圆环图的作用相同，用于显示一个数据系列中各项目的比例大小及各项总和的占比关系。下面制作动态三维饼图，展示每个利润项目在 2020 年的月度数据及各占全年合计数的比例。

步骤 01 制作"组合框"控件。❶ 打开"素材文件 \ 第 5 章 \2020 年利润统计表 1.xlsx"文件，单击"开发工具"选项卡中"控件"组的"插入"下拉按钮；❷ 单击下拉列表中的"组合框"控件按钮；❸ 在工作表的空白区域绘制一个组合框控件，打开"设置对象格式"对话框，将"数据源区域"设置为 A4:A14 单元格区域，将"单元格链接"设置为 A3 单元格，将"下拉显示项数"设置为 12（控件将同时应用于 5.3.3 节制作的利润季度数据动态组合图中），如下图所示。

设置完成后，"组合框"控件的下拉列表中显示 A4:A14 单元格区域中的项目名称，选择项目名称后，A3 单元格中的数字将按照项目名称的排列次序发生变化，如下图所示。

	A	B	C	D	E
1	利润总额 ▼				××有
2					
3	9	1月	2月	3月	4月
4	营业收入	125.89	115.73	138.14	118.21
5	营业成本	−89.07	−80.89	−92.30	−77.19
6	税金及附加	−0.45	−0.40	−0.49	−0.38
7	销售费用	−12.93	−11.38	−11.63	−10.06
8	管理费用	−15.12	−12.49	−12.69	−13.00
9	财务费用	−2.30	−1.90	−3.77	−1.24
10	营业外收入	1.70	2.45	3.95	1.43
11	营业外支出	−2.27	−1.48	−3.00	−4.01
12	利润总额	5.45	9.64	18.21	13.76
13	所得税费用	0.00	0.00	−1.67	0.00
14	净利润	5.45	9.64	16.54	13.76
15	净利润率	4.33%	8.33%	11.97%	11.64%

步骤 02 定义名称，创建图表数据源。❶ 单击"公式"选项卡中"定义的名称"组的"定义名称"按钮；❷ 弹出"新建名称"对话框，在"名称"文本框中输入"饼图数据源"；❸ 在"引用位置"文本框中设置公式"=OFFSET(Sheet1!$A$1,Sheet1!$A$3+2,1,,12)"，公式原理：以 A1 单元格为起点，向下偏移的行数引用 A3 单元格中数字 +2 后的值，向右偏移列数固定为 1，引用行高为 0，列宽为 12，即可指定项目名称 1—12 月的数据源；❹ 单击"确定"按钮，关闭对话框，如下图所示。

步骤 03 插入三维饼图。❶ 框选 A3:M4 单元格区域，单击"插入"选项卡中"图表"组的"饼图"下拉按钮；❷ 在下拉列表中选择"三维饼图"选项，如下图所示。

初始三维饼图如下图所示。

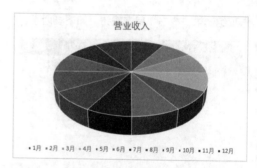

步骤 04 修改饼图数据源。❶ 打开"选择数据源"对话框，单击"图例项（系列）"列表框中的"编辑"按钮；❷ 弹出"编辑数据系列"对话框，将"系列值"文本框中的数据源修改为"=Sheet1! 饼图数据源"；❸ 单击"确定"按钮，关闭对话框，返回"选择数据源"对话框，再单击"确定"按钮，关闭对话框，如下图所示。

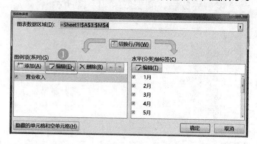

步骤 05 套用内置图表样式。选中饼图后激活"图表工具"选项卡，在"设计"选项卡中"图表样式"组的样式列表中选择一种样式，如下图所示。

套用内置图表样式后的三维饼图如下图所示。

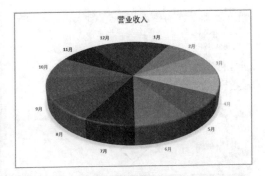

步骤 06 设置数据标签格式。套用内置样式后，数据标签仅显示类别名称，因此需要添加显示数值和百分比。选中数据标签，打开"设置数据标签格式"任务窗格，勾选"标签选项"选项卡中"标签包括"列表的"值"和"百分比"复选框（百分比数据为各月份数据占全年数据的比例），如下图所示。

步骤 07 设置动态图表标题。❶ 在P2单元格中设置公式"=LOOKUP(A3,{1,2,3,4,5,6,7,8,9,10,11,12},A4:A14)&"-全年合计"&ABS(OFFSET(A3,A3,13))&"万元""，生成动态标题。其中，LOOKUP函数的作用是根据A3单元格中的数字查找引用A4:A14单元格区域中的项目名称。表达式"ABS(OFFSET(A3,A3,13)"的作用是首先运用OFFSET函数从A3单元格起，向下偏移行数为A3单元格中的数字，向右偏移13列，即可查找到"全年合计"数值，再运用ABS函数将其数值转换为绝对值（此动态标题将同时应用于5.3.3节制作的利润季度数据动态组合图中）。❷ 设置三维饼图的图表标题的公式为"=Sheet1!\$P\$2"，如下图所示。

5.3.3 制作利润季度数据动态组合图

在组合图表中，最经典的是柱形图与折线图的组合。本节将制作动态柱形图分别对比每个项目1—4季度的数据，并以折线图展示净利润率的发展趋势，同时制作"复选框"控件，控制显示或隐藏净利润率数据源及折线图。

下面仍然在"2020 年利润统计表 1.xlsx"文件中制作图表。

步骤 01 汇总季度数据。❶ 在 P3:T15 单元格区域绘制表格，运用 ROUND+SUM 函数组合分别汇总每个项目 1—4 季度的数据。在数据对比图表中，为了使图表更规范、美观，可以在数据源公式中嵌套 ABS 函数，将负数转换为绝对值（对"利润总额""净利润"等数据没有影响）。例如，Q4 单元格的公式为"=ABS(ROUND(SUM (B4:D4),2))"，以此类推。❷ 绘制一个"复选框"控件，设置名称为"净利润率"，将"链接单元格"设置为 T2 单元格。❸ 在 Q15 单元格中设置公式"=IF(\$T2=TRUE,ROUND(Q14/ Q4,4),"")"，其作用是勾选"净利润率"复选框控件后，计算净利润率，否则返回空值，将公式填充至 R15:T15 单元格区域中，如下图所示。

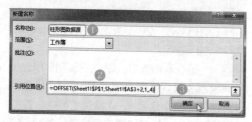

| | Q15 | ▼ | : | × | ✓ | fx | =IF($T2=TRUE,ROUND(Q14/Q4,4),"") |

C	P	Q	R	S	T	U
1		利润总额-全年合计148.76万元			☑净利润率	
2						TRUE
3	项目	第1季度	第2季度	第3季度	第4季度	
4	营业收入	379.76	379.82	381.19	384.35	
5	营业成本	262.26	253.94	256.18	263.83	
6	税金及附加	1.34	1.23	1.32	1.3	
7	销售费用	35.94	29.88	32.41	37.74	
8	管理费用	40.3	40.72	43.07	36.88	
9	财务费用	7.97	9.73	9.09	10.43	
10	营业外收入	6	6.29	13.22	10.3	
11	营业外支出	6.75	10.57	11.75	9.64	
12	利润总额	33.3	40.04	40.59	34.83	
13	所得税费用	1.67	2	2.73	3.48	
14	净利润	31.3	38.04	37.86	31.35	
15	净利润率	8.33%	10.02%	9.93%	8.16%	

步骤 02 定义名称，创建柱形图数据源。❶ 打开"新建名称"对话框，在"名称"文本框中输入"柱形图数据源"；❷ 在"引用位置"文本框中输入公式"=OFFSET(Sheet1!$P$1, Sheet1!$A$3+2,1,,4)"，公式原理与"饼图数据源"名称中的公式相同，公式表达式中唯一不同之处是 OFFSET 函数的第 1 个参数，即起始单元格改为 P1 单元格；❸ 单击"确定"按钮，关闭对话框，如下图所示。

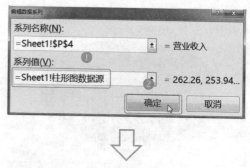

步骤 03 插入柱形图，编辑和添加数据源。❶ 框选 P3:T4 单元格区域，插入一个簇状柱形图，打开"选择数据源"对话框，打开"编辑数据系列"对话框，将"系列值"修改为"=Sheet1! 柱形图数据源"；❷ 单击"确定"按钮，返回"选择数据源"对话框；❸ 单击"图例项（系列）"列表框中的"添加"按钮；❹ 再次弹出"编辑数据系列"对话框，设置"净利润率"数据系列的"系列名称"为 P15 单元格，设置"系列值"为 Q15:T15 单元格区域；❺ 单击"确定"按钮，返回"选择数据源"对话框，再次单击"确定"按钮，关闭对话框，如下图所示。

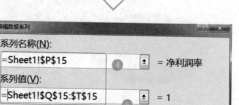

操作完成后，柱形图的效果如下图所示。

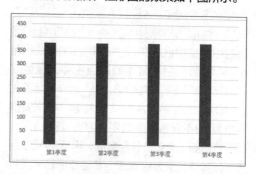

步骤 04 布局图表元素。❶ 打开"更改图表类型"对话框，在"所有图表"选项卡的"组合图"选项中勾选"净利润率"数据系列的"次坐标轴"复选框；❷ 单击"确定"按钮，关

闭对话框；❸ 设置"净利润率"数据系列的标记样式、大小、填充色及线条颜色；❹ 添加"图表标题"和"数据表"元素，将"图表标题"设置为引用 P2 单元格中的数据；❺ 将"净利润率"复选框控件移至图表区域中，与图表组合，如下图所示。

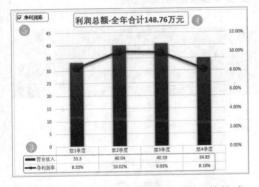

步骤 05 测试效果。❶ 自定义 A3 单元格格式，格式代码为"项目名称"，屏蔽其中的数字；❷ 在"组合框"控件的下拉列表中选择其他项目名称，如"利润总额"；❸ 取消勾选"净利润率"复选框。由此可以看到三维饼图和柱形图的动态变化效果，如下图所示。

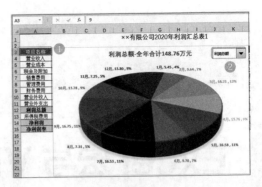

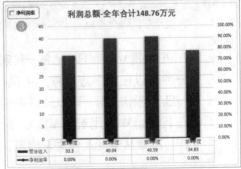

本章小结

本章以销售收入、指标达成、利润三类数据为例，系统地讲解了在 Excel 2019 中如何创建图表，并讲解了运用布局技巧制作各种常用图表、创意图表及动态图表的方法，还分享了制作思路。本章涉及的图表类型都是日常工作中常用的经典图表，主要包括柱形图、折线图、条形图、圆环图、饼图、瀑布图、组合图等。

在学习本章内容时，首先应学习在创建图表前如何正确地选择数据源。在创建基础图表后，应重点学习和掌握图表的核心技能，即图表布局、设置图表元素的方法和技巧等。

第 **6** 章

Excel 宏与 VBA 的基础应用

本章导读

　　VBA 是 Visual Basic 的一种宏语言，全称是 Visual Basic for Applications，是一种可以在桌面应用程序中执行通用的自动化 (OLE) 任务的编程语言。学习 VBA 编程应用，可以让复杂的工作简单化、自动化，减少重复性工作。学会在 Excel 中应用宏与 VBA，能够更加轻松高效地完成许多烦琐的数据处理工作。本章从实际工作需求出发，介绍宏与 VBA 的基础应用。

知识技能

本章相关案例及知识技能如下图所示。

```
                                          ┌─ 录制整理格式的宏
                        ┌─ 录制宏整理工作表格式 ─┼─ 使用和管理宏
                        │                 └─ 查看和管理宏的安全性
          知识技能 ──────┤
                        │                 ┌─ 自动创建工作簿目录
                        │                 ├─ 高亮显示被选中单元格所在行
                        └─ VBA基础编程 ─────┼─ 一步到位批量创建工作簿
                                          └─ 自定义函数获取工作表名称
```

6.1 录制宏整理工作表格式

案例说明

扫一扫，看视频

宏是 Excel VBA 程序中最基本的功能，运用宏能够简化大量重复的手工操作，大幅度提高工作效率。宏的工作原理是将用户为完成某项数据处理任务而执行的一系列操作步骤全部记录并存储。录制宏对整理具有固定格式和布局的原始表格格式特别适用。

例如，财务人员时常需要从第三方财务系统中导出余额表，但其格式极不规范，必须将其整理规范后才能打印、报送和使用。可以在首次整理表格的同时录制宏并保存，后续需要再做整理时，运行宏即可瞬间完成格式整理的全部操作。

余额表原始格式和录制宏一键整理后的格式效果对比如下图所示（结果文件参见：结果文件\第6章\××公司2020年12月余额表.xlsx、××公司2020年12月余额表1.xlsx、整理余额表格式.XLSB）。

	A	B	C	D	E	F	G	H	I	J	K
1	会计年度	会计期间	科目编码	科目名称	外币名称	期初借方	期初贷方	本期发生借	本期发生贷	期末借方	期末贷方
2	2020	月份：202	1001	库存现金		########	¥0.00	########	########	########	¥0.00
3	2020	月份：202	1002	银行存款		########	¥0.00	########	########	########	¥0.00
4	2020	月份：202	1002001	基本户		########	¥0.00	########	########	########	¥0.00
5	2020	月份：202	1121	应收票据		¥0.00	¥0.00	¥0.00	¥0.00	¥0.00	¥0.00
6	2020	月份：202	1121001	××有限公司		¥0.00	¥0.00	¥0.00	¥0.00	¥0.00	¥0.00
7	2020	月份：202	1122	应收账款		¥0.00	¥0.00	¥4,352.01	¥4,352.01	¥0.00	########
8	2020	月份：202	1221	其他应收款		¥0.00	¥0.00	¥3,392.13	¥3,392.13	¥0.00	
9	2020	月份：202	1221007	社保（个人）		¥0.00	¥0.00	¥3,392.13	¥3,392.13	¥0.00	
10	2020	月份：202	1221008	公积金（个人）		¥0.00	¥0.00	¥959.88	¥959.88	¥0.00	
11	2020	月份：202	1405	库存商品		########	¥0.00	########	########	########	¥0.00
12	2020	月份：202	1405001	库存商品		########	¥0.00	########	########	########	¥0.00
13	2020	月份：202	资产小计			########	########	########	########	########	########

	A	B	C	D	E	F	G	H	I
1	××有限公司2020年12月余额表								
2	会计期间	科目编码	科目名称	期初借方	期初贷方	本期发生借方	本期发生贷方	期末借方	期末贷方
3	2020年12月	1001	库存现金	13,807.08	–	66,859.28	53,528.90	27,137.45	–
4	2020年12月	1002	银行存款	570,886.41	–	2,847,005.48	3,365,400.69	52,491.20	–
5	2020年12月	1002001	基本户	570,886.41	–	2,847,005.48	3,365,400.69	52,491.20	–
6	2020年12月	1121	应收票据	–	–	–	–	–	–
7	2020年12月	1121001	××有限公司	–	–	–	–	–	–
8	2020年12月	1122	应收账款	–	942,104.73	3,345,969.15	2,845,005.12	–	441,140.70
9	2020年12月	1221	其他应收款	–	–	4,352.01	4,352.01	–	–
10	2020年12月	1221007	社保（个人）	–	–	3,392.13	3,392.13	–	–
11	2020年12月	1221008	公积金（个人）	–	–	959.88	959.88	–	–
12	2020年12月	1405	库存商品	1,642,448.29	–	3,115,385.67	2,669,468.11	2,088,365.85	–
13	2020年12月	1405001	库存商品	1,642,448.29	–	3,115,385.67	2,669,468.11	2,088,365.85	–
14	2020年12月	资产小计		2,227,141.78	942,104.73	9,379,571.59	8,937,754.83	2,167,994.50	441,140.70

思路分析

录制整理工作表格式的宏之前，首先需要设置宏的属性，包括宏名称、运行宏的快捷键、备忘文字说明等，同时，为了在其他格式相同的工作表中使用宏，需要设置将宏保存在"个人宏工作簿"中。个人宏工作簿无法自行选择存储路径，而是由 Excel 自动保存在指定文件夹中。为了方便后续调用，应将其剪切至目标文件夹。另外，Excel 默认设置宏的安全性为禁用宏，需要启用宏后才能使用，也可以通过"信任中心"改变宏的安全性设置。本节录制整理工作表格式的宏及使用和管理宏的具体操作思路及流程如下图所示。

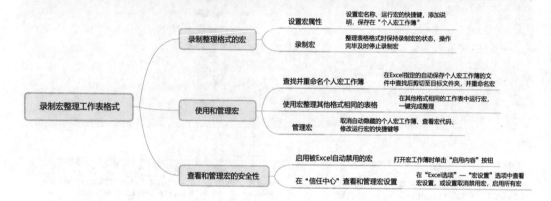

6.1.1 录制整理格式的宏

运用宏的第一步就是录制宏，具体操作非常简单，不用编辑代码，只需在整理格式之前打开宏录制的开关，操作完成后关闭即可完成录制。

步骤 01 打开"录制宏"对话框。打开"素材文件\第 6 章\×× 公司 2020 年 12 月余额表 .xlsx"文件，单击 Excel 窗口左下角的"录制宏"按钮，如下图所示。

步骤 02 设置"录制宏"对话框。❶ 弹出"录制宏"对话框，在"宏名"文本框中输入宏的名称，如"整理余额表格式"；❷ 将光标定位在"快捷键"文本框中，按任意键后，Excel 自动将此键与 Ctrl+Shift 键组合为运行宏的快捷键；❸ 在"保存在"下拉列表中选择宏的保存位置为"个人宏工作簿"；❹ 在"说明"文本框中添加关于宏的相关说明；❺ 单击"确定"按钮，关闭对话框后即开始录制宏，如下图所示。

小提示

（1）"录制宏"按钮在功能区的位置是"开发工具"选项卡的"代码"组。

（2）"录制宏"对话框的"保存在"下拉列表中包括 3 个选项，含义分别如下。

① 当前工作簿：在当前工作簿中录制的宏仅对当前工作簿有效。

② 个人宏工作簿：在当前工作簿中录制的宏对所有工作簿都有效。

③ 新建工作簿：在当前工作簿中录制的宏保存在新工作簿中，仅对该工作簿有效。

步骤 03 整理余额表格式，停止录制宏。Excel 窗口左下角的"录制宏"按钮变为实心正方形■时代表正在录制宏，将表格整理为规范格式，表格整理完成后单击■按钮停止录制宏，即完成录制宏。整理后的表格如下图所示。

步骤 04 运行宏，测试效果。当前工作簿中的余额表已经完成整理，因此需要打开其他未做整理的余额表测试宏的效果。❶ 打开"素材文件 \ 第 6 章 \×× 公司 2020 年 12 月余额表 1.xlsx"文件，单击"开发工具"选项卡中"代码"组的"宏"按钮；❷ 弹出"宏"对话框，选中"宏名"列表框中的宏，单击"执行"按钮即可运行宏（直接按步骤 02 设置的组合键 Ctrl+Shift+Q 可立即运行宏），如下图所示。

运行宏后，可以看到表格格式在一瞬间被整理为规范格式，效果如下图所示。

步骤 05 保存个人宏工作簿。关闭 Excel 工作簿，弹出提示对话框，单击"保存"按钮即可，如下图所示。

小提示

个人宏工作簿将被 Excel 自动保存在指定的 XLSTART 文件夹中，路径为 "C:\Documents and Settings\Administrator\Application Data\Microsoft\ Excel\XLSTART"。

6.1.2 使用和管理宏

将宏保存在个人宏工作簿的目的是可以在所有工作簿中使用这个宏。个人宏工作簿被 Excel 自动保存在指定文件夹中，后期需要在其他工作簿中使用宏时，必须先打开个人宏工作簿才能运行宏。

1. 查找并重命名个人宏工作簿

为了方便后期使用宏，可先查找到个人宏工作簿后转移到其他目标文件夹中，并自定义工作簿名称。

步骤 01 查找个人宏工作簿。将路径"C:\Documents and Settings\ Administrator\ Application Data\Microsoft\Excel\ XLSTART"复制粘贴至任一文件夹中的地址栏中，按 Enter 键即可跳转至 XLSTART 文件夹中，可看到其中存放了一份个人宏工作簿，名称为 PERSONAL.XLSB，如下图所示。

小技巧

查找个人宏工作簿时，直接在任意文件夹的搜索栏中输入工作簿名称 PERSONAL.XLSB，同样能够快速查找目标文件。

步骤 02 重命名个人宏工作簿。将 PERSONAL. XLSB 工作簿转移至目标文件夹，如"结果文件\第 6 章"，将工作簿名称修改为"整理余额表格式.XLSB"（注意扩展名".XLSB"不可修改），如下图所示。

2. 使用宏整理其他余额表

保存在个人宏工作簿的宏对所有 Excel 工作簿有效，后面需要再次整理其他月份余额表时，只需打开个人宏工作簿和需要整理表格式的工作簿后运行宏，即可瞬间完成表格的整理工作。

步骤 01 打开个人宏工作簿。打开"结果文件\第 6 章\整理余额表格式.XLSB"文件，弹出"Microsoft Excel 安全声明"对话框，单击"启用宏"按钮，如下图所示。

打开个人宏工作簿后，可看到 Excel 窗口中并无任何数据，需要打开待整理的工作簿后才能运行宏。若此时运行宏将弹出错误提示对话框，单击"结束"按钮关闭对话框即可，如下图所示。

步骤 02 运行宏。打开"素材文件\第 6 章\×× 公司 2021 年 1 月余额表.xlsx"文件，按下之前设置的运行宏的组合键 Ctrl+Shift+Q 即可立即整理好表格格式，运用"查找和替换"功能可将"2020 年 12 月"批量替换为"2021 年 1 月"，如下图所示。

3. 管理宏

管理宏时，无论是查看宏代码还是编辑宏、删除宏等，均在"宏"对话框中进行操作。下面介绍管理宏的操作方法。

步骤 01 取消隐藏的宏工作簿。前面打开个人宏工作簿时，可以看到 Excel 窗口中并没有任何数据，这是因为 Excel 自动隐藏了宏工作簿，此时通过"宏"对话框管理宏，如单击"编辑"按钮，将弹出对话框，提示取消隐藏，如下图所示。

因此，应首先取消窗口隐藏，显示宏工作簿后才能管理宏。① 单击"视图"选项卡中"窗口"组的"取消隐藏"按钮；② 弹出"取消隐藏"对话框，在"取消隐藏工作簿"列表框中选择要取消的工作簿；③ 单击"确定"按钮，如下图所示。

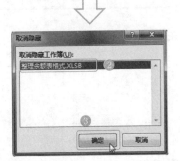

步骤 02 查看宏代码。① 显示宏工作簿后，打开"宏"对话框，在"宏名"列表框中选择需

要查看代码的宏名称，单击"编辑"按钮；② 弹出 VBA 窗口及"模块1"窗口，可以看到录制宏时自动生成的宏代码，如下图所示。

步骤 03 修改运行宏的快捷键。① 打开"宏"对话框，选中"宏名"列表框中的宏，单击"选项"按钮；② 弹出"宏选项"对话框，重新定义快捷键；③ 单击"确定"按钮，关闭对话框，返回"宏"对话框，单击"取消"按钮关闭对话框，如下图所示。

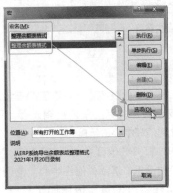

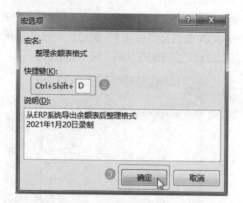

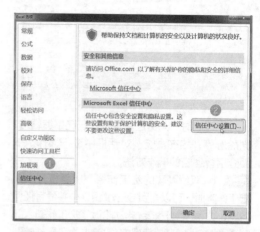

小技巧

设置快捷键时，如果输入大写字母，按键组合中将自动添加 Shift 键。例如，输入 D，快捷键自动设置为 Ctrl+Shift+D，输入 d，则自动设置快捷键为 Ctrl+d。

需要注意的是，设置"Ctrl+ 小写字母"后会导致 Excel 原有的内置快捷键失效。另外，不能将快捷键设置为数字或某些符号，如#、@ 等。

6.1.3 查看和管理宏的安全性

宏在运行中存在潜在的安全风险，因此，Excel 会自动禁用宏，并在用户打开宏工作簿时发出安全警告，如下图所示。单击"启用内容"按钮后方可使用宏。

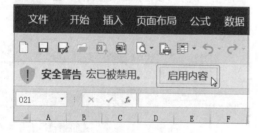

如果需要查看或重新设置宏的安全性，如取消安全警告、完全禁用所有宏等，可以在 Excel 的信任中心进行操作。

步骤 01 打开"信任中心"。❶ 打开"Excel 选项"对话框，选择"信任中心"选项；❷ 单击"信任中心设置"按钮即可打开"信任中心"。

步骤 02 在"信任中心"查看宏设置。❶ 弹出"信任中心"对话框，选择"宏设置"选项，可看到"宏设置"选项组中默认选中"禁用所有宏，并发出通知"单选按钮；❷ 如无须更改设置，单击"确定"按钮返回"Excel选项"对话框，单击"确定"按钮关闭对话框，如下图所示。

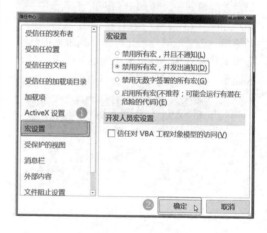

✎ 读书笔记

6.2 | VBA 基础编程

案例说明

运用 VBA 编写程序代码，能够最大限度地满足用户的需求，使更多重复烦琐的工作任务实现自动化，从而极大地提高工作效率。本节将结合 VBA 的编程功能和 Excel 中的功能、技巧等，以工作中的实际需求为出发点，制作以下 4 个基础案例。

①自动创建工作簿目录：实现自动获取工作簿内所有工作表名称并创建超链接，单击即可快速切换至目标工作表，同时制作"按钮"控件运行代码。

②高亮显示被选中单元格所在行：运用 VBA 与条件格式共同实现单击工作表内任一单元格后，其所在行高亮显示，以突出所选数据，便于查看和核对。

③批量创建工作簿：运行代码即可根据事先编辑好的名称批量创建多个 Excel 工作簿。

④自定义函数获取工作表名称：自定义函数后在工作表中使用，只需设置简单的表达式即可自动获取工作表名称，简化冗长的普通函数公式，且更易于理解和记忆。

如第一幅图所示，单击"创建工作表目录"按钮控件即可在数秒后完成工作表目录的创建工作。而第二幅图为高亮显示效果，单击选中A9单元格后，与其同一行的A9:J9单元格区域中全部自动填充颜色，以突出显示数据（结果文件参见：结果文件\第6章\增值税发票管理表1.xlsm、2020部门销售业绩日报表.xlsm、增值税发票管理表1-1.xlsm）。

	A	B	C	D
1	序号	工作表目录	创建工作表目录	
2	1	客户和供应商信息		
3	2	供应商税票汇总表		
4	3	Sheet3		
5	4	客户税票汇总表		
6	5	税负统计表		
7	6	发票汇总表		
8	7	2021.01月		
9	8	2021.02月		
10	9	2021.03月		
11	10	2021.04月		
12	11	2021.05月		
13	12	2021.06月		

	A	B	C	D	E	F	G	H	I	J
1	××公司2020年部门员工销售业绩日报表									
2	销售日期	销售部	姓名	产品A	产品B	产品C	产品D	产品E	产品F	合计
3	2020-01-01	销售1部	鲁一明	693.67	610.57	310.80	481.43	623.90	614.84	3335.21
4	2020-01-01	销售1部	汪小宇	353.99	592.45	464.41	462.50	344.57	649.71	2867.63
5	2020-01-01	销售1部	尹茗雅	715.41	460.17	743.24	532.59	430.73	318.72	3200.86
6	2020-01-01	销售1部	朱易凡	361.91	342.41	681.42	453.35	548.04	643.05	3030.18
7	2020-01-01	销售2部	陈佳莹	611.01	296.62	413.84	419.41	690.84	323.22	2754.94
8	2020-01-01	销售2部	倪维汐	494.61	551.99	741.27	523.45	477.86	421.50	3210.68
9	2020-01-01	销售2部	吴浩然	730.50	457.12	421.50	322.72	728.25	607.87	3267.96
10	2020-01-01	销售2部	肖昱龙	397.96	733.13	431.99	657.81	451.59	620.74	3293.22
11	2020-01-01	销售3部	曹颖萱	397.07	587.68	428.49	655.47	530.77	534.99	3134.47
12	2020-01-01	销售3部	陈丽玲	501.00	368.61	394.35	550.59	340.36	689.67	2844.58

思路分析

工作目标不同，编写的 VBA 代码及操作步骤都会有所不同。例如，创建工作簿目录时，编写代码后一般应制作按钮控件方便运行代码；高亮显示单元格及其所在行，需要将 VBA 代码与条件格式功能结合使用；批量创建工作簿只需在 Excel 工作表中预先编辑好工作簿名称，并运用 VBA 编写代码，再运行一次代码即可，无须将其保存为"Excel 启用宏的工作簿"；运用 VBA 自定义函数的名称，与普通工作表函数名称的不同之处在于：自定义函数名称可用中文命名。如本例，函数名称为"工作表名称"，更简单易懂。

本节运用 VBA 实现以上工作目标的具体思路如下图所示。

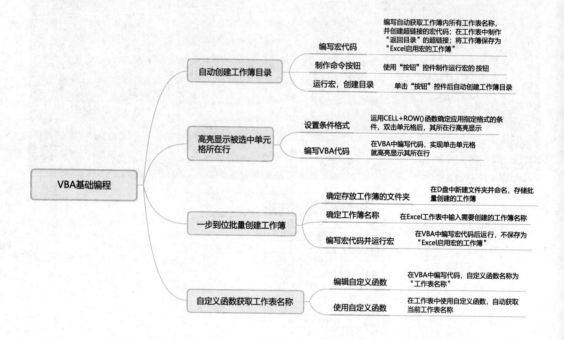

6.2.1　自动创建工作簿目录

实际工作中，通常需要在一个 Excel 工作簿中创建多个工作表来处理各种互有关联的数据。例如，第 4 章制作的"增值税发票管理表"工作簿中就包含 17 个工作表。为了方便查阅各个工作表中的数据，需要在各个工作表之间快速切换。对此，可运用 VBA 编辑一段宏代码，运行后即可自动获取当前工作簿中所有工作表

名称并创建超链接。需要切换工作表时，只需单击超链接即可一秒到达目标工作表。下面以增值税发票管理表为例，介绍创建工作簿目录的操作方法。

步骤 01 在工作表中批量插入行。打开"素材文件 \ 第 6 章 \ 增值税发票管理表 1.xlsx"，选定全部工作表后在第 1 行之上插入一行，后面编写代码将批量在第 1 行的单元格中自动生成"返回目录"的超链接，如下图所示。

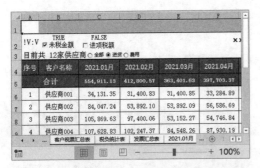

以上宏代码的含义如下:

① 定义宏的名称为"目录"。

② 从"工作表目录"工作表的 B2 单元格起依次创建当前工作簿中其他工作表的超链接。

③ 在其他工作表的 B1 单元格中创建名称为"返回目录"的超链接。

步骤 02 编写宏代码。❶ 新增工作表，命名为"工作表目录"，右击工作表标签，在快捷菜单中选择"查看代码"命令；❷ 弹出 VBA 窗口及代码编辑窗口，输入以下宏代码后关闭窗口，如下图所示。

```
Sub 目录 ()
Dim ws As Worksheet, n%
For Each ws In Worksheets
If ws.Name <> " 工作表目录 " Then
n = n + 1
Cells(n + 1, 2) = ws.Name
Worksheets(" 工 作 表 目 录 ").
Hyperlinks.
Add Cells(n + 1, 2), "", ws.Name & "!B1"
ws.[b1].Value = " 返回目录 "
ws.Hyperlinks.Add ws.[b1], "", " 工 作
表目录 !B2"
End If
Next
End Sub
```

步骤 03 运用控件制作运行宏的命令按钮。
❶ 返回"工作表目录"工作表，单击"开发工具"选项卡中"控件"组的"插入"下拉按钮；❷ 单击下拉列表中的"按钮"控件按钮；❸ 按住鼠标左键在工作表中绘制一个矩形按钮，释放鼠标左键后自动弹出"指定宏"对话框，在"宏名"列表框中选择宏（"Sheet1! 目录"）；❹ 单击"确定"按钮关闭对话框；❺ 返回工作表后将"按钮 1"控件的名称修改为"创建工作表目录"，打开"设置控件格式"对话框，设置字体、字号、颜色等，调整控件大小；❻ 在 A1:B20 单元格区域绘制表格，在 A2 单元格中设置公式"=IF(B2="","",ROW()−1)"，将公式填充至 A2:A20 单元格区域中，如下图所示。下一步创建目录后将自动生成序号。

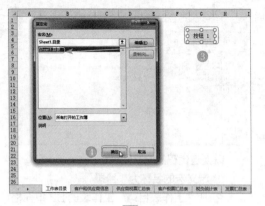

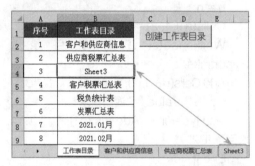

步骤 05 新增工作表，测试宏效果。在任意工作表，如第3个工作表"客户税票汇总表"之前插入一个新工作表（名称为"Sheet3"），返回"工作表目录"工作表，单击"创建工作表目录"按钮，即可看到B4单元格中创建了新增工作表"Sheet3"的超链接，如下图所示。

小技巧

　　制作运行宏的命令按钮时，除了可使用控件外，还可插入形状、图标、图片等对象，右击对象后在快捷菜单中选择"指定宏"命令，打开"指定宏"对话框选择需要运行的宏即可。

步骤 04 运行宏，创建工作表目录。❶ 单击"创建工作表目录"按钮后即从 B2 单元格起依次向下创建当前工作簿中其他工作表的超链接，数秒后即完成创建；❷ 单击任意工作表名称，如"客户税票汇总表"，立即切换至该工作表并定位到 B2 单元格中，同时可看到 B2 单元格中自动创建的"返回目录"链接。

步骤 06 保存为启用宏的工作簿。❶ 按组合键 Ctrl+S 保存工作簿，弹出对话框，提示若使用宏功能，必须将工作簿保存为启用宏的工作簿，单击"否"按钮；❷ 弹出"另存为"对话框，选择目标文件夹，在"保存类型"下拉列表中选择"Excel 启用宏的工作簿"选项；❸ 单击"保存"按钮，如下图所示。

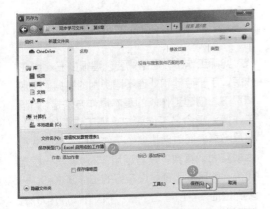

小技巧

"Excel 启用宏的工作簿"文件的后缀名为 .xlsm，注意与个人宏工作簿文件的后缀名 XLSB 区分。

6.2.2　高亮显示被选中单元格所在行

日常工作中，一个 Excel 工作表中的数据量通常非常大，而且数字排列也较为密集，在查阅和核对数据时需要高度集中精力，否则稍不留神就会因看错数字而影响工作效率。对此，同样可以通过 VBA 编写代码，结合条件格式功能设置被选中单元格所在行高亮显示，可以有效避免查看数据时发生错漏。

打开"素材文件\第 6 章\2020 年部门销售业绩日报表 .xlsx"文件，其中记录了销售部门的每位员工在 2020 年全年的每日产品销售业绩，共 4392 条记录，如下图所示。

下面设置条件格式并运用 VBA 编写代码，实现被选中单元格所在行高亮显示。

步骤 01 设置条件格式。❶ 选中 A3 单元

格，按组合键 Ctrl+Shift+ ↓ + →快速批量选定 A3:J4394 单元格区域，单击"开始"选项卡中"样式"组的"条件格式"下拉按钮，在下拉列表中选择"新建规则"命令；❷ 弹出"新建格式规则"对话框，在"选择规则类型"列表框中选择"使用公式确定要设置格式的单元格"选项，在"为符合此公式的值设置格式"文本框中输入公式"=CELL("row")=ROW()"，单击"格式"按钮，打开"设置单元格格式"对话框，设置格式；❸ 返回"新建格式规则"对话框后可看到预览效果，单击"确定"按钮关闭对话框，如下图所示。

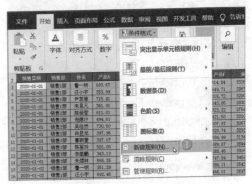

条件格式中的公式原理如下：

① 表达式"CELL("row")"，用于返回活动单元格的行号。

② 表达式"ROW()"，用于返回当前单元

格的行号。

③ 当活动单元格的行号等于当前单元格的行号时，即满足条件，则应用单元格格式。

条件格式的效果是，双击任意单元格（如 E12 单元格），按 Enter 键后，其所在行的单元格区域（A12:J12）将应用条件格式，如下图所示。

	A	B	C	D	E	F	G	H	I	J
1				××公司2020年部门员工销售业绩日报表						
2	预报日期	销售部	姓名	产品A	产品B	产品C	产品D	产品E	产品F	合计
3	2020-01-01	销售1部	鲁一明	693.67	610.57	310.80	481.43	623.90	614.84	3335.21
4	2020-01-01	销售1部	汪小宇	353.99	592.45	464.41	462.50	344.57	649.71	2867.63
5	2020-01-01	销售1部	尹茜蕾	715.41	460.17	743.24	532.59	430.73	318.72	3200.86
6	2020-01-01	销售1部	朱易凡	361.91	342.41	681.42	453.35	548.04	643.05	3030.18
7	2020-01-01	销售1部	陈佳健	611.01	296.62	413.84	419.41	690.84	323.22	2754.94
8	2020-01-01	销售2部	倪继行	494.61	551.99	741.27	523.45	477.86	421.50	3210.68
9	2020-01-01	销售2部	吴倩然	730.50	457.12	421.50	322.72	728.25	607.87	3267.96
10	2020-01-01	销售2部	肖晨龙	397.96	733.13	431.99	657.81	451.59	620.74	3293.22
11	2020-01-01	销售2部	曹颖萱	397.07	587.68	428.49	655.47	530.77	534.99	3134.47
12										
13	2020-01-01	销售3部	李鹏鹏	343.12	779.15	734.89	627.07	743.46	688.46	3916.15

步骤 02 编写代码。右击工作表标签，在快捷菜单中选择"查看代码"命令，打开 VBA 窗口及代码编辑窗口，输入一串简单的代码后关闭窗口。代码内容如下：

```
Sub Worksheet_SelectionChange
(ByVal Target As Range)
Application.ScreenUpdating = True
End Sub
```

设置完成后，单击 A3:J4394 单元格区域中的任意单元格（如 H9 单元格），其所在行的单元格区域（A9:J9）即应用条件格式，如下图所示。

	A	B	C	D	E	F	G	H	I	J
1				××公司2020年部门员工销售业绩日报表						
2	销售日期	销售部	姓名	产品A	产品B	产品C	产品D	产品E	产品F	合计
3	2020-01-01	销售1部	鲁一明	693.67	610.57	310.80	481.43	623.90	614.84	3335.21
4	2020-01-01	销售1部	汪小宇	353.99	592.45	464.41	462.50	344.57	649.71	2867.63
5	2020-01-01	销售1部	尹茜蕾	715.41	460.17	743.24	532.59	430.73	318.72	3200.86
6	2020-01-01	销售1部	朱易凡	361.91	342.41	681.42	453.35	548.04	643.05	3030.18
7	2020-01-01	销售1部	陈佳健	611.01	296.62	413.84	419.41	690.84	323.22	2754.94
8	2020-01-01	销售2部	倪继行	494.61	551.99	741.27	523.45	477.86	421.50	3210.68
9	2020-01-01	销售2部	吴倩然	730.50	457.12	421.50	322.72	728.25	607.87	3267.96
10	2020-01-01	销售2部	肖晨龙	397.96	733.13	431.99	657.81	451.59	620.74	3293.22
11	2020-01-01	销售2部	曹颖萱	397.07	587.68	428.49	655.47	530.77	534.99	3134.47

最后将工作簿保存为"Excel 启用宏的工作簿"即可。

6.2.3 批量创建工作簿

实际工作中，通常需要创建很多 Excel 工作簿，用于存储和处理不同类别的数据。一般情况下，创建工作簿的基本操作方法是：新建工作簿，重命名工作簿。这项工作虽然简单，但是当需要同时创建多个工作簿时，就会变得烦琐费力。其实，只需运用 VBA 编写一段宏代码，即可按照预先设定好的工作簿名称，一步到位地批量创建工作簿。下面介绍操作方法。

步骤 01 新建并命名文件夹。在计算机的 D 盘新建一个文件夹，命名为"批量新建工作簿"，用于存放即将新建的 Excel 工作簿，如下图所示。

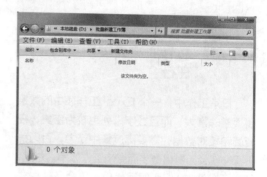

步骤 02 输入工作簿名称。新建 Excel 工作簿，自 A1 单元格起向下依次输入需要创建 Excel 工作簿的名称。本例输入 17 个工作簿名称，如下图所示。

	A	B	C
1	2021年1月工资表		
2	2021年2月工资表		
3	2021年3月工资表		
4	2021年4月工资表		
5	2021年5月工资表		
6	2021年6月工资表		
7	2021年7月工资表		
8	2021年8月工资表		
9	2021年9月工资表		
10	2021年10月工资表		
11	2021年11月工资表		
12	2021年12月工资表		
13	2021年销售汇总表		
14	2021年部门业绩统计表		
15	2021年进销存管理表		
16	2021年增值税发票管理表		
17	2021年职工考勤汇总表		

步骤 03 编写宏代码。右击工作表标签，在快捷菜单中选择"查看代码"命令，打开 VBA

窗口及代码编辑窗口，输入以下代码。

```
Sub 创建工作簿 ()
Dim a
Dim b
For a = 1 To WorksheetFunction. CountA
([a:a])
b = Cells(a, 1)
ActiveWorkbook.SaveAs "D:\ 批量新
建工作簿 " & b & ".xlsx"
Next
End Sub
```

步骤 04 运行宏。❶ 关闭代码编辑窗口，选择 VBA 窗口中"运行"选项卡的"运行宏"命令；❷ 弹出"宏"对话框，单击"运行"按钮；❸ 弹出提示对话框，注意这一步操作与之前的示例有所不同，应单击"是"按钮，即保存为未启用宏的工作簿，如下图所示。

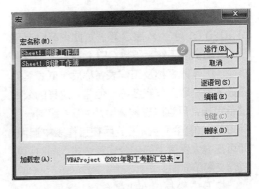

以上操作完成后立即开始创建 Excel 工作簿，数秒后完成创建。打开"D:\批量新建工作簿"文件夹，即可看到其中已创建成功的工作簿，如下图所示。

6.2.4　自定义函数获取工作表名称

实际工作中，当工作表函数无法满足工作需求时，可以通过编写 VBA 代码自定义函数，实现工作目标。

例如，在命名某些表格标题时，一般与工作表名称相同，或在标题中加入当前工作表名称，如"2020 年销售汇总表""×× 有限公司 2020.01 月 ×× 表"等。对此，可以运用 Excel 提供的工作表函数 CELL 获取文件存储路径、工作簿名称及工作表名称后，嵌套其他函数才能提取工作表名称。但是，这样的公式过于冗长，且难以理解。运用 VBA 编辑一段简短的代码自行定义函数后在工作表中运用，即可在很大程度上简化公式表达式，同时可使其含义简单易懂。

打开"素材文件 \ 第 6 章 \ 增值税发票管理表 1-1.xlsx"文件，切换至"2021.01 月"工作表，在 A1 单元格中设置公式"=CELL("filename")"，可看到其返回的结果包含文件存储路径、工作簿名称及工作表名称等一长串内容，如下图所示。

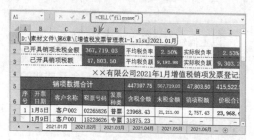

上图中，如果需要提取工作表名称，则需要将 RIGHT、LEN、FIND 函数与 CELL 函数嵌套设置公式才能实现。公式表达式为"=RIGHT(CELL("filename"),LEN(CELL("filename"))−FIND("]",CELL("filename")))"。

下面在 VBA 中编写代码，自定义"工作表名称"函数，自动获取当前工作表名称，并简化公式表达式。

步骤 01 编辑自定义函数。❶ 单击"开发工具"选项卡中"代码"组的"Visual Basic"按钮，打开 VBA 窗口；❷ 单击 VBA 窗口的"插入"选项卡的"模块"按钮即可插入代码编辑窗口；❸ 在"模块 1"代码编辑窗口中输入代码，自定义函数名称为"工作表名称"，代码内容如下：

```
Public Function 工作表名称 ()
    工作表名称 = ActiveSheet.Name
End Function
```

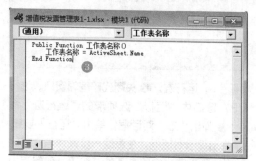

代码编辑完成后，关闭代码编辑窗口及 VBA 窗口，并将工作簿保存为"Excel 启用宏的工作簿"。

步骤 02 在工作表中使用自定义函数。❶ 返回 Excel 工作表后，在"2021.01 月"工作表的 A1 单元格中重新设置公式"="×× 有限公司 "& 工作表名称 ()&" 增值税发票登记表""，将指定文本与自定义函数"工作表名称"获取的当前工作表名称组合为表格标题的内容；❷ 将公式复制粘贴至"2021.02 月"—"2021.12 月"工作表中，切换至设置了相同公式的其他工作表，如"2021.06"工作表，即可看到表格标题中包含了当前工作表名称，如下图所示。

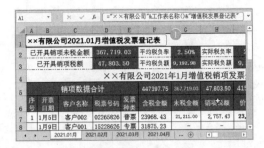

本章小结

本章以整理表格格式为例，针对实际工作中重复性较高的操作，介绍了 VBA 最基础的运用——录制宏快速整理格式，使用和管理宏，查看和管理宏的安全性等基本操作方法，并列举了 4 个案例，讲解了如何运用 Excel 功能和 VBA 代码共同实现自动批量创建工作簿目录、创建工作簿、高亮显示指定行，以及自定义函数获取工作表名称等，帮助读者进一步提高工作效率。

在学习本章内容时，应首先按照步骤多加练习录制、使用和管理宏等基本操作，并通过由录制宏自动生成的宏代码学习代码的基础知识，再循序渐进地学习运用 VBA 编写代码、运行代码等知识技能。

读书笔记

✎ 读书笔记

第二篇

办公技巧速查篇

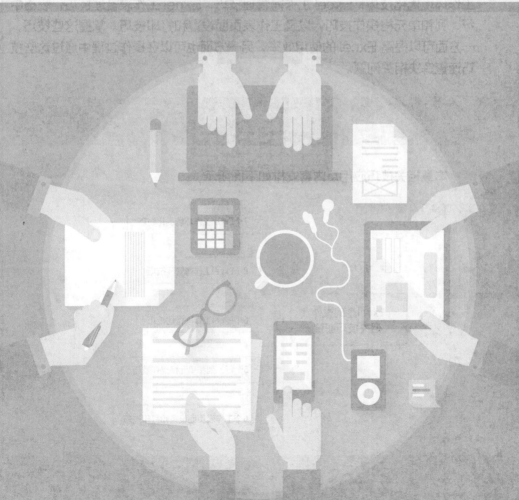

第 **7** 章

Excel 基础操作技巧速查

本章导读

本章主要讲解 Excel 2019 基础操作与应用的相关技巧，内容包括 Excel 工作环境优化技巧，Excel 工作簿管理技巧，Excel 工作表管理技巧，表格中行、列和单元格操作技巧，以及工作表页面设置和打印技巧。掌握这些技巧，一方面可以提高 Excel 的使用效率，另一方面也可以在操作过程中通过这些技巧速查解决相关问题。

知识技能

本章相关技巧应用及内容安排如下图所示。

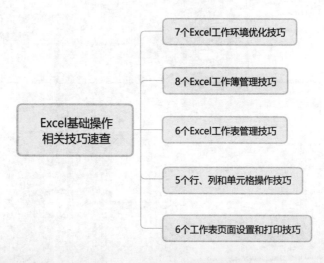

7.1 Excel 工作环境优化技巧

在使用 Excel 进行工作之前，可以根据自身的操作习惯和实际工作需求，对工作界面进行自定义设置和优化，打造适合自己的工作环境。例如，隐藏功能区，可使界面整洁、清爽；在快速访问工具栏中添加常用工具按钮，即可一键打开相应的对话框；修改工作簿的默认字体字号，可不必频繁地对其进行调整等。

001　快速隐藏或展开功能区

应用说明：

在计算机中安装 Excel 并首次启动进入后，默认情况下，功能区为固定展开状态，将其隐藏，需要使用时再展开，可使工作界面保持清爽、整洁。隐藏和展开功能区的设置方法非常简单，只需两步操作即可。

扫一扫，看视频

步骤 01 隐藏功能区。启动 Excel，右击功能区的空白处，在弹出的快捷菜单中选择"折叠功能区"命令，如下图所示。

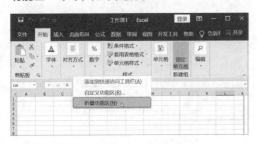

隐藏功能区后的效果如下图所示。

步骤 02 展开功能区。单击功能区中某个选项卡标签即可展开功能区。例如，需要使用"插入"选项卡中的功能，单击 Excel 窗口中"插入"选项卡标签即可，如下图所示。

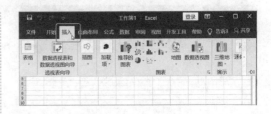

002　自定义快速访问工具栏

扫一扫，看视频

应用说明：

快速访问工具栏相当于命令按钮的容器，可以承载 Excel 中所有的操作命令和按钮。用户按照操作习惯将常用命令添加其中，并自行调整命令按钮的排列顺序，使用时直接单击即可快速调用相应功能。

在 Excel 初始界面中，快速访问工具栏位于功能区上方，其中仅默认添加了三个按钮，即"保存"按钮、"撤销"和"恢复"按钮。可以通过三种方法添加其他命令按钮，同时可以调整命令按钮的排列顺序和快速访问工具栏的显示位置，更加方便操作。

例如，需要在快速访问工具栏中添加"新建""打开""字体""字号""另存为"等命令按钮，具体操作方法如下。

步骤 01 通过快捷菜单添加"新建"和"打开"按钮。❶单击功能区上方的快速访问工具栏右侧的下拉按钮；❷弹出"自定义快速访问工具栏"快捷菜单，选择"新建"命令即可添加"新建"按钮；❸重复第❶~❷步操作，添加"打开"按钮即可，如下图所示。

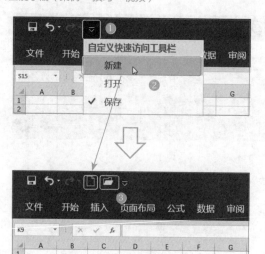

对于快捷菜单中没有的命令按钮，可展开选项卡功能区进行添加。

步骤 02 通过选项卡添加"字体"和"字号"按钮。❶单击"开始"选项卡，展开功能区；❷右击"字体"文本框，在弹出的快捷菜单中选择"添加到快速访问工具栏"命令；❸重复上述操作，添加"字号"按钮即可，如下图所示。

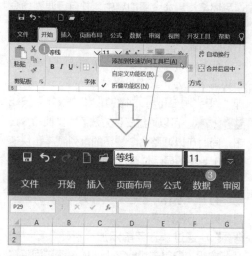

步骤 03 通过"Excel 选项"对话框添加"另存为"和"字号"按钮。❶单击快速访问工具栏的下拉按钮，展开"自定义快速访问工具栏"快捷菜单；❷选择"其他命令"命令；❸弹出"Excel 选项"对话框，默认选择"快速

访问工具栏"选项，在"从下列位置选择命令"列表中选择命令类型，如"常用命令"；❹在命令列表中单击选中"另存为"选项；❺单击"添加"按钮，即可将选择的按钮添加到右侧的列表中；❻选中右侧列表框中的命令按钮，单击列表框右侧的上、下调节按钮即可调整排列顺序；❼勾选左侧列表框下方的"在功能区下方显示快速访问工具栏"选项；❽单击"确定"按钮关闭对话框，如下图所示。

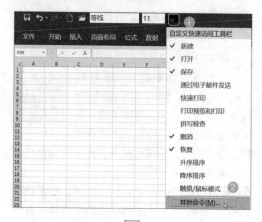

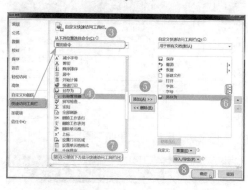

添加其他命令按钮时，根据实际情况分别参照以上三种方法的操作步骤添加即可。所需全部按钮添加并调整顺序后，如下图所示。

小技巧

（1）右击快速访问工具栏后，在快捷菜单中选择相关命令，也可以调整其显示位置，或者将不需要的命令按钮删除。

（2）参照本例的操作方法，还可以创建并自定义功能区选项卡。本书 3.2.1 节＜创建多重合并区域的数据透视表＞中已介绍过具体操作步骤。

003　调整 Enter 键的光标移动方向

应用说明：

扫一扫，看视频

在 Excel 的初始设置中，按 Enter 键后光标通常向下移动，即结束当前单元格的编辑跳转至下一行单元格中。可以根据编辑习惯，调整光标移动方向。

例如，将按 Enter 键后光标的移动方向调整为向右移动，操作方法如下。

❶ 打开"Excel 选项"对话框，切换至"高级"选项卡；❷ 保持"编辑选项"选项组中"按 Enter 键后移动所选内容"复选框的默认勾选状态，在"方向"下拉列表中选择"向右"选项；❸ 单击"确定"按钮关闭对话框，如下图所示。

004　设置"最近"使用的文档数目

应用说明：

为了方便用户快速打开最近使用的文档，

扫一扫，看视频

默认情况下，Excel 会在"文件"列表的"开始"选项中列出最近编辑过的 25 个工作簿。用户可根据实际操作需求更改列表中的工作簿数目。

例如，将最近使用的文档数目更改为 10 个，操作方法如下。

❶ 打开"Excel 选项"对话框，切换至"高级"选项卡；❷ 在"显示"选项组的"显示此数目的'最近使用的工作簿'"文本框中删除原有数字后输入 10（或单击右侧的调节按钮进行调整）；❸ 单击"确定"按钮关闭对话框，如下图所示。

005　在"最近"列表中固定常用工作簿

应用说明：

Excel 的"最近"列表功能虽然能够列出指定数量的最近使用的 Excel 工作簿，但是根据打开顺序滚动显示。当打开多个工作簿后，"最近"列表中有可能已经找不到需要的工作簿了。因此，可以把工作中频繁使用的工作簿固定在列表中，方便随时打开。

❶ 在"文件"列表的"最近"选项卡中右击需要固定的工作簿，在弹出的快捷菜单中选择"固定至列表中"命令；❷ 切换至"已固定"选项卡，可看到已固定的工作簿名称（如需删

除，右击后在快捷菜单中选择"从列表中取消固定"命令即可），如下图所示。

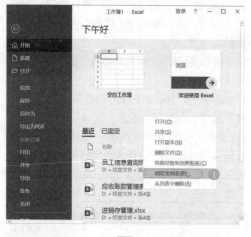

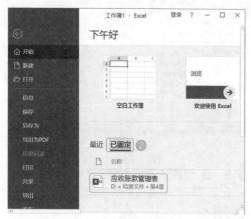

006 更改新建工作簿的默认字体和字号

扫一扫，看视频

应用说明：

新建 Excel 工作簿后，可看到其中默认字体为"等线"，字号为 11。在实际操作时，大部分用户对默认字体和字号并不满意，因此每次新建工作簿后都会手动修改字体格式。其实，可以通过一步简单的操作直接修改默认设置，之后新建工作簿后便会应用新的字体和字号。

例如，将默认字体修改为"微软雅黑"，字号修改为 12，操作方法如下。

❶ 打开"Excel 选项"对话框，切换至"常规"选项卡；❷ 在"新建工作簿时"选项组的"使用此字体作为默认字体"下拉列表中选择"微软雅黑"字体，在"字号"下拉列表中选择 12；❸ 单击"确定"按钮关闭对话框；❹ 弹出提示对话框，直接单击"确定"按钮，如下图所示。

重新启动 Excel 后，可看到默认字体和字号已经变为更改后的设置，如下图所示。

🔔 **小提示**

在"Excel 选项"对话框的"常规"选项卡中，在"新建工作簿时"选项组中还可以设置新工作表的默认视图和工作表数量。默认视图包括普通视图、分页预览和页面视图，在下拉列表中选择即可。工作表数量根据实际工作的常用需求输入数字即可。

007　自定义状态栏的显示内容

应用说明：

扫一扫，看视频

状态栏位于 Excel 窗口底部，用于显示各种状态信息，如功能键的开关状态、单元格模式，还可以进行部分简单的快捷计算。可以根据工作需求，选择或取消状态栏的显示内容。

例如，需要在状态栏中显示平均值，操作方法如下。

步骤 01 设置显示平均值。打开任意一个包含数据表格的 Excel 工作簿，如"增值税发票管理表"，右击窗口底部的状态栏，在弹出的快捷菜单中选择"平均值"选项即可。

步骤 02 查看平均值。框选表格中包含数据的任意单元格区域，如 C4:C15 单元格区域，可看到状态栏中显示平均值及选择显示的其他内容，如下图所示。

平均值：46,201.87　计数：12　最小值：42,095.01　最大值：49,655.47　求和：554,422.42

✎ 读书笔记

7.2　Excel 工作簿管理技巧

Excel 工作簿即通常所讲的 Excel 文件，主要用于保存表格内容。使用 Excel 处理数据前，掌握工作簿和工作表的相关操作技巧可以达到事半功倍的效果。

008　启动 Excel 时一次性打开多个工作簿

应用说明：

默认情况下，一次仅能打开一个指定的

扫一扫，看视频

Excel 文件。实际工作中，通常需要同时查阅或编辑多个 Excel 工作簿中的数据，只能依次逐个打开指定文件。为了方便操作，提高工作效率，可以通过设置实现每次启动 Excel 时，同时自动打开指定的多个 Excel 文件。

例如，财务人员每日都需要编辑"应收账款管理表 .xlsx""固定资产管理表 .xlsx""进销存管理 .xlsx"这三个文件，希望能够一次性打开，操作方法如下。

步骤 01 将指定文件存放在指定文件夹中。在 D 盘（或其他任意盘符中）新建一个文件夹，命名为"日常工作表"，将以上文件剪切并粘贴至其中（为了确保数据的唯一性，建议通过"剪切"操作，而避免通过"复制"进行粘贴）。

步骤 02 在 Excel 中进行设置。❶ 启动 Excel，打开"Excel 选项"对话框，切换至"高级"选项卡；❷ 将存放文件的路径复制并粘贴至"常规"选项组的"启动时打开此目录中的所有文件"文本框中；❸ 单击"确定"按钮关闭对话框，如下图所示。关闭 Excel 程序后重新启动，即可一次性打开文件夹中的所有文件。

009　将 Excel 工作簿保存为模板

扫一扫，看视频

应用说明：

实际工作中，很多数据都需要定期制作表格进行统计和分析，如

工资表、×× 月报表、×× 季报表等。这类周期性数据使用的表格框架及其他格式基本完全相同。为了提高工作效率，可以创建模板文件，预先做好所有基础设置，如绘制表格框架，设置标题、格式，添加计算公式等。之后使用时通过模板创建新的 Excel 文件后，只需编辑变量数据，无须再做其他设置。

例如，创建"资产负债表"模板文件，操作方法如下。

步骤 01 保存模板文件。❶ 打开"素材文件 \ 第 7 章 \ ×× 公司 2021 年 1 月资产负债表 .xlsx"文件，删除 C6:C37 与 F6:F37 单元格区域中的"期末余额"数字（注意不要删除公式）；❷ 选择"文件"列表中的"另存为"选项卡；❸ 选择右侧窗口中的"浏览"命令；❹ 弹出"另存为"对话框，选择存放模板文件的文件夹，在"文件名"文本框中将文件名称修改为"资产负债表"，在"保存类型"下拉列表中选择"Excel 模板"选项；❺ 单击"保存"按钮，如下图所示。

间就会自动保存一次文件。默认情况下，间隔时间为 10 分钟，用户可以自行设置，调整为最短的时间，以避免因出现断电、计算机故障等意外情况而导致重要数据丢失，从而充分保障数据的安全。

扫一扫，看视频

❶ 打开"Excel 选项"对话框，切换至"保存"选项卡；❷ 将"保存自动恢复信息时间间隔"文本框中的数字修改为 1；❸ 单击"确定"按钮关闭对话框，如下图所示。

步骤 02 查看模板文件。打开存放 Excel 模板的文件夹，可看到"资产负债表"模板文件，扩展名为".xltx"，文件图标也与普通工作簿有所不同，如下图所示。

示例结果见"结果文件\第 7 章\×× 公司 2021 年 1 月资产负债表 .xltx"。

🔔 小提示

（1）参照本例的操作方法，还可将 Excel 工作簿保存为多种类型的文件，如低版本的 Excel 工作簿（"Excel 97-2003 工作簿"）、网页、PDF 文件等，只需在"另存为"对话框的"文件类型"下拉列表中选择文件类型即可。

（2）后期使用模板文件编辑数据后，注意要另存为"Excel 工作簿"，以便生成新的 Excel 文件来保存数据。

010　调整自动恢复文件的间隔时间，有效保障数据安全

应用说明：

在 Excel 中编辑文件时，每间隔一定的时

011　将低版本文件转换为高版本文件

应用说明：

扫一扫，看视频

实际工作中，经常会接收到外来的或从其他软件中导出的较低版本的 Excel 文件（如 Excel 97-2003 兼容模式）。为了便于编辑，可以通过 Excel 中的转换功能，将其快速转换为最新版本的文件。

打开"素材文件\第 7 章\×× 有限公司 2021 年 1 月利润表 .xlsx"文件，可看到窗口显示文件为"兼容模式"，如下图所示。

将其转换为最新版本的操作步骤如下。

❶ 选择"文件"列表中的"信息"选项卡；❷ 选择右侧窗口的"转换"命令；❸ 弹出提示对话框，单击"是"按钮，如下图所示。

示例结果见"结果文件\第 7 章\×× 有限公司 2021 年 1 月利润表 .xlsx"。

012　将工作簿标记为最终状态

扫一扫，看视频

应用说明：

当 Excel 工作簿全部编辑完成，需要对外发送时，可将其标记为最终状态，以便提醒他人不要随意更改文档内容。

❶ 打开"素材文件\第 7 章\×× 公司 2021 年 2 月利润表 .xlsx"文件，选择"文件"列表中的"信息"选项卡；❷ 单击右侧窗口中的"保护工作簿"下拉按钮；❸ 弹出下拉列表，选择"标记为最终"命令；❹ 弹出提示对话框，单击"确定"按钮；❺ 再次弹出提示对话框（可勾选"不再显示此消息"复选框），单击"确定"按钮，如下图所示。

返回工作簿后即可在编辑栏上方显示提示信息。如果仍然需要编辑工作簿，则单击"仍然编辑"按钮即可，如下图所示。

示例结果见"结果文件\第 7 章\×× 公司 2021 年 2 月利润表 .xlsx"。

013　为工作簿设置打开或修改权限密码

应用说明：

对于存有重要数据的 Excel 工作簿，可以通过"另存为"对话框中的工具分别为其设置打开和修改权限密码，以防止他人任意查看或修改内容。操作方法如下。

扫一扫，看视频

步骤 01 设置权限密码。❶ 打开"素材文件\第 7 章\2021 年 1 月员工工资表 .xlsx"文件，按 F12 键即可快速打开"另存为"对话框，单击"工具"下拉按钮；❷ 在弹出的下拉列表中选择"常规选项"命令；❸ 弹出"常规选项"对话框，在"打开权限密码"和"修改权限密码"文本框中输入不同的密码，如"123"和"456"（或仅设置其中一个权限密码）；❹ 单击"确定"按钮，如下图所示。

上述操作完成后将弹出"确认密码"对话框，要求再次输入两个权限密码。重新输入后单击"确定"按钮关闭对话框，返回"另存为"对话框，将其保存在"第 7 章\结果文件"文件夹中。

步骤 02 测试效果。❶ 打开"结果文件\第 7 章\2021 年 1 月员工工资表 .xlsx"文件，可以看到弹出"密码"对话框，输入打开权限密码，单击"确定"按钮；❷ 再次弹出"密码"对话框，输入修改权限密码或单击"只读"按钮，以只读方式打开文件，如下图所示。

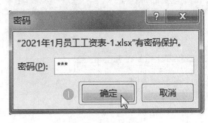

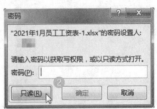

示例结果见"结果文件\第 7 章\2021 年 1 月员工工资表 .xlsx"。

 小提示

若要取消工作簿的密码，首先需要正常打开工作簿（不以只读方式打开），再通过"另存为"对话框打开"工具"下拉列表中的"常规选项"对话框，删除其中密码后保存即可。

014　为工作簿结构设置保护密码

应用说明：

Excel 不仅能够为工作簿设置打开和修改权限密码，还可以进一步设置密码保护工作簿结构，防止

扫一扫，看视频

其他用户对其中的工作表进行增加、删除、复制、移动、隐藏或显示等操作。操作方法如下。

步骤 01 设置工作簿结构保护密码。❶打开"素材文件\第7章\2021年1月员工工资表1.xlsx"文件，单击"审阅"选项卡中"保护"组的"保护工作簿"按钮；❷弹出"保护结构和窗口"对话框（默认勾选"结构"复选框），在"密码（可选）"文本框中输入密码；❸单击"确定"按钮，如下图所示。

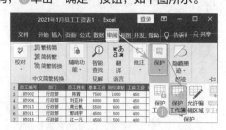

上述操作完成后将弹出"确认密码"对话框，重新输入后单击"确定"按钮即可。

步骤 02 查看效果。返回工作簿窗口，右击工作表标签，可以看到快捷菜单中"插入""删除"等7个命令全部呈灰色，无法选中，也就无法执行命令，如下图所示。

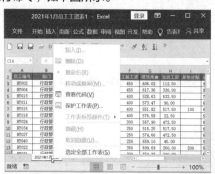

示例结果见"结果文件\第7章\2021年1月员工工资表1.xlsx"。

015 共享工作簿，与他人协作编辑

扫一扫，看视频

应用说明：

如果需要与他人协作编辑同一份 Excel 工作簿内容，则可以在登录 Office 账户后将工作簿共享，保存至云端后，其他用户登录账户即可实现远程协作编辑。操作方法如下。

步骤 01 共享工作簿。❶打开"素材文件\第7章\应收账款.xlsx"文件，登录 Office 账户，单击窗口右上角的"共享"按钮；❷激活"共享"任务窗格，单击"保存到云"按钮；❸Excel自动跳转至"文件"列表的"另存为"选项卡，选择右侧窗口中的"One Drive-个人"命令；❹选择存放共享工作簿的文件夹，如"××的 One Drive(个人版)"或"文档"命令，弹出"另存为"对话框，直接单击"保存"按钮，如下图所示。

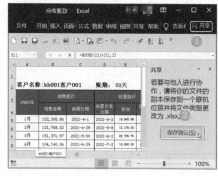

步骤 02 邀请他人编辑工作簿。❶将工作簿成功保存至One Driver文档后返回工作簿窗口，单击"共享"任务窗格中"邀请人员"文本框右侧的"通讯簿"按钮 ；❷弹出"通讯簿"对话框，在左侧联系人列表框中双击联系人名称，将其添加至"邮件收件人"列表中；❸单击"确定"按钮；❹返回工作簿后，可看到联系人的邮件地址已被添加至"共享"任务窗格的"邀请人员"文本框中，单击"共享"按钮发送邮件，如下图所示。对方收到邮件后登录Office账户，即可与用户同时编辑工作簿。

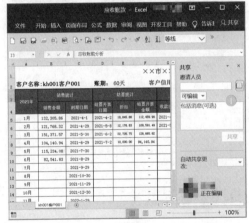

小提示

在发送邀请邮件之前，可为对方设定编辑或仅查看的权限。在"邀请人员"文本框下面的下拉列表中选择"可编辑"或"可查看"选项即可。

7.3 Excel 工作表管理技巧

Excel 工作表是构成 Excel 工作簿和用于完成工作的基本单位。7.2 节介绍了工作簿的部分操作技巧，下面接着介绍工作表的相关操作技巧。

016　批量添加多个工作表

应用说明：

在实际工作中，一个 Excel 工作簿中通常需要添加多个工作

扫一扫，看视频

表才能满足工作需求。添加新工作表时，一般只需单击最右侧工作表标签旁的"新工作表"按钮 ，或按组合键 Shift+F12 即可插入一个新工作表，连续操作即可插入多个工作表。除此之外，还可以一次性插入多个工作表。例如，在新建工作簿中，默

认工作表数量通常为 3 个。工作过程中，3 个工作表全部被使用后需要再次添加 3 个工作表，操作方法如下。

步骤 01 批量选定工作表。右击任意一个工作表标签，在弹出的快捷菜单中选择"选定全部工作表"命令，即可选定全部工作表，如下图所示。

步骤 02 插入新工作表。❶选定全部工作表后再次右击任意一个工作表标签，在弹出的快捷菜单中选择"插入"命令；❷弹出"插入"对话框，选中"工作表"选项；❸单击"确定"按钮，如下图所示。

返回工作簿后，即可看到插入了 3 个新工作表，如下图所示。

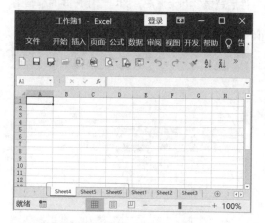

小提示

（1）一次性插入新工作表的数量取决于批量选定已有工作表的数量。例如，本例插入 3 个工作表后，需要再插入 4 个工作表，就再次选定 4 个工作表后插入新工作表。

（2）一次性批量插入新工作表还可以运用数据透视表的相关功能操作，将在第 11 章中介绍。

017 调整工作表的排列顺序

扫一扫，看视频

应用说明：

当工作簿中包含多个工作表时，为了让工作表的排列更加合理，可以调整工作表的排列顺序。

单击选中需要移动的工作表标签，按住鼠标左键不放，将其拖动至目标位置后释放鼠标左键，如下图所示。

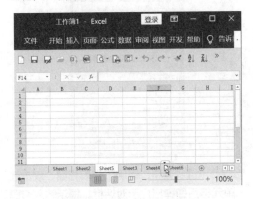

018　快速切换工作表

应用说明：

切换工作表的操作本身非常简单，只需单击目标工作表标签即可。但是，当工作表数量较多时，单击标签进行切换就会非常烦琐。对此，可以通过右击标签栏的滚动按钮进行快速切换。操作方法如下。

❶ 右击工作表标签栏的滚动按钮 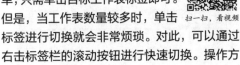；❷ 弹出"激活"对话框，在列表中选择目标工作表；❸ 单击"确定"按钮，如下图所示。

019　将工作表复制到其他工作簿中

应用说明：

复制工作表至其他工作簿中，一般可以框

选表格区域或单击工作表左上角的全选按钮 ◢，选中整个工作表区域后复制，再粘贴至空白工作表中。其实通过"移动或复制工作表"对话框进行复制更加简单、快捷。操作方法如下。

❶ 打开"素材文件\第7章\进销存管理.xlsx"文件，右击需要复制的工作表标签，在弹出的快捷菜单中选择"移动或复制"命令；❷ 弹出"移动或复制工作表"对话框，在"工作簿"下拉列表中选择"工作簿1"选项；❸ 在"下列选定工作表之前"列表框中选择在"工作簿1"中放置被复制工作表的位置，如放在工作表"Sheet1"之前，就选择"Sheet1"选项；❹ 勾选"建立副本"复选框（如果移动工作表，则应取消勾选）；❺ 单击"确定"按钮，如下图所示。

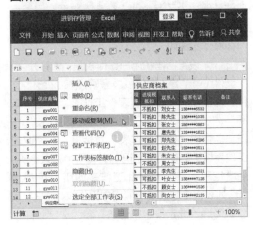

小提示

通过工作表标签的右键快捷菜单还可以隐藏和取消隐藏工作表。只需右击工作表标签，选择相应命令后按照提示操作即可。

020　设置工作表的操作权限

应用说明：

7.2 节介绍了保护工作簿的操作方法。如果仅需保护工作簿中的某一个或几个工作表，也可以单独为工作表设置密码，并限制其他用户编辑工作表的操作权限。

例如，"增值税发票管理"工作簿的"发票汇总表"工作表中的所有数据均设置了公式自动计算，为了避免他人在查看数据时因手误修改或删除公式，很有必要设置用户操作权限。具体操作方法如下。

步骤 01 设置密码和用户操作权限。❶打开"素材文件＼第7章＼增值税发票管理表.xlsx"文件，切换至"发票汇总表"工作表，单击"审阅"选项卡中"保护"组的"保护工作表"按钮；❷弹出"保护工作表"对话框，在"取消工作表保护时使用的密码"文本框中输入密码，如"123"，在"允许此工作表的所有用户进行"列表框中勾选或取消用户操作权限（Excel默认勾选"选定锁定单元格"和"选定解除锁定的单元格"复选框）；❸单击"确定"按钮，弹出"确认密码"对话框，再次输入密码即可，如下图所示。

步骤 02 查看效果。返回工作表界面，双击任一单元格后即弹出提示对话框，提示输入密码才能编辑，如下图所示。

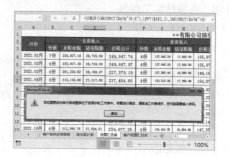

021　设置工作表允许编辑区域的权限

应用说明：

Excel 的"保护工作表"的功能在默认情况下是对整个工作表起作用，如果用户在与他人协作编辑工作表时，需要其编辑工作表中的部分区域，可先单独设置允许其他用户可以编辑的区域密码后，再对工作表设置密码保护。

例如，在"增值税发票管理"工作簿的"2021.01月"工作表中，仅允许手工填写的原始信息的区域可以编辑，其他包含公式的区域全部锁定。操作方法如下。

步骤 01 设置允许编辑区域密码。❶在"增值税发票管理"工作簿的"2021.01月"工作表中单击"审阅"选项卡中"保护"组的"允许编辑区域"按钮；❷弹出"允许用户编辑区域"对话框，单击"新建"按钮；❸弹出"新区域"

对话框，在"标题"文本框中输入标题名称"发票登记"，单击"引用单元格"文本框后框选允许编辑的区域（注意不连续的区域之间用英文逗号间隔），在"区域密码"文本框中输入密码"123"；④单击"确定"按钮，弹出"确认密码"对话框，再次输入密码后单击"确定"按钮；⑤返回"允许用户编辑区域"对话框后，单击"保护工作表"按钮，设置工作表保护密码（123）即可，如下图所示。

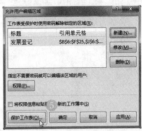

步骤 02 测试效果。返回工作表界面，在允许编辑区域的任一单元格中输入内容时立即弹出"取消锁定区域"对话框，在文本框中输入密码后方可进行编辑，如下图所示。

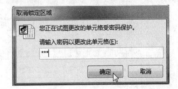

技巧 020 和技巧 021 的示例结果见"结果文件\第 7 章\增值税发票管理表 .xlsx"。

7.4　行、列和单元格操作技巧

在 Excel 工作簿的每一个工作表中，行和列是由若干个单元格横向和纵向排列组合而成的。单元格是存储数据和构成工作表的最小单位。使用 Excel 进行数据处理时，必然要对工作表中的单元格、行和列进行操作，才能完成一个表格的制作。本节将介绍行、列和单元格的相关操作技巧，帮助读者提高工作效率。

022　批量插入、删除连续的多行或多列

应用说明：

编辑工作表，当需要在表格中添加数据时，

扫一扫，看视频

为了保持表格布局，通常需要插入一整行或一整列。基本操作是：右击选中行或列，在弹出的快捷菜单中选择"插入"命令，即可插入一行

或一列。但是，当需要插入多行或多列时，逐一插入会影响工作效率。可以运用技巧批量插入多行或多列，操作方法也非常简单。

例如，在工作表的 D 列前插入 5 列，操作方法如下。下面继续使用 "素材文件 \ 第 7 章 \ 增值税发票管理 .xlsx"文件示范操作方法。

❶ 将鼠标指针移至 D 列列标处，拖动鼠标指针选中 D:H 区域（共 5 列）；❷ 右击被选中列的任一列标，在弹出的快捷菜单中选择"插入"命令（或按组合键 Ctrl+"+"）即可一次插入 5 列，如下图所示。

操作完成后，插入 5 列后的工作表如下图所示。

小技巧

（1）批量插入或删除多行或多列均按此方法操作：无论插入或删除行和列，只需选中 n 行或 n 列，即可批量插入或删除 n 行或 n 列。

（2）如果需要批量插入或删除不连续的多行或多列，只需按住 Ctrl 键选择行或列即可。

（3）删除行、列或单元格的组合键是 Ctrl+"－"。

023 巧用定位功能一键删除不连续的空行或空列

应用说明：

在整理不规范的工作表时，时常需要将一些多余的空行或空列删除。如果均为连续的行

扫一扫，看视频

或列，拖动鼠标批量选中后就可一键删除。但是当空行或空列不连续时，如果逐一选中再逐一删除就会非常耗时费力。对此，可以巧妙运用定位功能，批量选中所有空行或空列后一键删除。操作方法如下。

步骤 01 定位空值。❶ 按 F5 键或组合键 Ctrl+G，打开"定位"对话框，单击"定位条件"按钮；❷ 弹出"定位条件"对话框，选中"空值"单选按钮；❸ 单击"确定"按钮即可定位表格中全部空值所在的单元格，如下图所示。

步骤 02 一键删除空行。❶ 定位全部空值单元格后，如有不需要删除的空行，如下图所示的标题行，按住 Ctrl 键，单击 A1:H1 单元格区域中的空单元格即可取消选定；❷ 右击表格区域，弹出快捷菜单，选择"删除"命令；❸ 弹出"删除"对话框，默认选中"下方单元格上移"

单选按钮，直接单击"确定"按钮即可一次删除全部空行，如下图所示。

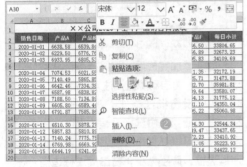

删除不连续的空列同样可按此方法操作，但是不能一次同时删除全部空行和空列。

024　双击鼠标一秒定位至列表最后一行

应用说明：

日常工作中，在编辑工作表时，往往习惯将汇总数据设置在表

扫一扫，看视频

格最末行或最右列，这本身没有什么问题。但是当数据量非常大，导致表格超长或超宽时，查看汇总数据就非常不便。对此，完全可以运用技巧快速定位到最末行或最右列。操作方法如下。

选中数据表格中的任意单元格，将鼠标指针移至单元格下边框，当鼠标指针呈现此形状时双击即可，如下图所示。

操作完成后，可看到光标已经跳转至最末行的单元格中，如下图所示。

如果需要跳转至最右列、首列或首行，同样将鼠标指针移至任意单元格的右边框、左边框或右上边框后双击即可。

025　运用名称框定位目标单元格或区域

扫一扫，看视频

应用说明：

在工作中选择要编辑的单元格或单元格区域时，在某些情况下，通过名称框进行选择比鼠标操作更快捷。操作方法如下。

❶在名称框中输入需要选择的单元格或单元格区域的地址，如 A34:H62；❷按 Enter

键即可选中 A34:H62 单元格区域，如下图所示。

026 在单元格中添加批注并设置批注格式

扫一扫，看视频

应用说明：

在编辑表格的过程中，为了解释单元格数据所代表的含义或提醒自己和他人一些重要事项，可以为单元格添加一些批注。同时，还可以对批注格式进行设置。操作方法如下。

步骤 01 添加批注。❶选中需要添加批注的单元格，如 C189 单元格，单击"审阅"选项卡中"批注"组的"新建批注"按钮；❷在 C189 单元格右上角出现红色三角标识，并弹出批注框，直接输入批注内容即可，如下图所示。

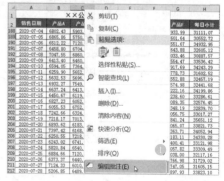

批注添加完成后，将鼠标指针从 C189 单元格移开，将自动隐藏批注。

步骤 02 设置批注格式。❶右击 C189 单元格，在快捷菜单中选择"编辑批注"命令，显示批注并可以在其中继续编辑内容；❷单击批注框边框，调整大小，右击批注框边框，在弹出的快捷菜单中选择"设置批注格式"命令；❸弹出"设置批注格式"对话框，切换至"颜色与线条"选项卡；❹在"填充"选项组的"颜色"下拉列表中选择一种背景颜色，或选择"填充效果"命令，在"填充效果"对话框中设置即可（可设置填充颜色、纹理、图案、图片），如下图所示。

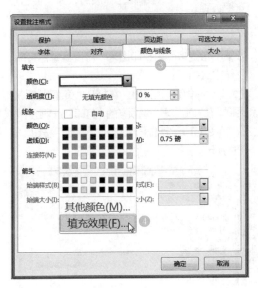

读书笔记

7.5　工作表页面设置和打印技巧

工作表制作完成后，通常需要打印成纸质表格，以便传递或对外报送。在打印表格之前，可以对页面进行设置，以满足不同的工作需求。本节介绍页面设置及打印的相关技巧，帮助用户做好这一环节的工作。

027　重复打印标题行

应用说明：

实际工作中，需要打印的表格内容一般会

扫一扫，看视频

多于一页。为了使纸质表格文件符合规范要求——每一页都重复打印表格标题及字段名称，就必须设置重复标题行。操作方法如下。

步骤 01 设置打印标题。❶ 单击"页面布局"选项卡中"页面设置"组的"打印标题"按钮；❷ 弹出"页面设置"对话框，在"工作表"选项卡的"打印标题"选项组中单击"顶端标题行"文本框，框选工作表中标题及字段名称所在的第1~2行，即1:2区域；❸ 单击"确定"按钮，如下图所示。

步骤 02 预览打印效果。设置完成后，单击快速访问工具栏中的"打印预览和打印"按钮，跳转至预览界面后，即可看到每页显示1:2区域中的内容，如下图所示。

小提示

如果表格中包含列标题，还需要设置重复打印标题列。同样在"页面设置"对话框中的"工作表"选项卡的"打印标题"选项组中设置：单击"从左侧重复的列数"文本框，选中标题列的列标即可。如本例，若将"销售日期"作为列标题，则选中A列即可。

028 不打印单元格填充色

应用说明：

在编辑工作表时，为了突出部分单元格中的内容，往往会为单元格填充颜色。在打印纸质表格时，如果不希望将颜色打印出来，可设置单色打印。操作方法如下。

步骤 01 设置单色打印。❶ 打开"页面设置"对话框，在"工作表"选项卡的"打印"选项组中勾选"单色打印"复选框；❷ 单击"确定"按钮，如下图所示。

步骤 02 预览打印效果。打开预览页面，即可看到表格中填充了颜色的单元格的打印效果，如下图所示。

029　设置打印批注的位置

应用说明：

扫一扫，看视频

默认情况下，打印纸质表格时不会打印批注，如果确有必要，可以设置打印批注及其位置。操作方法如下。

步骤 01 设置批注的打印位置。❶ 打开"页面设置"对话框，在"工作表"选项卡中"打印"选项组的"注释"下拉列表中选择"工作表末尾"（或"如同工作表中的显示"）选项；❷ 单击"确定"按钮，如下图所示。

步骤 02 预览打印效果。打开预览页面，拖动滚动条至最末一页，即可看到批注的内容，如下图所示。

🔔 **小提示**

如果单元格中包含错误值，也可设置打印在纸质表格中的内容。在"错误单元格打印为"下拉列表的"显示值""＜空白＞""--""#N/A"四个选项中选择其一即可。

030　自定义页眉和页脚信息

扫一扫，看视频

应用说明：

页眉和页脚是指在打印纸质表格时，每一页顶部和底部都会显示的信息，一般设置为页数、打印日期和时间等。除此之外，还可以自行编辑内容。

例如，在打印如下图所示的单据时，在右上角显示页数和总页数；在左下角注明联系人姓名、电话和地址；在右下角注明打印日期和时间。

自定义页眉和页脚信息的操作方法如下。

步骤 01 编辑页眉信息。打开"素材文件 \ 第 7 章 \ 进销存管理 .xlsx"文件，❶ 切换至"单据打印"工作表，打开"页面设置"对话框，在"页眉 / 页脚"选项卡的"页眉"下拉列表中选择"第 1 页，共？页"选项；❷ 单击"自定义页眉"按钮；❸ 弹出"页眉"对话框，将"中部"文本框中的内容全部剪切并粘贴至"右部"文本框中；❹ 单击"确定"按钮，如下图所示。

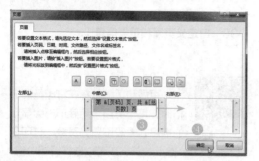

步骤 02 编辑页脚信息。❶ 返回"页面设置"对话框，单击"自定义页脚"按钮，打开"页脚"对话框，在"左部"文本框中输入信息；❷ 单击"右部"文本框，分别单击"插入日期"按钮 和"插入时间"按钮 ；❸ 单击"确定"按钮，如下图所示。

步骤 03 查看预览效果。返回"页面设置"对话框后，页眉和页脚的预览框中将显示预览效果；单击"确定"按钮后即显示打印预览效果，如下图所示。

示例结果见"结果文件 \ 第 7 章 \ 进销存管理 1. xlsx"。

031 在其他工作表中共享打印设置

扫一扫，看视频

应用说明：

如果工作簿中包含多个作用相同的工作表，已对其中某一个工作表进行打印设置，可通过操作技巧让其他工作表共享打印设置，不必再逐一设置，从而提高工作效率。

例如，"在 2020 年全年销售日报表"中仅设置了"01 月"工作表单色打印、页脚信息等，而其他工作表尚未做任何设置。预览效果如下图所示。

下面让其他月份的全部工作表共享"01 月"工作表的打印设置。操作方法如下。

打开素材文件 \ 第 7 章 \2020 年全年销售日报表 .xlsx"文件，单击"01 月"工作表标签，按住 Shift 键后单击"12 月"工作表标签，即可选定全部工作表，打开"页面设置"对话框，可以修改其他页面设置，也可不做任何操作，直接单击"确定"按钮，如下图所示。

操作完成后，单击其他工作表标签，如"02月"，打开预览页面即可看到打印效果与"01月"工作表相同，如下图所示。

××公司2020年2月产品销售日报表						
销售日期	产品A	产品B	产品C	产品D	产品E	产品F	每日小计
2020-02-01	6399.59	6191.53	6383.87	6465.70	6807.45	7032.20	39280.34
2020-02-02	6176.96	6389.86	6127.61	6497.12	7076.45	5536.11	37804.11
2020-02-03	6934.36	6648.50	7167.88	6137.66	6363.05	6991.56	40243.01
2020-02-04	6818.31	6039.54	5907.32	6381.13	6253.65	6748.83	38148.78
2020-02-05	7085.50	5580.67	6336.16	7125.84	6018.35	5442.49	37589.01
2020-02-06	6674.93	7143.50	7589.76	7454.15	6604.68	6423.13	41890.15
2020-02-07	6645.75	6942.39	6467.36	6621.11	6550.55	6760.43	39987.59
2020-02-08	6807.27	6924.59	5597.13	5901.36	6420.12	6119.03	37769.50
2020-02-09	6340.76	6340.53	6903.83	6556.03	6348.61	7341.25	39831.01
2020-02-10	6628.64	7324.50	7442.34	7205.59	7175.39	5994.47	41770.93
2020-02-11	6155.51	5684.66	7090.18	6536.56	6755.17	5795.90	38017.98
2020-02-12	5630.82	5539.78	6449.73	7640.64	6385.40	6591.12	38137.49
2020-02-13	7143.41	7753.11	6585.81	5551.44	5795.72	6349.18	39178.67
2020-02-14	6639.10	6598.24	7049.09	7132.72	6719.73	7448.31	41587.19
2020-02-15	6581.77	6221.04	7619.85	7571.52	6454.23	6283.62	40732.03
2020-02-16	6645.77	5914.79	6973.97	6573.20	6852.21	6370.85	39684.81
2020-02-17	6098.76	7066.46	6972.64	7188.67	6135.83	6599.92	40062.28
2020-02-18	7196.64	6509.99	7246.24	7053.89	5376.13	7341.88	40724.77
2020-02-19	7528.29	7123.45	7598.77	6534.60	7148.02	7088.53	43621.66
2020-02-20	7099.28	6408.50	7551.43	5965.70	7024.82	7249.44	41299.17
2020-02-21	7365.32	6350.97	5999.39	7650.24	7516.65	7275.01	42157.58
2020-02-22	6433.14	7030.76	6534.67	6845.66	6712.90	7313.27	40870.40

| 制表：张×× | 审核：刘×× | 打印日期：2021-1-25 |

示例结果见"结果文件 \ 第 7 章 \2020 年全年销售日报表 .xlsx"。

032　批量打印全部工作表

扫一扫，看视频

应用说明：

　　如果需要批量打印工作簿中的全部工作表，可以设置打印整个工作簿，之后执行一次打印命令即可，不必逐一打印。操作方法如下。

❶选择"文件"列表中的"打印"选项卡；❷在"设置"下拉列表中选择"打印整个工作簿"选项；❸单击"打印"按钮，如下图所示。

📢 小技巧

　　以上是针对打印工作簿中全部工作表的情形的设置，如果只需批量打印工作簿中的部分工作表，首先批量选定工作表标签，再在"文件"列表的"打印"选项卡的"设置"下拉列表中选择"打印活动工作表"选项，执行"打印"命令即可。

✏️读书笔记

第章

Excel 数据录入、导入、清洗与整理技巧

本章导读

在工作中运用 Excel 的目的是统计和分析海量数据，提高工作效率。在此之前，首先是录入和导入原始数据，并对其做出初步的清洗和整理，才能在后续使用 Excel 进行数据处理时更加得心应手。本章精选了 12 个相关操作技巧进行介绍和操作示范，帮助读者快速解决工作中的实际问题。

知识技能

本章相关技巧应用及内容安排如下图所示。

Excel数据录入、导入、清洗与整理技巧

5个数据的录入和导入技巧
- 通过批量选定操作快速录入相同数据
- 通过快捷键一秒输入当前日期和时间
- 通过自定义填充序列快速批量填充数据
- 导入互联网数据，及时掌握数据动态变化
- 批量导入图片并自动匹配名称

7个数据清洗和整理技巧
- 运用去重工具"秒杀"重复数据
- 运用条件格式突出重复数据
- 设置数据查找范围，提高搜索效率
- 查找并替换目标数据及单元格格式
- 开启后台错误检查将文本批量转换为数字
- 巧用选择性粘贴将文本批量转换为数字
- 巧用快捷键和查找替换功能计算文本算式

8.1 数据的录入和导入技巧

运用Excel进行数据处理之前的第一步是要收集原始数据。具体来说，就是将原始数据录入或导入Excel工作表中。虽然这是一项最基础、最简单的工作，似乎没有任何技术含量，但是当原始数据量非常大时，也是非常消耗时间和精力的。其实，简单的工作同样可以运用技巧来提高效率，本节介绍在Excel中录入和导入原始数据的几个相关技巧，以便迅速完成这项最简单的工作。

033　通过批量选定操作快速录入相同数据

应用说明：

批量录入相同数据的方法很多，例如，可以运用在第1篇介绍的复制粘贴、查找替换等功能，还可以运用一种最简单、直接的方法：批量选定单元格或单元格区域后，结合组合键直接一次性录入数据。

扫一扫，看视频

例如，在"员工信息管理表"录入每位员工所在的部门名称，操作方法如下。

步骤 01 批量选择单元格及单元格区域。打开"素材文件 \ 第 8 章 \ ×× 公司员工信息管理表 .xlsx"文件，选中 I9 单元格（"部门"字段），按住 Ctrl 键依次选中将要输入与 I9 单元格相同部门名称的其他单元格或单元格区域，如下图所示。

××有限公司员工信息管理表

步骤 02 批量输入部门名称。在"编辑栏"中输入部门名称"人力资源部"，按组合键 Ctrl+Enter，即可在所有选定单元格中同时填充相同数据，如下图所示。

034　运用快捷键一秒输入当前日期和时间

××市××有限公司员工信息管理表

扫一扫，看视频

应用说明：

在处理数据时，通常需要详细记录当前的日期和时间。例如，记录销售每件商品的日期和时间，以及收入和支付每一笔款项的日期和时间。在此类工作场景中，运用函数 TODAY 和 NOW 设置公式返回的当前日期和时间是动态变化的，并不能准确反映数据发生的日期和时间。因此，必须输入静态的日期和时间。对此，要运用两组组合键迅速获取时间，之后时间不可自动更新。操作方法如下。

选中单元格，按组合键 Ctrl+";"输入当前日期，按空格键后再按组合键 Ctrl+Shift+";"输入当前时间即可，如下图所示。

	A
1	
2	2020-12-17 11:53

035　通过自定义填充序列快速批量填充数据

扫一扫，看视频

应用说明：

　　本书第 1 篇介绍过填充数据的操作，如拖动鼠标指针和双击，都能快速完成数据填充。但是，当需要填充的数据量较大时，以上两种操作仍然难以真正提高工作效率。对此，可以通过自定义填充序列功能进行填充，操作更简便，填充速度也更快。

　　例如，财会人员预先制作下一年度的收入支出记录表，需要一次性填充全年日期时，自定义填充序列的具体操作方法如下。

❶ 将 A 列设置为日期格式，在 A1 单元格中输入该年度第 1 天日期，如"2021-1-1"，在"名称框"中输入"A1:A365"，即可快速选中 A1:A365 单元格区域，单击"开始"选项卡中"编辑"组的"填充"下拉按钮；❷ 在弹出的下拉列表中选择"序列"命令；❸ 弹出"序列"对话框，保持"序列产生在"和"日期单位"选项组中默认选中的"列"和"日"单选按钮不变，同时，步长值也默认为1，选中"类型"选项组中的"日期"单选按钮；❹ 单击"确定"按钮关闭对话框，如下图所示。

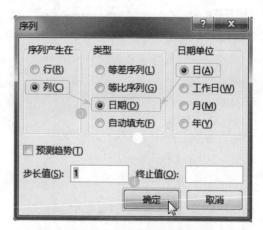

　　操作完成后，即可看到 A1:A365 单元格区域中已完成 2021 年全部日期的填充，如下图所示。

A1		fx	2021-1-1
	A	B	C
1	2021-1-1		
352	2021-12-18		
353	2021-12-19		
354	2021-12-20		
355	2021-12-21		
356	2021-12-22		
357	2021-12-23		
358	2021-12-24		
359	2021-12-25		
360	2021-12-26		
361	2021-12-27		
362	2021-12-28		
363	2021-12-29		
364	2021-12-30		
365	2021-12-31		

036　导入互联网数据，及时掌握数据动态变化

扫一扫，看视频

应用说明：

　　在获取原始数据时，除了可以运用复制粘贴、批量录入等方法外，对于某些特殊数据还可以通过 Excel 的获取外部数据功能，从不同的数据源中导入数据到 Excel 工作表中。这些数据源包括其他 Excel 工作簿（或工作表）、文本文档、

SQL Server 数据库、互联网等，并且可以同步更新数据。

例如，某外贸企业需要每日在互联网上查询当日外币汇率，将指定查询网站（https://huilv.fx678.com/hlboc.htm）的数据表导入 Excel 工作表后，无须登录网站即可获取每日最新汇率。操作方法如下。

❶ 新建一个 Excel 工作簿，命名为"汇率表"，单击"数据"选项卡中"获取和转换数据"组的"自网站"按钮；❷ 弹出"从 Web"对话框，将网址复制粘贴至 URL 文本框中；❸ 单击"确定"按钮；❹ 弹出"导航器"窗口，在左侧列表框中选择要导入的数据表，可以在右侧预览框中查看表格数据或 Web 视图；❺ 单击"加载"按钮，如下图所示。

操作完成后，将在新的工作表中生成来自上述网站的数据表，如下图所示。

	A	B	C	D	E	F
1	货币	现钞买入价	现钞卖入价	现汇买入价2	现钞卖出价	折算价
2	澳大利亚元	495.9200	480.5100	499.5700	501.7800	501.7800
3	加拿大元	512.5200	496.3400	516.3000	518.5800	518.5800
4	瑞士法郎	737.1900	714.4400	742.3700	745.5500	745.5500
5	丹麦克朗	106.9800	103.6800	107.8400	108.3600	108.3600
6	欧元	796.6300	771.8800	802.5000	805.0800	805.0800
7	英镑	883.6800	856.2200	890.1900	894.1300	894.1300
8	港币	84.1000	83.4400	84.4400	84.4400	84.4400
9	日元	6.3072	6.1113	6.3536	6.3634	6.3634
10	韩元	0.5958	0.5749	0.6006	0.6226	0.6226
11	澳门元	81.7500	79.0100	82.0700	84.8000	84.8000
12	林吉特	161.1400	----	162.6000	----	----
13	挪威克朗	75.4700	73.1400	76.0700	76.4400	76.4400
14	新西兰元	465.2200	450.8600	468.4800	474.9300	474.9300
15	菲律宾比索	13.5200	13.0600	13.6800	14.2900	14.2900
16	卢布	8.9100	8.3700	8.9900	9.3300	9.3300
17	瑞典克朗	78.3200	75.9000	78.9400	79.3200	79.3200
18	新加坡元	491.1100	475.9500	494.5500	497.0200	497.0200
19	泰国铢	21.7700	21.1000	21.9500	22.6400	22.6400
20	新台币	----	22.4100	----	24.2800	24.2800
21	美元	652.0700	646.7700	654.8400	654.8400	654.8400
22	南非兰特	44.1000	40.7100	44.4000	47.8700	47.8700

示例结果见"结果文件\第 8 章\汇率表 .xlsx"。

🔔 **小提示**

（1）若需更新数据，右击数据表区域中的任一单元格，在弹出的快捷菜单中选择"刷新"命令即可与网站数据同步。

（2）选中数据表区域中的任一单元格，激活"表格工具"和"查询工具"选项卡，可以对数据表的属性、数据源、样式等进行设置。

037　批量导入图片并自动匹配名称

应用说明：

实际工作中，在输入某些原始数据的同时还需要配备相应的图片。例如，编辑员工信息、商品资料时插入匹配的员工照片、商品图片等。虽然可以通过"插入"选项卡中"插图"组的"图片"按钮打开存放图片的文件夹，批量选中图片后导入，但是需要花费大量的时间和精力匹配每幅图片与其名称，而且容易混淆。对此，可以运用公式和"选择性粘贴"功能一次性导入，并实现图片与名称自动匹配。具体操作方法如下。

扫一扫，看视频

步骤 01 准备照片并编辑名称。将全部员工照片（共60张）存放在"D:\员工照片"文件夹中，编辑好每张照片的名称，如下图所示。

60 个对象

步骤 02 设置公式。❶ 打开"素材文件\第8章\××公司员工信息管理表1.xlsx"文件，在I3单元格中输入公式"="<table><img src=""D:\员工照片\"&C3&".png""width=""100""height=""100"">"；❷ 将I3单元格的公式填充至I4:I62单元格区域中，如下图所示。

步骤 03 将公式文本保存在记事本中。新建一个文本文档，复制I3:I62单元格区域后粘贴至文本文档中，如下图所示。

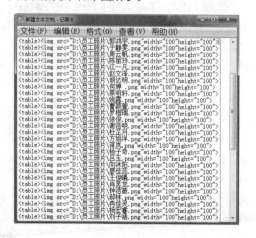

步骤 04 批量导入照片。❶ 删除I3:I62单元格区域中的公式，调整表格的行高与I列的列宽，复制文本文档中的全部文本，右击I3单元格，在快捷菜单中选择"选择性粘贴"命令；❷ 弹出"选择性粘贴"对话框，默认选择"方式"列表框中的"Unicode文本"选项；❸ 单击"确定"按钮即可批量插入全部图片，如下图所示。

将图片导入表格之后为全选状态，此时对图片大小和位置略做调整即可，如下图所示。

示例结果见"结果文件\第8章\××公司员工信息管理表.xlsx"。

8.2 数据清洗和整理技巧

收集原始数据之后，需要对数据进行初步的清洗和整理，保证原始数据符合 Excel 对数据的基本规范要求，才能确保后续统计分析工作顺利进行。下面介绍关于清洗和整理原始数据的相关操作技巧。

038 运用去重工具"秒杀"重复数据

应用说明：

如果在一组数据中重复值较多，则可以运用 Excel 提供的专门用于删除重复数据的去重工具，对指定区域内数据重复的数量做出判断后，即可一键"秒杀"全部重复数据，仅保留唯一数据。

扫一扫，看视频

例如，下图所示的表格是从供应商（销售方）进销存系统中导出的销售明细表，其中销售日期、单据编号、存货编号和存货全名字段均包含重复数据。而企业（进货方）需要从这个表格中汇总每个产品的进货数据，第一步就是要将其中的关键字段，即存货编号提取出来，并且不得重复，之后再设置函数公式才能准确地汇总相关数据。

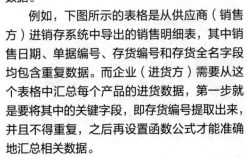

运用去重工具删除重复的存货编号的操作方法如下。

❶ 打开"素材文件\第 8 章\2020 年销售明细表 .xlsx"文件，复制 D 列后粘贴至空白 J 列，选中 J 列后单击"数据"选项卡中"数据工具"组的"删除重复值"按钮；❷ 弹出"删除重复值"对话框，由于"列"列表框仅包含选中的"列 J"，因此不必再做选择，直接单击"确定"按钮即可；❸ 弹出提示对话框，提

示重复值和唯一值的数量，同时可看到 J 列中的重复数据已被全部删除，单击"确定"按钮，如下图所示。

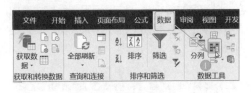

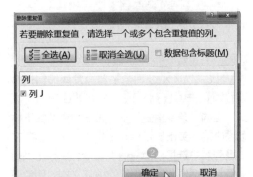

示例结果见"结果文件\第 8 章\×× 公司 2020 年销售明细表 .xlsx"。

删除重复值后，即可运用 VLOOKUP 函数根据 J 列中唯一的存货编号查找引用存货全名，再运用 SUMIF 函数汇总数量和进货金额等数据。

039　运用条件格式突出显示重复数据

扫一扫，看视频

应用说明：

运用条件格式功能可以突出显示重复数据，但是不能将其自动删除，适用于数据重复量较少的情形。

例如，下图所示的"××有限公司电子发票报销记录表"用于记录电子发票报销内容，以避免重复报销。这里运用条件格式突出显示重复的发票号码，提示财务人员核实详细情况。

	A	B	C	D	E	F	G
1				××有限公司电子普通发票报销记录表			
2	发票日期	发票号码	发票金额	费用项目	报销人	报销日期	备注
3	2021-1-6	87654321	280.00	税控服务费	王程	2021-1-8	
4	2021-1-10	76543210	20.00	快递费	冯晓蕙	2021-1-12	
5	2021-1-12	65432101	600.00	成品油	赵文泽	2021-1-15	
6	2021-1-15	54321012	350.00	办公费	陈丽玲	2021-1-16	
7	2021-1-18	43211013	418.00	餐饮费	蔡明轩	2021-1-22	
8	2021-1-20	32101234	800.00	成品油	徐俊	2021-1-23	
9	2021-1-25	21012345	200.00	交通费	唐小彤	2021-1-27	
10	2021-1-28	10123456	80.00	继教费	倪维夕	2021-2-2	

步骤 01 设置条件格式规则。❶ 打开"素材文件\第 8 章\×× 公司电子普通发票报销记录表"文件，选中 B 列，单击"开始"选项卡中"样式"组的"条件格式"下拉按钮；❷ 选择下拉列表中的"突出显示单元格规则"命令；❸ 在二级列表中选择"重复值"命令；❹ 弹出"重复值"对话框，保持默认的填充文本的颜色设置（或设置为其他颜色），单击"确定"按钮，如下图所示。

步骤 02 测试效果。在 B11 单元格中输入一个与 B3:B10 单元格区域中相同的发票号码，如"65432101"，可看到 B5 和 B11 单元格中立即呈现条件格式的效果，如下图所示。

	A	B	C	D	E	F	G
1			××有限公司电子普通发票报销记录表				
2	发票日期	发票号码	发票金额	费用项目	报销人	报销日期	备注
3	2021-1-6	87654321	280.00	税控服务费	王程	2021-1-8	
4	2021-1-10	76543210	20.00	快递费	冯晓蕙	2021-1-12	
5	2021-1-12	65432101	600.00	成品油	赵文泽	2021-1-15	
6	2021-1-15	54321012	350.00	办公费	陈丽玲	2021-1-16	
7	2021-1-18	43211013	418.00	餐饮费	蔡明轩	2021-1-22	
8	2021-1-20	32101234	800.00	成品油	徐俊	2021-1-23	
9	2021-1-25	21012345	200.00	交通费	唐小彤	2021-1-27	
10	2021-1-28	10123456	80.00	继教费	倪维夕	2021-2-2	
11		65432101					

040　设置数据查找范围，提高搜索效率

扫一扫，看视频

应用说明：

在编辑数据表时，通常需要查找或替换数据，如果在大范围内对数据进行查找和替换，通过设置查找范围和方式可以提高搜索效率。操作方法如下。

❶ 打开"素材文件\第 8 章\增值税发票记录表 .xlsx"文件，按组合键 Ctrl+F,打开"查找和替换"对话框，在"查找内容"文本框中输入查找内容；❷ 单击"选项"按钮；❸ 在"范围"下拉列表中选择"工作簿"选项，在"搜索"下拉列表中选择"按列"选项，在"查找范围"下拉列表中选择"值"选项；❹ 单击"查找全部"按钮，如下图所示。

操作完成后，系统即按照设置的范围在整个工作簿中进行查找，并在下方列表框中列出被查找内容所在的全部单元格地址、数值等信息，如下图所示。单击其中某条搜索结果将立即跳转至该单元格中。

041　查找并替换目标数据及单元格格式

应用说明：

扫一扫，看视频

在编辑工作表时，如果需要在查找到目标数据后批量替换为其他内容，则操作非常简单，只需在"查找和替换"对话框的"替换"选项卡的"查找内容"文本框中输入目标数据，在"替换为"文本框中输入将要替换的内容即可。不仅如此，还可以批量替换其所在的单元格格式。

例如，将下图所示的员工信息管理表中记录员工的出生月份为 6 月的单元格填充背景色。

操作方法如下。

❶ 打开"素材文件 \ 第 8 章 \ × × 公司员工信息管理表 2.xlsx"文件，选中 F 列，按组合键 Ctrl+H，打开"查找和替换"对话框，直接切换至"替换"选项卡，由于本例只需替换格式，因此在"查找内容"和"替换为"文本框中均输入"-6-"；❷ 单击"替换为"文本框右侧的"格式"下拉按钮，在下拉列表中选择"格式"命令；❸ 弹出"替换格式"对话框，切换至"填充"选项卡，选择要填充的颜色后，单击"确定"按钮；❹ 返回"查找和替换"对话框，可看到预览效果，单击"全部替换"按钮，如下图所示。

操作完成后，可看到记录出生日期为 6 月的单元格已全部填充背景色，如下图所示。

示例结果见"结果文件\第 8 章\××公司员工信息管理表 2.xlsx"。

042 开启后台错误检查将文本批量转换为数字

应用说明：

实际工作中，从外部获取必要的原始数据后会发现 Excel 表格中的很多数字实际是文本格式，无法运用公式进行计算。尽管将单元格格式设置为"数字"格式后，也仍然需要逐个双击单元格后才能真正将文本转换为数字，这就给计算工作带来了很大的麻烦。解决这一问题非常简单，只需开启 Excel 提供的"后台错误检查"功能即可进行批量转换。

例如，下图所示是从社保官方网站导出的企业社保实缴明细表格中的部分内容，财务人员已将 F 列和 I 列的格式设置为"数值"，但是 F14 与 I14 单元格中的 SUM 函数求和公式的计算结果仍然为 0。这正是因为表格中的数字仍然是文本格式，所以导致计算结果错误。

只需打开 Excel 的后台检查功能即可将文本格式的"数字"批量转换为能够被公式正确计算的真正意义上的数字。操作方法如下。

步骤 01 开启后台错误检查。❶ 打开"素材文件\第 8 章\2020 年 12 月实缴明细.xlsx"文件，打开"Excel 选项"对话框，切换至"公式"选项卡；❷ 在"错误检查"选项组中勾选"允许后台错误检查"复选框，标识颜色默认为绿色，本例设置为蓝色；❸ 单击"确定"按钮关闭对话框，如下图所示。

操作完成后，可看到 E2:I13 单元格区域的全部单元格中左上角出现蓝色三角标识（表明其数字是文本格式），如下图所示。

步骤 02 将文本转换为数字。选中 E2:I13 单元格区域，单击左上角的按钮🔷，在下拉列表中选择"转换为数字"命令即可。

操作完成后，可看到错误标识已经消失，表明已经转换成功。同时，F14 和 I14 单元格的公式也得到正确结果，如下图所示。

示例结果见"结果文件＼第 8 章＼2020 年 12 月实缴明细 .xlsx"。

043　巧用选择性粘贴将文本批量转换为数字

应用说明：

前面介绍了开启"后台错误检查"功能后将文本批量转换为数字的方法，但是这种方法仅适用于数据量较少的情形。因为在 Excel 工作簿中开启了"允许后台错误检查"功能后将导致 Excel 的运行速度缓慢，反而影响工作效率。所以，一般情况下都会取消这一功能。有没有其他技巧可以将文本批量转换为数字呢？其实，还可以利用"选择性粘贴"功能实现，而且更加快捷、简便。具体操作方法如下。

❶ 打开"素材文件＼第 8 章＼2020 年 12 月实缴明细 1.xlsx"文件，将 E2 单元格格式设置为"数值"格式，小数位数设置为 2 位，双击 E2 单元格并按 Enter 键后，即可将文本转换为数字，复制 E2 单元格后框选 E2:I13 单元格区域；❷ 右击 E2 单元格，在快捷菜单中选择"选择性粘贴"命令；❸ 弹出"选择性粘贴"对话框，已默认选中"粘贴"选项组中的"全部"

单选按钮，选中"运算"选项组中的"加"或"减"单选按钮；❹ 单击"确定"按钮，如下图所示。

操作完成后，可看到 E2:I13 单元格区域中的文本已经全部转换为数字，且公式的计算结果正确无误，如下图所示。

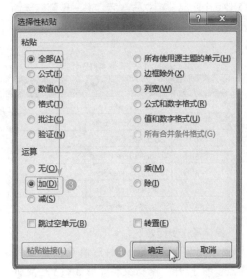

示例结果见"结果文件＼第 8 章＼2020 年 12 月实缴明细 1.xlsx"。

044 巧用快捷键和查找替换功能计算文本算式

扫一扫，看视频

应用说明：

日常工作中，除了经常收到包含文本型数字的 Excel 表格外，还会时常遇到以文本形式存储的算式，难以设置公式批量计算，给工作带来一些麻烦。这个问题只需运用组合键 Ctrl+E 和查找替换功能，通过几步简单的操作即可瞬间解决。

例如，下图所示是供应商提供的产品尺寸表（共 30 个产品），现企业（购货方）需要计算出每个产品外箱立方数后，进一步预算运输费用，以便后期计入产品采购成本。

	A	B	C
1	××公司产品外箱尺寸表		
2	产品名称	外箱尺寸	立方数（m³）
3	产品01	38cm*25cm*26cm	
4	产品02	30cm*60cm*26cm	
5	产品03	38cm*25cm*26cm	
6	产品04	30cm*60cm*26cm	
7	产品05	38cm*25cm*26cm	
8	产品06	30cm*60cm*26cm	
9	产品07	38cm*25cm*26cm	

具体操作步骤如下。

步骤 01 运用组合键 Ctrl+E 填充新的文本算式。❶ 打开"素材文件\第 8 章\产品外箱尺寸表 .xlsx"文件，在 C3 单元格中输入新文本算式""="38*25*26/1000"；❷ 选中 C4 单元格，按组合键 Ctrl+E 将 C4:C32 单元格区域全部填充为与 C3 单元格中算式的文本组合规则相同的新文本算式，如下图所示。

	A	B	C
1	××公司产品外箱尺寸表		
2	产品名称	外箱尺寸	立方数（m³）
3	产品01	38cm*25cm*26 ❶	"="38*25*26/1000
4	产品02	30cm*60cm*26cm	"="30*60*26/1000
5	产品03	38cm*25cm*26cm	"="38*25*26/1000
6	产品04	30cm*60cm*26cm ❷	"="30*60*26/1000
7	产品05	38cm*25cm*26cm	"="38*25*26/1000
8	产品06	38cm*25cm*26cm	"="38*25*26/1000
9	产品07	38cm*25cm*26cm	"="38*25*26/1000
10	产品08	38cm*25cm*26cm	"="38*25*26/1000
11	产品09	38cm*25cm*26cm	"="38*25*26/1000
12	产品10	30cm*60cm*26cm	"="30*60*26/1000

步骤 02 运用查找替换功能计算文本算式。❶ 按组合键 Ctrl+H，打开"查找和替换"对话框，在"替换"选项卡的"查找内容"文本框中输入""="";❷ 在"替换为"文本框中输入"=";❸ 单击"全部替换"按钮，如下图所示。

操作完成后，可看到 C3:C62 单元格区域中的文本算式已经全部进行正常计算，并得出正确结果，如下图所示。

	A	B	C
1	××公司产品外箱尺寸表		
2	产品名称	外箱尺寸	立方数（m³）
3	产品01	38cm*25cm*26cm	24.7
4	产品02	30cm*60cm*26cm	46.8
5	产品03	38cm*25cm*26cm	24.7
6	产品04	30cm*60cm*26cm	46.8
7	产品05	38cm*25cm*26cm	24.7
8	产品06	30cm*60cm*26cm	46.8
9	产品07	38cm*25cm*26cm	24.7
10	产品08	30cm*60cm*26cm	46.8
11	产品09	38cm*25cm*26cm	24.7
12	产品10	30cm*60cm*26cm	46.8

示例结果见"结果文件\第 8 章\产品外箱尺寸表 .xlsx"。

第9章

Excel 数据排序和筛选技巧

本章导读

整理和编辑好基础数据后，通常需要对数据做进一步处理，如根据不同的条件对数据进行排序或筛选。第 2 章已经介绍过排序和筛选功能的部分基础应用的操作方法，本章将继续针对这些功能，再补充介绍 10 个相关操作技巧，帮助读者查漏补缺，全面掌握相关技能，高效处理各种数据排序和筛选问题。

知识技能

本章相关技巧应用及内容安排如下图所示。

```
                              ┌── 对数据进行横向排序
                  ┌─ 3个数据的排序技巧 ──┼── 按文本笔画排序
                  │                    └── 按单元格颜色排序
                  │
Excel数据排序     │                    ┌── 巧用筛选功能批量删除多余行
和筛选技巧 ───────┤                    ├── 筛选日期时取消日期自动分组
                  │                    ├── 根据指定的星期数筛选数据
                  └─ 7个数据的筛选技巧 ──┼── 按单元格颜色筛选数据
                                       ├── 设置复杂条件进行高级筛选
                                       ├── 运用高级筛选将筛选结果复制到其他区域
                                       └── 巧用查找功能和快捷键横向筛选数据
```

9.1 数据的排序技巧

对数据排序可以根据不同的条件，按照不同的方法进行操作。除了第 2 章已经介绍的普通排序和自定义排序外，还可运用技巧实现对数据进行横向排序，以及按文本笔画、单元格颜色或字体颜色排序。下面介绍相关排序技巧。

045 对数据进行横向排序

扫一扫，看视频

应用说明：

在 Excel 的默认设置中，对表格数据排序是按照列纵向进行的。但是在某些工作场景中，也需要对数据进行横向排序。

例如，在下图所示的销售报表中，数据排列的规则是分别以日期和产品名称为列纵向和横向排序。现要求以每种产品的"本月合计"金额为依据进行横向降序排列，即合计销售额第 1 名的产品排在 B 列，以此类推。

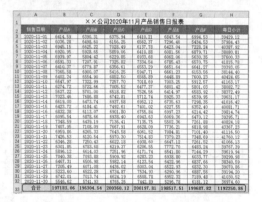

在 Excel 中对数据进行横向排序的操作方法如下。

步骤 01 设置排序选项。❶打开"素材文件\第 9 章\2020 年 11 月销售日报表 .xlsx"文件，框选 B2:G33 单元格区域（或直接框选整个 B:G 区域），单击"数据"选项卡中"排序和筛选"组的"排序"按钮；❷弹出"排序"对话框，单击"选项"按钮；❸弹出"排序选项"对话框，选中"按行排序"单选按钮；❹单击"确

定"按钮关闭对话框，如下图所示。

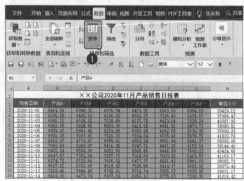

步骤 02 设置排序条件。❶返回"排序"对话框，在"行"选项的"主要关键字"下拉列表中选择"行 33"选项；❷在"次序"下拉列表中选择"降序"选项；❸单击"确定"按钮关闭对话框，如下图所示。

操作完成后，即可看到 B:G 区域中的数据已经将第 33 行的"合计"数字作为关键字进行横向降序排列，如下图所示。

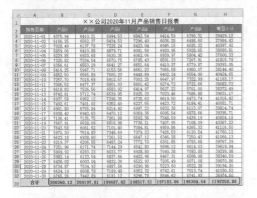

示例结果见"结果文件\第 9 章\2020 年 11 月销售日报表 .xlsx"。

046　按文本笔画排序

应用说明：

对数据排序时，如果数据为文本格式，则默认按照字符串首字拼音的第 1 个字母排序，通过排序选项设置，也可以按照笔画顺序排序。

扫一扫，看视频

例如，下图所示的员工信息管理表中的员工信息是按照员工编号顺序排列的。现要求按照员工姓名的笔画重新排序。

操作方法如下。

步骤 01 设置排序选项。❶ 打开"素材文件\第 9 章\×× 公司员工信息管理表 3.xlsx"文件，打开"排序"对话框，单击"选项"按钮，打开"排序选项"对话框，选中"方法"选项组中的"笔画排序"单选按钮；❷ 单击"确定"按钮关闭对话框，如下图所示。

步骤 02 设置排序条件。❶ 返回"排序"对话框，在"列"选项的"主要关键字"下拉列表中选择"员工姓名"选项，排序依据和次序默认为"单元格值"和"升序"，不做更改；❷ 单击"确定"按钮关闭对话框，如下图所示。

操作完成后，即可看到"员工姓名"字段的数据排序效果，如下图所示。

示例结果见"结果文件\第 9 章\×× 公司员工信息管理表 3.xlsx"。

047　按单元格颜色排序

应用说明：

在编辑表格时，为了突出重点或主题，通

常会在单元格中填充背景色。排序功能同样也可以按照单元格背景颜色进行排序。

例如，在员工信息管理表中，已在记录学历的字段下，根据不同学历将单元格填充了不同颜色，如下图所示。

	A	B	C	D	E	F	G	H	I	J
1					××市××有限公司员工信息管理表4					
2	序号	员工编号	员工姓名	性别	身份证号码	出生日期	学历	入职时间	部门	联系电话
3	1	HT001	王程	男	110100198206280031	1982-06-28	本科	2011-06-16	市场部	137****2161
4	2	HT002	陈言	女	110100197706040142	1977-06-04	本科	2011-06-30	行政部	137****2601
5	3	HT003	张宇勇	男	110100198203070393	1982-03-07	本科	2011-08-18	市场部	136****5049
6	4	HT004	刘亚玲	女	110100198111040180	1981-11-04	本科	2011-08-31	行政部	137****1309
7	5	HT005	马怡涵	女	110100198105230041	1981-05-23	本科	2011-09-20	财务部	137****0264
8	6	HT006	李艳鹏	男	110100197605280392	1976-05-28	本科	2011-10-04	物流部	136****0235
9	7	HT007	冯晓慧	女	110100198111100180	1981-11-10	本科	2011-10-27	人力资源部	137****4578
10	8	HT008	孙俊信	男	110100197306180932	1973-06-18	本科	2011-11-08	生产部	136****4278
11	9	HT009	唐小彤	女	110100198306250341	1983-06-25	专科	2011-11-09	生产部	135****7415
12	10	HT010	朱煜林	男	110100198610250211	1986-10-25	专科	2012-12-13	物流部	136****2210
13	11	HT011	郭靖宇	男	110100198407150972	1984-07-15	专科	2012-01-09	生产部	135****3168
14	12	HT012	于静雯	女	110100198704080741	1987-04-08	专科	2012-01-21	人力资源部	135****4473
15	13	HT013	周云帆	男	110100198004060953	1980-04-06	专科	2012-03-21	行政部	137****3934

下面以"学历"为关键字，按照单元格背景颜色进行排序。具体操作方法如下。

❶ 打开"素材文件\第9章\×× 公司员工信息管理表4.xlsx"文件，选中"学历"字段下的任一单元格，打开"排序"对话框，在"列"选项的"主要关键字"下拉列表中选择"学历"选项；❷ 在"排序依据"下拉列表中选择"单元格颜色"选项；❸ 在"次序"下拉列表中选择颜色，在右侧的下拉列表中设置单元格的位置（"在顶端"或"在底端"）；❹ 依次添加次

要关键字，并设置排序依据、次序及单元格位置；❺ 单击"确定"按钮关闭对话框，如下图所示。

操作完成后，即可看到按单元格背景颜色排序后的效果，如下图所示。

	A	B	C	D	E	F	G	H	I	J
1					××市××有限公司员工信息管理表4					
2	序号	员工编号	员工姓名	性别	身份证号码	出生日期	学历	入职时间	部门	联系电话
3	16	HT016	赵文谦	男	110100198309260090	1983-09-26	研究生	2012-08-22	人力资源部	137****2473
4	1	HT001	王程	男	110100198206280031	1982-06-28	本科	2011-06-16	市场部	137****2161
5	2	HT002	陈言	女	110100197706040142	1977-06-04	本科	2011-06-30	行政部	137****2601
6	4	HT004	刘亚玲	女	110100198111040180	1981-11-04	本科	2011-08-31	行政部	137****1309
7	7	HT007	冯晓慧	女	110100198111100180	1981-11-10	本科	2011-10-27	人力资源部	137****4578
8	13	HT013	周云帆	男	110100198004060953	1980-04-06	本科	2012-03-21	行政部	137****3934
9	19	HT019	蔡明钊	男	110100197305180931	1973-05-18	本科	2012-10-07	生产部	136****2342
10	20	HT020	姚露	女	110100199111100430	1991-11-10	本科	2012-10-23	人力资源部	135****5085
11	23	HT023	徐俊	男	110100197305180931	1973-05-18	本科	2014-01-11	生产部	136****3487
12	27	HT027	蒋英	女	110100198702260541	1987-02-26	本科	2014-06-16	人力资源部	136****2714
13	30	HT030	向冰阳	男	110100198111080032	1981-11-08	本科	2014-09-13	人力资源部	135****5142
14	41	HT041	邹苗馨	女	110100198706080191	1987-06-08	本科	2015-11-15	人力资源部	137****3793
15	43	HT043	吴杰帆	男	110100198510250531	1985-10-25	专科	2015-09-20	物流部	136****4674
16	47	HT047	鲁一明	男	110100198220260033	1983-02-26	专科	2016-10-27	生产部	136****3741
17	48	HT048	尹旭	男	110100198611250772	1986-11-25	专科	2016-05-19	生产部	135****5575
18	50	HT050	顾若昕	女	110100198510260171	1985-10-26	专科	2016-08-06	财务部	135****4274
19	57	HT057	尹名潇	女	110100198706170221	1987-06-17	专科	2017-09-10	销售部	137****4798
20	59	HT059	贾正涛	男	110100198610750730	1986-10-75	专科	2017-11-12	物流部	137****2393
21	3	HT003	张宇勇	男	110100198203070393	1982-03-07	专科	2011-08-18	市场部	136****5049

示例结果见"结果文件\第9章\×× 公司员工信息管表4.xlsx"。

当需要对数据进行筛选时，除了运用筛选功能进行常规筛选和自定义筛选外，还有多种技巧可以运用，如按日期的星期数筛选、按单元格颜色（或字体颜色）筛选等。同时，可以利用数据筛选的原理，实现不同的工作目标。例如，原始数据表中多余的空白行太多，利用筛选功能即可批量删除；筛选工具无法进行横向筛选，可以另辟蹊径，巧妙运用查找功能实现。

048 巧用筛选功能批量删除多余行

应用说明：

日常工作中，从外部接收或导入的数据表中通常会包含大量多余的数据行，可以巧妙地利用筛选功能将其批量删除。

例如，在下图所示的表格中，夹杂了许多"单据金额小计"行，为了将表格整理规范，便于后期进行汇总分析，现需要将全部"单据金额小计"行批量删除。

操作方法如下。

步骤 01 筛选空白单元格。❶ 打开"素材文件\第9章\销售明细汇总表.xls"文件（从 ERP 系统导出的原始文件），框选 A2:H2 单元格区域，按组合键 Ctrl+Shift+L 添加筛选按钮；❷ 单击 A2 单元格（"行号"字段）的筛选按钮，在下拉列表中取消选中"全选"复选框，勾选"空白"复选框；❸ 单击"确定"按钮，如下图所示。

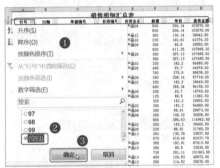

步骤 02 批量删除多余行并清除筛选。❶ 完成筛选操作后，可看到所有"单据金额小计"行已全部被筛选出来。批量选中全部行后右击，在弹出的快捷菜单中选择"删除行"命令；❷ 展开 A2 单元格（"行号"字段）的下拉列表，选择"从'行号'中清除筛选"命令。

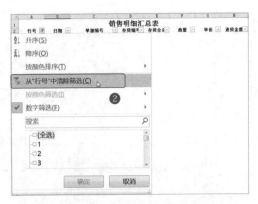

操作完成后，可以看到表格中的多余行已经全部被删除，如下图所示。

示例结果见"结果文件\第9章销售明细汇总表.xls"。

 小提示

> 本例中筛选多余行时，也可以在 C2 单元格（"单据编号"字段）的下拉列表中将包含文本"单据金额小计"的行筛选出来。

049　筛选日期时取消日期自动分组

应用说明：

扫一扫，看视频

在 Excel 中对日期数据进行筛选时，默认设置是将日期按年、月、日分组显示。如果需要筛选特定日期，则可取消日期自动分组，直接按具体日期筛选数据更加快捷。

例如，销售数据表中"销售日期"字段的筛选列表中将日期按月份自动分为 12 组，如下图所示。

操作完成后，每月 15 日的销售数据将立即被筛选出来，如下图所示。

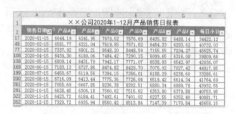

如果需要筛选出每月 15 日的销售数据，就必须逐一展开每个月份的二级列表，在三级列表中勾选每月的 15 日才能完成筛选。取消日期自动分组后，只需输入具体日期即可快速筛选出每月 15 日的销售数据。操作方法如下。

步骤 01 取消日期自动分组。❶ 打开"素材文件 \ 第 9 章 \2020 年全年产品销售日报表 .xlsx"文件，打开"Excel 选项"对话框，切换至"高级"选项卡；❷ 在"此工作簿的显示选项"选项组中取消勾选"使用'自动筛选'菜单分组日期"复选框；❸ 单击"确定"按钮关闭对话框，如下图所示。

示例结果见"结果文件 \ 第 9 章 \2020 年全年产品销售日报表 .xlsx"。

050　根据指定的星期数筛选数据

应用说明：

对特定日期进行筛选时，不仅可以按具体日期筛选，还可以根据指定的星期数筛选相关数据。

例如，在销售数据表中筛选每周五的销售数据。操作方法如下。

步骤 01 根据日期显示星期数。❶ 打开"素材文件 \ 第 9 章 \2020 年全年产品销售日报表 1.xlsx"文件，在 B 列前插入一列，在 B3 单元格中输入公式"=A3"，将公式向下填充至 B4:B368 单元格区域；❷ 选中 B 列，打开"设置单元格格式"对话框，在"数字"选项卡的"分类"列表框中选择"日期"选项；❸ 在"类型"列表框中选择"周三"选项；❹ 单击"确定"选项关闭对话框，如下图所示。

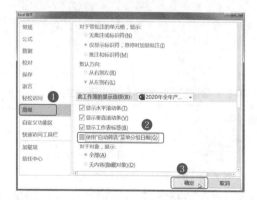

步骤 02 筛选特定日期的销售数据。❶ 返回工作表后，展开"销售日期"字段的下拉列表，可看到其中的日期已经按照具体日期显示。取消勾选"全选"复选框，在文本框中输入"-15"，可以看到列表框中已列出每月的 15 日；❷ 单击"确定"按钮，如下图所示。

际工作中，通常与条件格式配合操作，可迅速筛选出各种目标数据。

例如，在"××公司全年销售日报表 2"工作表中，根据合计销售额筛选出销售额靠前的 30 条信息和销售额靠后的 10 条信息。具体操作步骤如下。

步骤 01 设置条件格式规则标识目标数据。❶ 打开"素材文件 \ 第 9 章 \2020 年全年销售日报表 2.xlsx"文件，选中 H 列（"每日小计"字段），单击"开始"选项卡中"样式"组的"条件格式"下拉按钮；❷ 选择下拉列表中的"最前 / 最后规则"选项；❸ 选择二级列表中的"前 10 项"命令；❹ 弹出"前 10 项"对话框，在"为值最大的那些单元格设置格式"文本框中，将默认的数字 10 修改为 30；❺ 单击"确定"按钮关闭对话框；❻ 参照第 ❶~❺ 步，将"每日小计"销售额靠后的 10 个数据所在单元格设置为其他颜色，单击"确定"按钮，如下图所示。

步骤 02 根据星期数筛选数据。❶ 返回工作表后，即可看到 B3:B368 单元格区域中显示的星期数，展开"星期"字段（B3 单元格）的下拉列表，取消勾选"全选"复选框，勾选"周五"复选框；❷ 单击"确定"按钮，如下图所示。

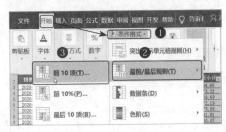

操作完成后，即可看到全年中每个"周五"的销售数据已全部筛选出来，如下图所示。

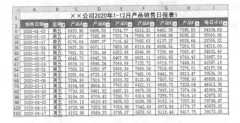

示例结果见"结果文件 \ 第 9 章 \2020 年全年产品销售日报表 1.xlsx"。

051　按单元格颜色筛选数据

应用说明：

在筛选数据时，也可以按照单元格颜色或字体颜色进行筛选。实

扫一扫，看视频

步骤 02 按单元格颜色筛选目标数据。❶ 返回工

作表后，展开"每日小计"下拉列表，选择"按颜色筛选"命令；❷在二级列表中选择一种颜色，如下图所示。

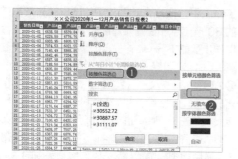

操作完成后，即可看到筛选结果，如下图所示。

示例结果见"结果文件\第9章\2020年全年产品销售日报表 2.xlsx"。

🔔 小技巧

按单元格颜色筛选可以同时筛选出多个条件下的数据。如本例中，若需要同时筛选出"每日小计"销售额在前30项和后10项的信息，只需在设置格式条件时将单元格填充为相同颜色即可。

如果通过筛选列表中"数字筛选"列表中的内置条件进行筛选，则每次仅能筛选一个条件，无法同时筛选多个条件。

052 设置复杂条件进行高级筛选

扫一扫，看视频

应用说明：
前面介绍的常规筛选均是通过筛选按钮进行筛选操作，筛选多项数据时需要依次在各字段筛选按钮的列表中设置条件，而且可供选择的筛选条件相对简单。如果需要根据多个更为复杂的条件筛选数据，则可运用高级筛选功能，一次性设

定好全部筛选条件后，执行一次筛选操作。

例如，下图所示为 2021 年 1-6 月的产品销售明细表，现要求根据以下条件筛选销售数据。

① 销售日期：2021 年 5 月 1 日前后共 10 天，即 2021 年 4 月 26 日—5 月 5 日。

② 产品名称：产品 C、产品 E。

③ 折扣：大于 0（即促销产品）。

④ 产品 C 销售金额：≥ 3000 元且 < 10000 元。

⑤ 产品 F 销售金额：无条件(即全部金额)。

具体操作方法如下。

步骤 01 设置筛选条件。打开"素材文件 \ 第 9 章 \2021 年 1-6 月产品销售明细表 .xlsx"文件，在第 1 行上方插入 3 行，作为条件区域，在 A1:G1 单元格区域输入需要筛选的字段名称，注意必须与数据源区域中的字段名称完全一致；在 A2:G3 单元格中输入筛选条件，注意条件中的逻辑关系不同，输入地址也有所不同。例如，要求筛选产品 C 和产品 E，二者的逻辑关系是"或"，应在不同行且不同列的单元格中输入条件；而销售金额"≥ 3000 元且 < 10000 元"的逻辑关系为"与"，两个条件必须在同行不同列的单元格中输入，如下图所示。

步骤 02 执行高级筛选操作。❶ 单击"数据"选项卡中"排序和筛选"组的"高级"按钮；

❷ 弹出"高级筛选"对话框，可看到系统已自动识别列表区域和条件区域，无须做任何更改，单击"确定"按钮关闭对话框，如下图所示。

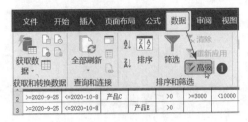

操作完成后，即可看到下方表格中的筛选结果，如下图所示。

053　运用高级筛选将筛选结果复制到其他区域

应用说明：

在筛选数据时，如果需要保留数据源区域布局的完整性，也便于发送或打印筛选结果，可以运用高级筛选功能将筛选结果复制粘贴至指定

（扫一扫，看视频）

的其他区域。下面沿用技巧 052 中的示例及其筛选条件示范操作方法。

步骤 01 清除筛选结果。单击"数据"选项卡中"排序和筛选"组的"清除"按钮，清除之前的筛选结果，如下图所示。

步骤 02 将筛选结果复制到其他区域。❶ 打开"高级筛选"对话框，选中"将筛选结果复制到其他位置"单选按钮；❷ 单击"复制到"文本框，单击选中空白区域中的任一单元格，如 J5 单元格；❸ 单击"确定"按钮关闭对话框，如下图所示。

操作完成后，可看到符合条件的数据（包括字段名称）已被全部复制粘贴至 J5:Q17 单元格区域中，如下图所示。

示例结果见"结果文件 \ 第 9 章 \2021 年1—6 月产品销售明细表 .xlsx"。

小技巧

"高级筛选"功能还有一个妙用：快速删除数据表格中无用的重复数据。只需在"高级筛选"对话框中设置数据区域（无须设置筛选条件），选中"选择不重复的记录"复选框后即可筛选出不重复数据，也就达到了删除重复值的目的。

054 巧用查找功能和快捷键横向筛选数据

扫一扫，看视频

应用说明：

众所周知，Excel 中的筛选功能仅能按列对数据进行纵向筛选，无法按行横向筛选。对此，可以根据数据筛选的实质开启逆向思维，即隐藏不需要的数据，只列示目标数据这一原理，运用技巧，使用查找功能与组合键配合操作，实现横向筛选数据。

例如，在下图所示的表格中，汇总了员工 2021 年 4 月的出勤情况。其中，未填写任何内容的空白单元格代表当天正常出勤。现要求筛选出所有员工均正常出勤的日期。

横向筛选的具体操作方法如下。

步骤 01 批量选定非空白单元格。❶ 打开素材文件\第9章\员工考勤汇总表.xlsx"文件，框选 D5:AG64 单元格区域，按组合键 Ctrl+F，打开"查找和替换"对话框，在"查找"选项卡的"查找内容"文本框中输入"*"；❷ 单击"查找全部"按钮；❸ 对话框下方列出 D5:AG64 单元格区域中包含数据的全部单元格地址，按组合键 Ctrl+A 批量选定全部非空白单元格，如下图所示。

步骤 02 隐藏全部非空白单元格所在列。关闭"查找和替换"对话框，按组合键 Ctrl+0 即可。操作完成后，效果如下图所示。

	A	B	C	D	E	H	I	X	AF	AG	A
1			××公司员工考勤汇总表								
2	2021年4月										
3	职工	姓名	部门	1	2	5	6	21	29	30	
4	编号			四	五	一	二	三	四	五	
5	HY001	王程	市场部								
7	HY003	张宇晨	市场部								
8	HY004	刘亚玲	行政部								
9	HY005	马怡涵	财务部								
10	HY006	李皓鹏	物流部								
11	HY007	沿晓蔓	人力资源部								
12	HY008	孙俊浩	生产部								
13	HY009	唐小彤	生产部								
14	HY010	朱煜林	物流部								
15	HY011	郭鸿宇	行政部								
16	HY012	于静雯	人力资源部								
17	HY013	周云帆	行政部								
18	HY014	陈丽玲	销售部								
19	HY015	江一凡	行政部								
20	HY016	赵文泽	人力资源部								

示例结果见"结果文件\第9章\员工考勤汇总表.xlsx"。

小技巧

运用查找功能同样可以按列纵向筛选。只需按本例的操作方法批量选定目标数据所在的全部单元格后，按组合键 Ctrl+9 即可隐藏被选定单元格所在的全部行，实现按列筛选。

第10章

Excel 数据预测和分析技巧

本章导读

在 Excel 中，使用数据预测工具和条件格式工具同样能对数据进行初步的管理和分析。掌握这些工具的使用方法，并灵活运用技巧，能够更快、更准确地管理和分析数据。本章将介绍使用数据预测工具、条件格式工具来预测和分析数据的相关操作技巧，帮助用户更好地管理数据，提高工作效率。

知识技能

本章相关技巧应用及内容安排如下图所示。

Excel数据预测和分析技巧

├─ 4个数据预测和分析的技巧
│   ├─ 预测未来销售收入趋势
│   ├─ 运用单变量求解算预算数据
│   ├─ 使用模拟运算表测算未来销售收入
│   └─ 使用方案管理器测算数据，找出最优方案
│
└─ 7个运用条件格式工具分析和展示数据的技巧
    ├─ 运用数据条直观对比数据大小
    ├─ 设置最值，增加数据条的对比效果
    ├─ 使用箭头图标集表示数据大小范围
    ├─ 仅在符合或不符合条件的单元格中添加图标
    ├─ 调整互相冲突的条件格式规则的优先级
    ├─ 停止执行互不冲突但优先级较低的条件格式规则
    └─ 巧用数据条制作正反条形"图表"

10.1 运用预测分析工具预测和分析数据

数据预测分析是指根据历史数据的线性规律测算数据的未来发展趋势。实际工作中，数据预测分析是一项日常性的基础工作，在具体操作上相当烦琐。对此，Excel 提供了专门用于数据预测分析的工具，操作方法非常简单，只需录入原始数据，再通过几步简单的操作即可快速完成数据预测分析工作。下面介绍运用 Excel 预测分析工具进行数据预测和分析的相关操作技巧。

055 预测未来销售收入趋势

扫一扫，看视频

应用说明：

在做数据分析时，如果需要根据历史数据预测未来的发展趋势，则可以使用 Excel 的"预测工作表"工具快速完成。操作方法非常简单，只需准备好数据源，再设置好间隔相同的日期数据，即可迅速生成预测数据表及趋势图表。

例如，下图所示的表格中列出了 2016—2021 年的销售收入及相关数据，要求根据历史数据预测未来 10 年（即 2022—2031 年）的销售收入。

	A	B	C	D	E
1	销售收入预测表				
2	金额单位：万元				
3	年份	销售收入	销售成本	利润额	利润率
4	2016年	1499.58	1198.01	337.56	22.51%
5	2017年	1546.38	1285.51	335.87	21.72%
6	2018年	1590.25	1229.10	331.25	20.83%
7	2019年	1732.98	1341.84	391.65	22.60%
8	2020年	1856.62	1741.96	467.94	25.20%
9	2021年	1935.96	1824.82	471.73	24.37%

具体操作方法如下。

❶ 打开"素材文件\第 10 章\销售收入预测表 .xlsx"文件，框选 A3:B9 单元格区域，单击"数据"选项卡中"预测"组的"预测工作表"按钮；❷ 弹出"创建预测工作表"对话框，可看到趋势图的预览效果（单击右上角柱形图按钮 ▮ 可以切换为柱形图）。系统默认预测结束时间为包含数据的最后一年之后的两年，即

2023 年,本例将预测结束时间修改为 2031 年；❸ 单击"创建"按钮，如下图所示。

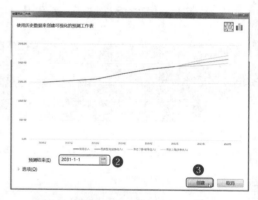

🔔 小技巧

在"创建预测工作表"对话框中，可以展开"选项"列表，修改预测开始时间、置信区间、季节性等默认设置，也可以重新选择日程表范围与需要预测的数值范围，以及填充缺失点和聚合重复项的方式。

操作完成后，立即自动创建新工作表，并生成预测表列出 2022—2031 年销售收入的预测数据及置信下限和上限数据，并同步生成趋势图表直观呈现预测数据，如下图所示。

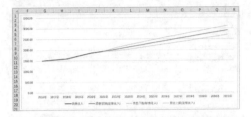

示例结果见"结果文件 \ 第 10 章 \ 销售收入预测表 .xlsx"。

056　运用单变量求解预算数据

应用说明：

单变量求解的原理是根据给定公式的单元格中的目标值，倒算可变单元格中的数值。单变量求解功能一次只能计算一个变量，因此在日常工作中，一般在临时或紧急预算某个变量值时使用。

扫一扫，看视频

例如，在"2021 年利润预算表"工作表中，"2021 年计划上浮率"字段中的数值均为变量值（C3:C14 单元格区域），而"2021 年目标"字段（D3:D14 单元格区域）中的数值全部由公式计算得出。如果需要倒算上浮率，则可以运用单变量求解进行计算，如下图所示。

	A	B	C	D	E
1			2021 年利润预算表		
2	项目	2020年	2021 年计划上浮率	2021 年目标	备注
3	营业收入	15, 251, 253. 69	10.00%	16, 776, 379. 06	
4	营业成本	10, 362, 223. 15	10.00%	11, 398, 445. 47	
5	税金及附加	51, 870. 99	–	68, 847. 41	
6	营业费用	1, 359, 815. 16	6.00%	1, 441, 404. 07	
7	管理费用	1, 609, 710. 73	5.00%	1, 690, 196. 27	
8	财务费用	372, 474. 71	3.00%	383, 648. 95	
9	营业外收入	379, 222. 50	2.00%	386, 806. 95	
10	营业外支出	386, 924. 89	1.00%	390, 794. 14	
11	利润总额	1, 487, 456. 56	–	1, 789, 849. 71	
12	所得税费用	98, 745. 66	–	128, 984. 97	
13	净利润	1, 388, 710. 90	–	1, 660, 864. 74	
14	净利润率	9.11%	–	9.90%	

现要求计算预期净利润率达到 10% 时，营业收入的上浮率。具体操作方法如下。

❶ 打开"素材文件 \ 第 10 章 \ 2021 年利润预算表 .xlsx"文件，选中 D14 单元格，单击"数据"选项卡中"预测"组的"模拟分析"下拉按钮；❷ 选择下拉列表中的"单变量求解"命令；❸ 弹出"单变量求解"对话框，"目标单元格"文本框已自动识别选中的 D14 单元格，在"目标值"文本框中输入预期净利润率 0.1，单击"可变单元格"文本框后选中 C3 单元格；❹ 单击"确定"按钮；❺ 弹出"单变量求解状态"对话框，可以看到系统已迅速完成计算，单击"确定"按钮可以保存可变单元格中的新数值（如果单击"取消"按钮，可变单元格中的数值将恢复为操作之前的数字），如下图所示。

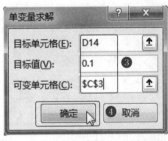

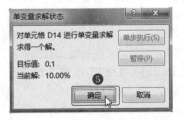

单变量求解完成后，可以看到 C3 单元格（即可变单元格）、D14 单元格（即目标单元格），以及因为 C3 单元格数值变化引起的其他单元格中的数值变化，如下图所示。

	A	B	C	D	E
1			2021年利润预算表		
2	项目	2020年	2021年计划上浮率	2021年目标	备注
3	营业收入	15, 251, 253.69	10.14%	16, 797, 807.07	
4	营业成本	10, 362, 223.15	10.00%	11, 398, 445.47	
5	税金及附加	51, 870.99		68, 930.98	
6	营业费用	1, 359, 815.16	6.00%	1, 441, 404.07	
7	管理费用	1, 609, 710.73	5.00%	1, 690, 196.27	
8	财务费用	372, 474.71	3.00%	383, 648.95	
9	营业外收入	379, 222.50	2.00%	386, 806.95	
10	营业外支出	386, 924.89	1.00%	390, 794.14	
11	利润总额	1, 487, 456.56	-	1, 811, 194.15	
12	所得税费用	98, 745.66	-	131, 119.41	
13	净利润	1, 388, 710.90	-	1, 680, 074.73	
14	净利润率	9.11%	-	10. 00%	

示例结果见"结果文件 \ 第 10 章 \2021年利润预算表 .xlsx"。

057 使用模拟运算表测算未来的销售收入

扫一扫，看视频

应用说明：

模拟运算表的原理是模拟用户构建的计算模型，将其中公式所引用的一个或两个变量替换为数个不同的数字后进行运算，可得到多种结果。

例如，在下图所示的表格中列出了 2016—2021 年的销售收入及相关数据。现要求根据 2021 年的数据和两个变量测算 2022—2026 年的利润额。变量 1：销售收入每年递增 3%；变量 2：利润率递增 2%，达到 28% 为止。

	A	B	C	D	E
1			2016-2021利润计算表		
2	金额单位: 万元				
3	年份	销售收入	销售成本	利润额	利润率
4	2016年	1499.58	1198.01	337.56	22.51%
5	2017年	1546.38	1285.51	335.87	21.72%
6	2018年	1590.25	1229.10	331.25	20.83%
7	2019年	1632.98	1341.84	391.65	23.98%
8	2020年	1656.62	1741.96	368.60	22.25%
9	2021年	1695.96	1824.82	403.81	23.81%

具体操作方法如下。

步骤 01 计算预估销售额和利润率。❶ 打开"素材文件 \ 第 10 章 \2016—2021 年利润计算表 .xlsx"文件，在下方区域绘制表格，用于模拟计算，在 B12 单元格中设置公式"=ROUND(B9*1.05,2)"，在 C12 单元格中设置公式"=ROUND(B12*1.05,2)"，将 C12

单元格的公式填充至 D12:F12 单元格区域中；❷ 在 A12 单元格中设置公式"=D9"，直接引用 D9 单元格中的利润额；❸ 在 A13 单元格中设置公式"=ROUND(E9*1.02,4)"，在 A14 单元格中设置公式"=ROUND(A13*1.02,4)"，将 A14 单元格的公式向下填充，直至计算结果达到 28%，如下图所示。

B12			fx	=ROUND(B9*1.05,2)		
	A	B	C	D	E	F
1			2016-2021利润计算表			
2	金额单位: 万元					
3	年份	销售收入	销售成本	利润额	利润率	
4	2016年	1499.58	1198.01	337.56	22.51%	
5	2017年	1546.38	1285.51	335.87	21.72%	
6	2018年	1590.25	1229.10	331.25	20.83%	
7	2019年	1632.98	1341.84	391.65	23.98%	
8	2020年	1656.62	1741.96	368.60	22.25%	
9	2021年	1695.96	1824.82	403.81	23.81%	
10						
11	❷		2022年	2023年	2024年	2025年 ❶ 2026年
12	403.81	1780.76	1869.80	1963.29	2061.45	2164.52
13	24.29%					
14	24.78%					
15	25.28%	❸				
16	25.79%					
17	26.31%					
18	26.84%					
19	27.38%					
20	27.93%					
21	28.49%					

模拟运算要求变量必须为数值格式，因此应在计算完成之后，进行模拟运算之前运用"选择性粘贴"功能将 B12:F12 和 A13:A21 单元格区域中的公式清除，仅保留数字。

步骤 02 执行模拟运算。❶ 框选 A12:F21 单元格区域，单击"数据"选项卡中"预测"组的"模拟分析"下拉按钮；❷ 在下拉列表中选择"模拟运算表"命令；❸ 弹出"模拟运算表"对话框，将"输入引用行的单元格"与"输入引用列的单元格"分别设置为 B9 和 E9 单元格；❹ 单击"确定"按钮，如下图所示。

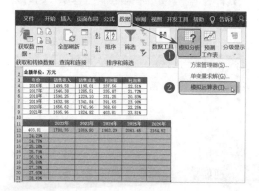

操作完成后，可以看到 B13:F21 单元格区域中已根据不同的销售收入和利润率计算得到不同的利润额，如下图所示。

B13		× ✓ fx	{=TABLE(B9,E9)}		
	A	B	C	D	E	F
1	2016—2021年利润计算表					
2	金额单位：万元					
3	年份	销售收入	销售成本	利润额	利润率	
4	2016年	1499.58	1198.01	337.56	22.51%	
5	2017年	1546.38	1285.51	335.87	21.72%	
6	2018年	1590.25	1229.10	331.25	20.83%	
7	2019年	1632.98	1341.84	391.65	23.98%	
8	2020年	1656.62	1741.96	368.60	22.25%	
9	2021年	1695.96	1824.82	403.81	23.81%	
10						
11		2022年	2023年	2024年	2025年	2026年
12	403.81	1780.76	1869.80	1963.29	2061.45	2164.52
13	24.29%	432.55	454.17	476.88	500.73	525.76
14	24.78%	441.27	463.34	486.50	510.83	536.37
15	25.28%	450.18	472.69	496.32	521.13	547.19
16	25.79%	459.26	482.22	506.33	531.65	558.23
17	26.31%	468.52	491.94	516.54	542.37	569.49
18	26.84%	477.96	501.85	526.95	553.29	580.96
19	27.38%	487.57	511.95	537.55	564.43	592.65
20	27.93%	497.37	522.24	548.35	575.76	604.55
21	28.49%	507.34	532.71	559.34	587.31	616.67

示例结果见"结果文件\第 10 章\2016—2021 年利润计算表 .xlsx"。

058　使用方案管理器测算数据，找出最优方案

应用说明：

扫一扫，看视频

在编辑表格时，为了突出重点或主题，通常会在单元格中填充背景色。排序功能同样也可以按照单元格颜色进行排序。

例如，某企业的产品 F 原进价为 150 元，销售价格为 260 元。供应商为了促进销售，向该企业提出三种进货数量及价格折扣方案。企业根据此方案同步制定了三种销售价格的折扣方案，如下所示。

方案 1：进货 1200 件，进价折扣 5%，即 142.5 元，售价折扣 5%，即 247 元。

方案 2：进货 1600 件，进价折扣 10%，即 135 元；售价折扣 15%，即 221 元。

方案 3：进货 2000 件，进价折扣 15%，即 127.5 元；售价折扣 25%，即 195 元。

下面运用方案管理器测算三种方案下的利润额，以便找出销售利润最高的最优方案。

步骤 01 设置进货金额、销售金额和利润额的计算公式。新建 Excel 工作簿，命名为"产品进货与销售价格折扣方案"，在 Sheet1 工作表中绘制表格，用于计算数据，分别在 C3、E3 和 F3 单元格中设置以下公式。

① C3 单元格："=ROUND(A3*B3,2)"，计算进货金额。

② E3 单元格："=ROUND(A3*D3,2)"，计算销售金额。

③ F3 单元格："=ROUND(E3−C3,2)"，计算利润额，如下图所示。

步骤 02 添加方案。❶ 单击"数据"选项卡中"预测"组的"模拟分析"下拉按钮；❷ 选择下拉列表中的"方案管理器"命令；❸ 弹出"方案管理器"对话框，单击"添加"按钮，如下图所示。

步骤 03 编辑方案。❶弹出"编辑方案"对话框，在"方案名"文本框中输入方案名称，如"方案1"；❷单击"可变单元格"文本框，框选A3:B3单元格区域，再选中D3单元格（注意不连续的单元格或单元格区域之间用英文逗号间隔）；❸单击"确定"按钮；❹弹出"方案变量值"对话框，在可变单元格中分别输入进货数量、进货单价和销售单价；❺单击"添加"按钮，弹出"添加方案"对话框（与"编辑方案"对话框完全相同），继续添加方案2和方案3；❻在"方案变量值"对话框中完成方案3的设置后，单击"确定"按钮，如下图所示。

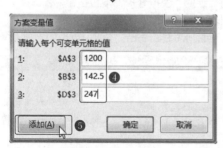

步骤 04 显示方案。返回"方案管理器"对话框，依次单击"方案"列表框中的每一个方案，单击"显示"按钮，可看到可变单元格中依次显示在方案中的数字，如下图所示。

步骤 05 生成方案摘要。❶单击"方案管理器"对话框中的"摘要"按钮；❷弹出"方案摘要"对话框，默认选中"方案摘要"单选按钮，单击"结果单元格"文本框，框选 E3:F3 单元格区域；❸单击"确定"按钮，如下图所示。

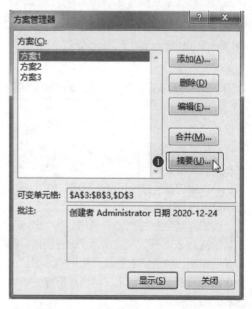

货单价和销售单价所获得的利润额最高，是最优方案，如下图所示。

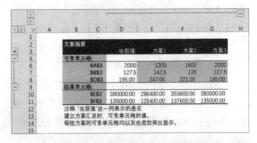

操作完成后，Excel 将自动新建工作表，并生成表格来对比所有方案中的数据和计算结果，同时自动创建分级显示。从"方案摘要"中可以明确，采用"方案 2"的进货数量、进

示例结果见"结果文件 \ 第 10 章 \ 产品进货与销售价格折扣方案 .xlsx"。

10.2 运用条件格式工具分析和展示数据

Excel 中的条件格式工具除了可用于前面章节介绍的突出显示指定数据或重复数据外，还能对数据进行一些简单分析和直观展示。下面介绍运用条件格式工具分析和展示数据的具体操作技巧，突出显示一组数据中排名靠前或靠后的数字；对一组数据的大小进行直观对比；根据指定范围标识数据大小；制作条形"图表"等。

059 运用数据条直观对比数据大小

应用说明：

编辑数据表时，运用条件格式在单元格中添加数据条，能够非常直观地呈现数据大小及对比效果。

扫一扫，看视频

例如，在全年销售报表中对比各月份的销售数据，操作方法如下。

❶ 打开"素材文件 \ 第 10 章 \2020 年产品销售报表 .xlsx"文件，框选 B3:B14 单元格区域，单击"开始"选项卡中"样式"组的"条件格式"下拉按钮；❷ 在下拉列表中选择"数据条"命令；❸ 在二级列表中选择一种数据条样式即可。与此同时，B3:B14 单元格区域已同步呈现效果，如下图所示。

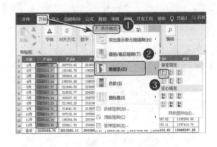

060 设置最值，增强数据条的对比效果

扫一扫，看视频

应用说明：

使用数据条对比数据大小时，通常会因为各项数据之间本身差距较小而导致对比效果不明显，对此，分别设置最小值和最大值，即可增强对比效果。

下面继续在"2020 年产品销售报表 .xlsx

文件"中做示范。具体操作方法如下。

❶ 框选 C3:C14 单元格区域，选择"开始"选项卡中"样式"组的"条件格式"下拉列表中的"新建规则"命令；❷ 弹出"新建格式规则"对话框，"选择规则类型"列表框中默认选中"基于各自值设置所有单元格的格式"选项，在"格式样式"下拉列表中选择"数据条"选项；❸ 在"最小值"和"最大值"选项组的"类型"下拉列表中分别选择"最低值"和"最高值"选项；❹ 数据颜色默认为实心蓝色，本例在"颜色"列表框中选择另一种颜色；❺ 单击"确定"按钮，如下图所示。

操作完成后，即可看到 C3:C14 单元格区域中的数据条呈现强烈的对比效果，如下图所示。

061　使用箭头图标集表示数据范围

应用说明：

图标集用于对数据进行注释，并能够根据指定的数值、百分比等数据划分等级范围，以同一图标集中的不同图标表示。

例如，在销售报表中将实际销售数据划分为三个等级范围：大于 220000 元、大于 200000 元且小于等于 220000 元、小于 200000 元，对此可以使用箭头图标集形象、直观地体现每个数据的等级范围。

下面仍然在"2020 年产品销售报表 .xlsx"文件中做示范。具体操作方法如下。

❶ 框选 D3:D14 单元格区域，打开"新建格式规则"对话框，在"格式样式"下拉列表中选择"图标集"选项，在"图标样式"下拉列表中选择箭头图标集样式 ⬇➡⬆；❷ 在"根据以下规则显示各个图标"选项组中设置每个图标所要表示的"值"和"类型"；❸ 单击"确定"按钮，如下图所示。

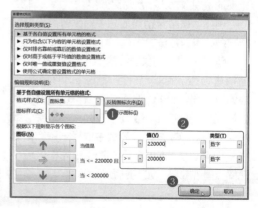

操作完成后，即可看到 D3:D14 单元格区域中每个单元格已根据各自的数字添加了箭头图标，如下图所示。

062　仅在符合或不符合条件的单元格中添加图标

应用说明：

　　默认情况下，使用图标集设置条件格式后会将选定单元格区域中的所有单元格全部添加图标。如果希望图标仅显示在指定的单元格中，则可通过一步的简单设置实现。

　　例如，在"2020 年产品销售报表 .xlsx"文件中，将"产品 D"和"产品 E"的销售金额分别按以下要求添加图标。

　　① 产品 D：销售金额在 220000 元及以上的单元格添加图标，其他单元格不做标识。

　　② 产品 E：销售金额未达到 220000 元的单元格添加图标，其他单元格不做标识。

　　具体操作方法如下。

步骤 01 为"产品 D"字段的单元格添加图标。❶ 框选 E3:E14 单元格区域（"产品 D"字段），打开"新建格式规则"对话框，在"格式样式"下拉列表中选择"图标集"选项，在"图标样式"下拉列表中选择一种样式，如 ✖ ❗ ✔；❷ 在"根据以下规则显示各个图标"选项组中设置第 1 个图标 ✔ 所要显示的值和类型；❸ 单击第 2 个图标的下拉按钮，在下拉列表中选择"无单元格图标"选项，对第 3 个图标进行同样的设置；❹ 第 ❸ 步设置完成后，"图标样式"列表框自动变为"自定义"，单击"确定"按钮关闭对话框，如下图所示。

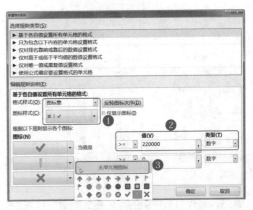

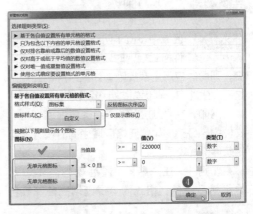

步骤 02 为"产品 E"字段的单元格添加图标。参照步骤 01 在 F3:F14 单元格区域（"产品 E"字段）中销售金额未达到 220000 元的单元格中添加图标 ✖。按下图所示设置格式条件规则即可。

操作完成后，可看到 E3:E14 和 F3:F14 单元格中的图标效果，如下图所示。

	A	B	C	D	E	F	G	H
				××公司2020年产品销售报表				

063 调整互相冲突的条件格式规则的优先级

扫一扫，看视频

应用说明：

在 Excel 中，当同一单元格区域中设置了两组或两组以上的条件格式规则时，如果规则之间不冲突，则同时应用全部规则。如果条件格式规则之间发生冲突，则优先执行级别较高的规则。

例如，在"2020 年产品销售报表 .xlsx"文件中，G3:G14 单元格区域中同时设置了两组条件格式规则。

规则 1：在"最前 / 最后规则"中设置显示前 5 个值，格式为"浅红填充色深红色文本"。

规则 2：在"突出显示单元格规则"选项中设置显示大于或等于 220000 的值，格式为蓝白填充色。

由于符合"规则 1"的前 5 个值中同时包含了符合"规则 2"的大于 220000 的数值，因此两组条件格式规则发生冲突，所以 Excel 仅执行了"规则 1"，如下图所示。

如果需要对条件格式规则的优先级进行调整，打开"条件格式规则管理器"对话框操作

即可。具体操作方法如下。

❶ 框选 G3:G14 单元格区域，单击"开始"选项卡中"样式"组的"条件格式"下拉按钮；❷ 在下拉列表中选择"管理规则"命令；❸ 弹出"条件格式规则管理器"对话框，在列表框中选择需要调整的规则，单击"上移"按钮▲或"下移"按钮▼即可调整优先级；❹ 单击"确定"按钮关闭对话框，如下图所示。

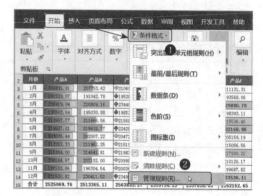

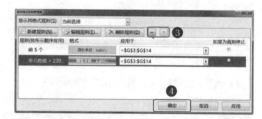

操作完成后，即可看到 G3:G14 单元格区域中大于 220000 的数据所在单元格执行了优先级更高的条件格式规则，如下图所示。

064　停止执行互不冲突但优先级较低的条件格式规则

应用说明：

扫一扫，看视频

在 Excel 表格中，如果同一单元格区域中存在多个条件格式规则，且互不冲突，即可执行全部规则，但用户希望执行优先级较高的规则之后，不再执行其优先级之下的其他规则，此时可以使用"如果为真则停止"这一规则停止执行优先级较低的规则，有利于对相对集中的数据进行有条件的筛选。

例如，在"2020 年产品销售报表 .xlsx"文件中，H3:H14 单元格区域（"合计"字段）中同时设置了以下两组条件格式规则。

规则 1：在"最前 / 最后规则"中设置为显示前 3 个值，格式为"绿填充色深绿色文本"。

规则 2：使用图标集 ▼ ━ ▲ 标识大于等于 1300000、大于等于 1100000 且小于 1300000、小于 1100000 的数值所在的单元格。

两组条件格式规则互不冲突，因此全部得以执行，如下图所示。

如果需要将条件格式设置为：满足前 3 项数字的单元格仅执行"规则 1"（绿填充色深绿色文本），而不执行"规则 2"（图标集），则可对"规则 1"使用"如果为真则停止"规则。具体操作方法如下。

❶ 框选 H3:H14 单元格区域，打开"条件格式规则管理器"对话框，在列表框中选择"前 3 个"选项，确保其优先级最高，勾选"如果为真则停止"复选框；❷ 单击"确定"按钮关闭对话框，如下图所示。

操作完成后，即可看到 H3:H14 单元格区域中数值为前 3 项的单元格仅执行了"规则 1"，如下图所示。

技巧 059~064 的示例结果见"结果文件\第 10 章\2020 年产品销售报表 .xlsx"。

小技巧

如需新建、修改或删除条件格式规则，均可在"条件格式规则管理器"对话框中单击"新建规则""编辑规则"或"删除规则"按钮后打开相应的对话框进行操作。另外，可以在"显示其格式规则"下拉列表中选择"当前工作表"选项，之后不必框选单元格区域即可显示工作表中的全部条件格式规则，方便操作和管理格式规则。

065　巧用数据条制作正反条形"图表"

应用说明：

扫一扫，看视频

使用条件格式不仅可以简单地展示数据大小、高低的对比效果，只要构思巧妙，运用得当，还可以绘制出与第 5 章制作的正反条形对比图形似的图表。其相对于图表更为简单，具体操作方法如下。

步骤 01 构建条形"图表"框架。❶ 打开"素材文件\第 10 章\2020-2021 年产品销售对比 1.xlsx"文件，在 C 列前插入两列；❷ 在 C4 单元格中输入公式"=B4"，在 D4 单元格中输入公式"=E4"，将 C4:D4 单元格区域的公式填充至 C5:D9 单元格区域中，如下图所示。

步骤 02 制作条形"图表"。❶ 框选 C4:C9 单元格区域，打开"新建格式规则"对话框，在"格式样式"下拉列表中选择"数据条"选项，勾选"仅显示数据条"复选框；❷ 将"最小值"和"最大值"的类型均设置为"数字"，将"最小值"设置为 100，"最大值"设置为 500；❸ 在"条形图外观"选项组的"填充"下拉列表中选择"渐变填充"选项，在"颜色"下拉列表中选择"橙色"，在"条形图方向"下拉列表中选择"从右到左"选项；❹ 单击"确定"按钮完成设置，如下图所示。

重复第 ❶~❹ 步操作，在 D4:D9 单元格区域中添加数据条。将数据条"颜色"设置为蓝色，将"条形图方向"设置为从左到右，除此之外，其他设置与 C4:C9 单元格区域中的规则完全相同。

操作完成后，条形"图表"的效果如下图所示。

步骤 03 调整表格布局、格式。为实现条形图的"图表"效果，可对表格布局、格式进行调整。例如，可修改 B3 和 E3 单元格中的字段名称，删除第 2 行（不需要的内容）；在 D 列前插入一列，将"产品名称"字段放置在两组条形图中间，最后取消表格框线，如下图所示。

示例结果见"结果文件＼第 10 章＼2020-2021 年产品销售对比 1.xlsx"。

✏️读书笔记

_____

_____

_____

_____

_____

_____

_____

_____

第11章

Excel 数据透视表/图应用技巧

本章导读

　　数据透视表是 Excel 中的一种强大的数据动态分析工具，数据透视图是在数据透视表的基础上生成的动态图表。运用数据透视表动态分析数据的具体操作方法，本书已在第 3 章详细讲解过。本章主要针对数据透视表和数据透视图在使用过程中的诸多细节之处，介绍 12 个实用技巧，帮助用户更充分地掌握操作方法，从而更高效地运用在实际工作中。

知识技能

　　本章相关技巧应用及内容安排如下图所示。

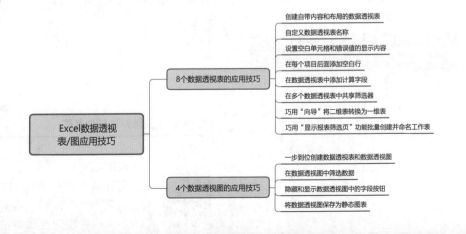

11.1 数据透视表的应用技巧

数据透视表工具的核心功能是动态分析数据。除此之外，它还有多种功能，只要充分掌握了运用技巧，就能让其数据分析功能更加强大。另外，运用其中某些功能还能完成其他工作目标，实现意想不到的效果。下面介绍数据透视表的相关操作技巧。

066 创建自带内容和布局的数据透视表

扫一扫，看视频

应用说明：

本书第 3 章介绍了创建空白数据透视表和多重合并数据区域的数据透视表的方法，具体的操作步骤都非常简单。如果用户在创建数据透视表时，对于其布局方法不熟悉或不确定，则可以采用推荐功能直接创建自带内容和预先布局的数据透视表。具体操作方法如下。

❶ 打开"素材文件 \ 第 11 章 \2021 年员工工资表 1.xlsx"文件，选中包含数据的任意单元格，单击"插入"选项卡中"表格"组的"推荐的数据透视表"按钮；❷ 弹出"推荐的数据透视表"对话框，左侧列表框中已根据数据源内容列出将要创建的数据透视表的不同布局和样式，单击选中一个样式后，右侧显示预览图，双击该样式即可创建一个数据透视表，如下图所示。

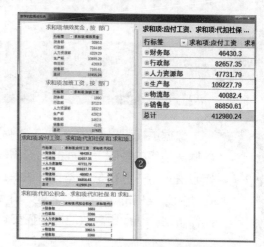

操作完成后，Excel 自动新建工作表并根据所选样式创建数据透视表，如下图所示。

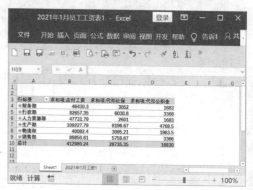

067 自定义数据透视表名称

扫一扫，看视频

应用说明：

创建数据透视表后，其名称将以"数据透视表 1""数据透视表 2"……的规则自动命名，为了便于管理，可对其名称进行自定义。具体操作方法如下。

❶ 选中数据透视表区域中的任意单元格，激活"数据透视表工具"选项卡，单击"分析"选项卡；❷ 在"数据透视表"组的"数据透视表名称"文本框中输入自定义名称，如下图所示。

068　设置空白单元格和错误值的显示内容

应用说明：

数据透视表是在数据源表的基础上创建的，因此，若数据源表中包含空白单元格（或错误值），则数据透视表中也会同步显示空白或错误值。例如，在下图所示的数据透视表中，"其他补贴"字段中包含有多个空白单元格。

为了规范数据透视表的数据格式，可以通过设置，统一指定空白单元格或错误值的显示内容。具体操作方法如下。

❶ 激活"数据透视表工具"选项卡，单击"分析"选项卡中"数据透视表"组的"选项"按钮；❷ 弹出"数据透视表选项"对话框，切换至"布局和格式"选项卡；❸ 勾选"格式"选项组中的"对于错误值,显示"和"对于空单元格,显示"复选框，分别输入需要显示的内容；❹ 单击"确定"按钮关闭对话框，如下图所示。

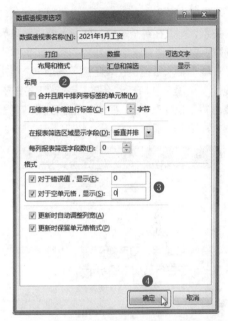

操作完成后，可看到"其他补贴"字段中原空白单元格中已显示数字 0，如下图所示。

069　在每个项目后面添加空白行

扫一扫，看视频

应用说明：

在数据透视表的默认布局中，每个项目中数据的排列通常比较紧凑。如果数据量较大，则不方便查看和区分具体数据，如下图所示。

为了方便查看，也为了突出项目之间的层次关系，可以在每个项目后面插入空白行作为间隔。具体操作方法如下。

❶ 激活"数据透视表工具"选项卡，单击"设计"选项卡中"布局"组的"空行"下拉按钮；
❷ 选择下拉列表中的"在每个项目后插入空行"命令，如下图所示。

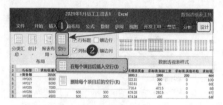

操作完成后，即可看到每个项目后面都插入了一个空白行，如下图所示。

技巧 066~069 的示例结果见"结果文件 \ 第 11 章 \2021 年员工工资表 1.xlsx"。

070　在数据透视表中添加计算字段

应用说明：

创建数据透视表后，如果需要添加字段，常规操作是首先在数据源表中添加字段，再使用"数据透视表工具"中的"更改数据源"功能重新选择数据源。其实，更简单快捷的方法是在数据透视表中直接添加所需字段，并设置公式来计算字段值。

例如，在下图所示的数据透视表中添加"部门平均销售额"字段，计算每天部门的平均销售额。

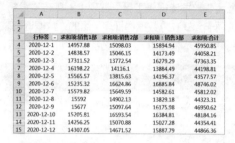

具体操作方法如下。

❶ 打开"素材文件 \ 第 11 章 \2020 年 12 月部门销售日报表 .xlsx"文件，切换至数据透视表所在的工作表"Sheet4"，激活"数据透视表工具"选项卡，单击"分析"选项卡中"计算"组的"字段、项目和集"下拉按钮；
❷ 选择下拉列表中的"计算字段"命令；❸ 弹出"插入计算字段"对话框，在"名称"文本框中输入字段名称，在"公式"文本框中输入公式"=ROUND(合计 /3,2)"；❹ 单击"添加"按钮即可将其添加至"字段"列表框中；❺ 单击"确定"按钮关闭对话框，如下图所示。

操作完成后，可看到数据透视表中已增加了"部门平均销售额"字段，并计算出部门平均销售额，如下图所示。

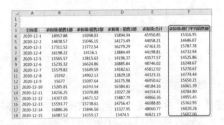

示例结果见"结果文件\第 11 章\2020 年12 月部门销售日报表.xlsx"。

🔔 小提示

如果需要修改字段名称或公式，可以打开"插入计算字段"对话框，在"名称"下拉列表中选择相应字段后进行修改，操作完成后单击"修改"按钮即可。如果删除字段，只需要选择字段后直接单击"删除"按钮。

071　在多个数据透视表中共享筛选器

应用说明：

实际工作中，当需要使用数据透视表分析数据时，可以根据同一个数据源创建多个数据透视表，方便从不同的角度直观地查看和分析数据。同时，添加筛选器（切片器和日程表）后，还可以在多个数据透视表中共享一个筛选器，实现联动筛选，提高分析数据的效率。

扫一扫，看视频

例如，在"2020 年第 4 季度部门销售业绩日报表.xlsx"文件中，根据同一个数据源创建了三个数据透视表，直观呈现了销售数据的不同分析角度，如下图所示。

下面为以上三个透视表创建一个共享日程表。具体操作方法如下。

步骤 01 插入"日程表"。❶ 打开"素材文件\第 11 章\2020 第 4 季度部门销售业绩日报表.xlsx"文件，选中任意数据透视表中的任意单元格，单击"数据透视表工具"选项卡的"分析"选项卡中"筛选"组的"插入日程表"按钮；❷ 弹出"插入日程表"对话框，勾选"销售日期"复选框；❸ 单击"确定"按钮关闭对话框，如下图所示。

步骤 02 共享"日程表"。❶ 选中插入的日程表，激活"日程表工具"选项卡，在"选项"选项卡的"日程表"组中单击"报表连接"按钮；❷ 弹出"数据透视表连接（销售日期）"对话框，勾选需要共享日程表的数据透视表名称前的复选框；❸ 单击"确定"按钮关闭对话框，如下图所示。

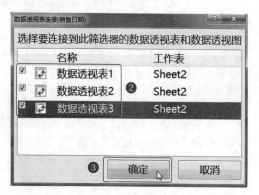

操作完成后，单击"日程表"中的"10 月"按钮，即可看到三个数据透视表中的数据均同步筛选出 10 月的数据，如下图所示。

示例结果见"结果文件＼第 11 章＼2020 第 4 季度部门销售业绩日报表 .xlsx"。

072　巧用"向导"将二维表转换为一维表

扫一扫，看视频

应用说明：

实际工作中，为了方便处理数据，经常需要将二维表转换为一维表。如果采用复制粘贴、函数公式等方法进行转换，既烦琐又影响工作效率。其实可以巧妙地运用"数据透视表和透视图向导"中的"多重合并计算区域"功能创建数据透视表，之后只需一个简单操作即可瞬间完成转换。

例如，下图所示的销售日报表为二维表，现需要将其转换为一维表。

	A	B	C	D	E
1	××公司2020年12月部门销售业绩日报表1				
2	销售日期	销售1部	销售2部	销售3部	合计
3	12月1日	14957.88	15098.03	15894.94	45950.85
4	12月2日	14838.57	15046.15	14173.49	44058.21
5	12月3日	17311.52	13772.54	16279.29	47363.35
6	12月4日	16198.22	14116.10	13884.49	44198.81
7	12月5日	15565.57	13815.63	14196.37	43577.57
8	12月6日	15235.32	16624.86	16885.84	48746.02
9	12月7日	15579.82	15649.59	14582.61	45812.02
10	12月8日	15592.00	14902.13	13829.18	44323.31

具体操作方法如下。

步骤 01 运用"向导"创建数据透视表。❶打开"素材文件＼第11章＼2020年12月部门销售日报表1.xlsx"文件，选中数据区域中的任意单元格，打开"数据透视表和数据透视图向导——步骤1(共3步)"对话框，选中"多重合并计算数据区域"单选按钮（其他默认选项不做更改）；❷单击"下一步"按钮；❸弹出"数据透视表和数据透视图向导——步骤2a(共3步)"对话框，直接单击"下一步"按钮；❹弹出"数据透视表和数据透视图向导——第2b步，共3步"对话框，单击"选定区域"文本框，框选A2:D33单元格区域（不框选"合计"字段所在的单元格区域），单击"添加"按钮，将其添加至"所有区域"列表框中；❺单击"完成"按钮，如下图所示。

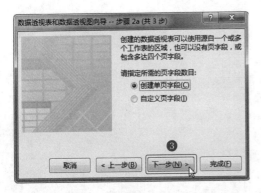

	A	B	C	D
1	行 ▼	列 ▼	值 ▼	页1 ▼
2	2020-12-1	销售1部	14957.88	项1
3	2020-12-1	销售2部	15098.03	项1
4	2020-12-1	销售3部	15894.94	项1
5	2020-12-2	销售1部	14838.57	项1
6	2020-12-2	销售2部	15046.15	项1
7	2020-12-2	销售3部	14173.49	项1
8	2020-12-3	销售1部	17311.52	项1
9	2020-12-3	销售2部	13772.54	项1
10	2020-12-3	销售3部	16279.29	项1
11	2020-12-4	销售1部	16198.22	项1
12	2020-12-4	销售2部	14116.1	项1
13	2020-12-4	销售3部	13884.49	项1
14	2020-12-5	销售1部	15565.57	项1
15	2020-12-5	销售2部	13815.63	项1
16	2020-12-5	销售3部	14196.37	项1

示例结果见"结果文件\第11章\ 2020年12月部门销售日报表1.xlsx"。

🔔 **小提示**

> 使用"向导"时,可通过以下两种方法打开"数据透视表和数据透视图向导"对话框。
>
> ① 按 Office 访问键 Alt+D 后再按 P 键。
>
> ② 在"Excel 选项"对话框中将"数据透视表和数据透视图"按钮添加至功能区或快速访问工具栏中,使用时单击该按钮。
>
> 具体操作方法详见第3章中的相关介绍。

步骤 02 快速生成一维表。双击数据透视表中自动生成的"总计"数据所在单元格,即E36 单元格,即可立刻在新工作表中生成一维表,如下图所示。

E36		× ✓ fx	1430785.02		
	A	B	C	D	E
1	页1	(全部)			
2					
3	求和项:值	列标签 ▼			
4	行标签 ▼	销售1部	销售2部	销售3部	总计
5	2020-12-1	14957.88	15098.03	15894.94	45950.85
30	2020-12-26	15075.79	15258.29	14459.87	44793.95
31	2020-12-27	15640.54	14661.78	15199.96	45502.28
32	2020-12-28	14682.06	14587.16	16370.07	45639.29
33	2020-12-29	15315.6	15766.44	16388.07	47470.11
34	2020-12-30	14801.77	14288.67	14285.08	43375.52
35	2020-12-31	13229.68	12653.21	15655.36	41538.25
36	总计	480829.07	469166.78	480789.17	1430785.02

转换后的一维表如下图所示。

073 巧用"显示报表筛选页"功能批量创建并命名工作表

扫一扫,看视频

应用说明:

实际工作中,一个 Excel 工作簿中通常需要批量建立多个工作表,虽然可以采用在"Excel 选项"对话框中设置新建工作簿的工作表数量的技巧实现,但是却无法批量重命名工作表。对此,可以巧妙地利用数据透视表中的"显示报表筛选页"功能,在批量创建工作表的同时命名每个工作表的名称。

例如,在 Excel 工作簿中创建 12 个工作表,作为 2021 年 1-12 月的工资表,需要将工作表命名为"2021 年 01 月工资表""2021 年 02 月工资表"……"2021 年 12 月工资表"。

具体操作方法如下。

步骤 01 预先录入工作表名称。新建Excel工作簿，命名为"2021年工资表"，在默认工作表"Sheet1"的任意单元格区域（如A2:A13单元格区域）中设置将要创建的每个工作表名称（运用填充方式可批量录入），如下图所示。

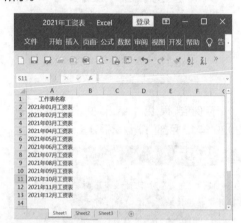

步骤 02 批量创建工作表。❶选中 A1:A13 单元格区域，创建一个空白的数据透视表，选中数据透视表区域，激活"数据透视表字段"窗格，将字段列表中的"工作表名称"字段拖动至"筛选"区域中；❷选中 A1 单元格，激活"数据透视表工具"选项卡，单击"分析"选项卡中"数据透视表"组的"选项"下拉按钮；❸选择下拉列表中的"显示报表筛选页"命令；❹弹出"显示报表筛选页"对话框，直接单击"确定"按钮，如下图所示。

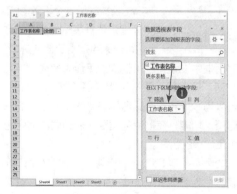

操作完成后，即可看到工作簿中已自动生成 12 个已命名的工作表，如下图所示。

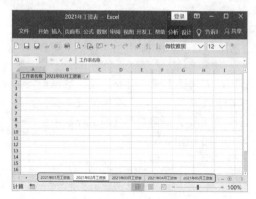

示例结果见"结果文件\第 11 章\2021 年工资表 .xlsx"。

🔔 小技巧

　　批量创建工作表后，每个工作表中自动生成筛选字段，批量选定工作表后删除即可。

11.2　数据透视图的应用技巧

　　数据透视图是基于数据透视表创建的图表。数据透视图的布局设计和格式设置方法与普通图表完全相同，但是它拥有普通图表所欠缺的优势：无须设置函数公式，其布局自然会随着数据透视表布局的动态变化而变化，并且在添加元素、筛选数据等操作上更加方便、快捷。从本质上讲，数据透视图就是浑然自成的动态图表。

　　本节主要针对数据透视图的独特之处介绍相关操作技巧，其布局与格式的设置方法请参照第 5 章的讲解。

074　一步到位创建数据透视表和数据透视图

应用说明：

　　虽然数据透视图是基于数据透视表创建的图表，但是在具体的操作步骤上，既可以在已经创建成功的数据透视表上插入数据透视图，也能够一步到位，在创建数据表的同时创建数据透视图。具体操作方法如下。

扫一扫，看视频

步骤 01 创建空白数据透视图。❶打开"素材文件\第11章\2020年第4季度部门销售业绩日报表1.xlsx"文件，选中数据区域中的任意单元格，单击"插入"选项卡中"图表"组的"数据透视图"下拉按钮；❷选择下拉列表中的"数据透视图"命令；❸弹出"创建数据透视图"对话框，Excel同样自动识别源数据区域，并默认数据透视表的放置位置为"新工作表"，直接单击"确定"按钮即可创建数据透视表和数据透视图，如下图所示。

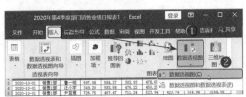

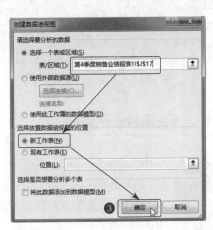

　　操作完成后，即可看到在自动生成的新工作表中同时创建了空白数据透视表和数据透视图，如下图所示。

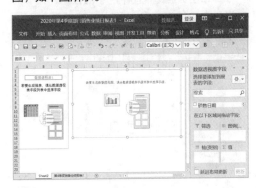

步骤 02 在数据透视图中添加元素。选中数据透视图，激活"数据透视图字段"窗格，在列表框中勾选字段，如"销售日期""销售部""产品A"等，即可同时在数据透视表和数据透视图中同步添加字段及图表元素，如下图所示。

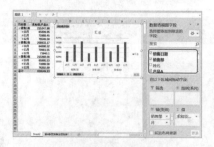

操作完成后，即可看到筛选后的数据透视图及数据透视表的效果，如下图所示。

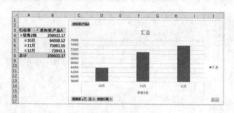

（1）在 Excel 2010 中，创建数据透视图的命令位于"插入"选项卡中"表格"组的"数据透视表"下拉列表中。

（2）数据透视图默认为柱形图，如需更改图表类型，右击图表区域，在快捷菜单中选择"更改图表类型"命令，打开同名对话框后进行设置即可。

075　在数据透视图中筛选数据

扫一扫，看视频

应用说明：

创建数据透视图后，可以通过其中的字段按钮直接筛选相关数据。下面以"2020 年第 4 季度部门销售业绩日报表 1.xlsx"文件中的数据透视图为例，具体操作方法如下。

❶ 单击数据透视图中的字段按钮，如"销售部"字段按钮；❷ 在弹出的下拉列表中设置筛选条件，本例仅勾选"销售 2 部"复选框；❸ 单击"确定"按钮，如下图所示。

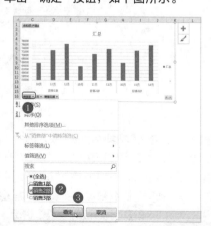

076　隐藏和显示数据透视图中的字段按钮

应用说明：

通过数据透视图中的字段按钮筛选数据非常方便，但是会影响图表的美观性。对此，可以在不使用时将字段按钮隐藏，需要时再将其显示。具体操作方法如下。

步骤 01 隐藏字段按钮。右击"2020 年第 4 季度部门销售业绩日报表 1.xlsx"文件的数据透视图中的任意字段按钮，在快捷菜单中选择"隐藏图表上的所有字段按钮"（或"隐藏图表上的 ** 字段按钮"）命令，如下图所示。

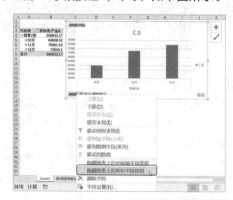

操作完成后，可看到原数据透视图中的字段按钮已全部消失，如下图所示。

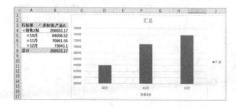

步骤 02 显示字段按钮。单击"数据透视图字段"窗格中任意区间的任一字段，在弹出的快捷菜单中选择"显示图表上的所有字段按钮"（或"显示图表上的 ** 字段按钮"）命令，如下图所示。

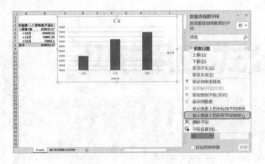

077　将数据透视图保存为静态图表

应用说明：

数据透视图的实质是动态图表，会跟随用户在区域之间拖动字段的操作而发生动态变化。如果用户需要获得一个不受字段变化的数据透视图，则可以将其保存为静态图表。具体操作方法如下。

扫一扫，看视频

选中"2020 年第 4 季度部门销售业绩日报表 1.xlsx"文件中的数据透视图，按组合键 Ctrl+C 复制，右击任意单元格，在弹出的快捷菜单中单击"粘贴选项"选项组的"图片"按钮，如下图所示。

操作完成后，即可看到静态图表。在数据透视图的"销售部"字段按钮的下拉列表中选择"全部"选项，数据透视图已发生动态变化，而静态图表并未发生变化，如下图所示。

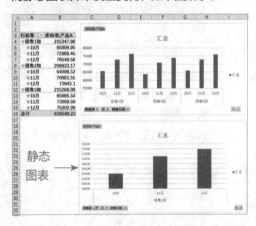

技巧 074~077 的示例结果见"结果文件 \ 第 11 章 \2020 年第 4 季度部门销售业绩日报表 1.xlsx"。

✏️ 读书笔记

第12章

Excel 函数公式应用技巧

本章导读

　　函数公式是 Excel 中的核心应用，是 Excel 这一强大数据处理系统中的灵魂。运用函数公式计算各种复杂的数据，可以帮助用户简化繁重的数据统计和分析工作。本章主要补充介绍公式相关的基础操作技巧，以及运用不同函数解决数据问题的方法和思路，帮助用户充分掌握公式编写、审核及函数应用的方法和技巧，提高工作效率。

知识技能

本章相关技巧应用及内容安排如下图所示。

Excel函数公式应用技巧

4个公式编写与审核技巧
- 快速调用函数的两种方法
- 处理公式返回的8种错误值
- 审核检查公式错误
- 启用"迭代计算"允许公式循环引用

10个函数应用技巧
- 运用MID函数从身份证号码中提取出生日期和人员性别
- 运用MAX函数匹配个人所得税税率
- 巧用MOD函数设置条件格式，实现自动隔行填充
- 运用SUBTOTAL函数计算筛选数据
- 运用WEEKDAY函数制作动态考勤表头并标识周末日期
- 运用WEEKDAY函数制作动态万年月历
- 运用TEXTJOIN函数实现一对多查询
- 运用HYPERLINK函数创建工作簿目录
- 运用GET.WORKBOOK宏表函数自动创建工作簿目录
- 运用FILES宏表函数批量提取文件名后批量修改文件

12.1 公式编写与审核技巧

本节主要针对公式的基础操作部分介绍调用函数编写公式、处理公式返回的常见错误值、审核检查公式等操作方法和技巧。

078　快速调用函数的两种方法

应用说明：

在 Excel 中编写函数公式时，首先是要准确地输入对口函数的名称，同时遵循语法结构、参数规则编写完整的表达式。但是，许多用户对函数的基本知识并不熟悉，如何快速调用函数编写公式呢？其实可以通过以下两种简便方法插入函数。

扫一扫，看视频

1. 通过"自动求和"下拉列表插入常用函数

"自动求和"下拉列表中包括求和、平均值、计算、最大值、最小值 5 种常用函数，其中，求和时直接单击"自动求和"按钮即可。其他 4 种函数需要展开下拉列表选择函数插入。

打开"素材文件 \ 第 12 章 \2020 年全年产品销售日报表 5.xlsx"文件，对每日销售数据进行求和、计算平均值。具体操作方法如下。

步骤 01 一键批量求和。框选 B3:H368 单元格区域，单击"公式"选项卡中"函数库"组的"自动求和"按钮，如下图所示。

操作完成的同时也同步完成求和，效果如下图所示。

小技巧

自动求和还可以通过组合键迅速完成：框选单元格区域后，按组合键 Alt+"="即可。

步骤 02 计算平均值。❶ 选中 I3 单元格，单击"公式"选项卡中"函数库"组的"自动求和"下拉按钮；❷ 在下拉列表中选择"平均值"命令；❸ 在 I3 单元格中插入 AVERAGE 函数并将 B3:H3 单元格区域作为计算区域，在单元格中将 H3 修改为 G3 后按 Enter 键即可计算出平均值；❹ 将 I3 单元格的公式填充至 I4:I368 单元格区域中即完成全部日期的平均值计算，如下图所示。

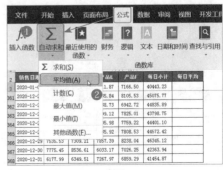

I3		×	✓	fx	=AVERAGE(B3:G3)	

	A	B	C	D	E	H	I
1		司2020年1-12月产品销售日报表5					
2	销售日期	产品C	产品D	产品E	产品F	每日小计	每日平均
3	2020-01-01	6514.27	6572.17	7011.87	7166.50	40443.	6740.54
361	2020-12-24	8327.11	7048.00	7335.84	8105.53	45075.77	7512.63
362	2020-12-25	6753.94	7189.67	7838.73	6942.72	44835.89	7472.65
363	2020-12-26	6847.53	6999.30	7399.12	7825.01	43798.75	7299.79
364	2020-12-27	7376.70	6846.99	7305.98	7759.22	44401.	7400.18
365	2020-12-28	7545.87	8708.03	7235.92	7808.53	44572.42	7428.74
366	2020-12-29	7535.53	7309.21	7857.39	8238.04	46345.12	7724.19
367	2020-12-30	7775.45	8536.61	6033.17	7026.25	42363.94	7060.66
368	2020-12-31	6177.99	6349.51	7267.97	6859.29	41454.87	6909.15

🔔 小提示

如需使用除"自动求和"下拉列表中已包含的 5 个函数以外的其他函数，可以在明确函数类别的前提下，从"公式"选项卡的"函数库"组中各个类别函数的下拉列表中选择相应函数插入单元格中。

2. 通过对话框提示插入函数

如果对函数的名称、作用、语法、参数等均不明确，则可以打开"插入函数"对话框，根据提示搜索合适的函数并设置参数。

例如，在"2020 年全年产品销售日报表 5.xlsx"文件的销售明细表中，根据指定日期期间（求和条件）计算合计销售数据。具体操作方法如下。

步骤 01 搜索函数。❶ 选中 K4 单元格，单击"编辑栏"左侧的"插入函数"按钮 fx；❷ 弹出"插入函数"对话框，在"搜索函数"文本框中输入关键词，单击"转到"按钮；❸"选择函数"列表框中列出根据关键词搜索到的函数。单击每个函数，列表框下方会给出简短的提示。选定函数后，单击"确定"按钮，如下图所示。

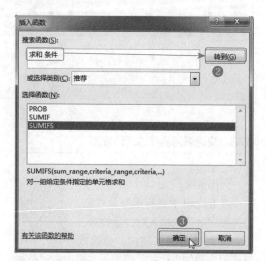

步骤 02 设置参数，编写公式。❶ 弹出"函数参数"对话框，根据提示在每个参数的文本框中设置参数，对话框同步给出提示和计算结果；❷ 单击"确定"按钮关闭对话框，如下图所示。

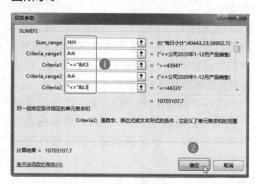

操作完成后，求和的结果如下图所示。

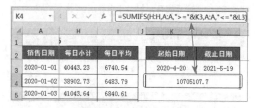

示 例 结 果 见 "结 果 文 件 \ 第 12 章 \ 2020 年全年产品销售日报表 5.xlsx"。

079 处理公式返回的 8 种错误值

应用说明：

在 Excel 中编写公式时，经常会因为一些不明原因导致公式返回的结果中出现各种错误值,如 #N/A、#DIV/0、#REF 等。一般情况下,公式返回的常见错误值包括 8 种:####……、#N/A、#NAME?、#NUM!、#NULL!、#DIV/0!、#VALUE!、#REF!。下面介绍这些错误值的产生原因及处理方法。

1.“####……”错误值

返回“####……”错误值的原因有两个。

① 单元格列宽较窄,无法完整显示数据,调整列宽即可解决。

② 计算日期或时间的公式、单元格格式及输入的日期或时间不正确。如下图所示,C1 单元格的公式为“=A1-B1”,计算 2021 年 1 月 8 日前 60 天的日期,结果为负数,即返回“####……”错误值。将公式设置为“=B1-A1”即可解决。

C1		× ✓ fx	=A1-B1
	A	B	C
1	60	2021年1月8日	###############

2.“#NAME?”错误值

在编写公式时,如果函数名称或公式中引用的已定义的名称输入错误,即会返回“#NAME?”错误值。如下图所示,D2 单元格中设置了计算平均值的函数公式。其中,函数 AVERAGE 错写成了 AVERAGD,因此返回“#NAME?”错误值。更正函数名称后即可解决。

D2		× ✓ fx	=AVERAGD(A2:C2)	
	A	B	C	D	E
1	销售1部	销售2部	销售3部	平均销售额	公式表达式
2	13210.75	13551.71	13680.77	#NAME?	=AVERAGD(A2:C2)

3.“#NUM!”错误值

可以从“#NUM!”错误值的名称中理解出错原因,NUM 是 Number 的缩写,代表数字。如果函数公式中包含无效数字或数值,就会返回“#NUM!”错误值。例如,SQRT 函数是用于计算一个非负实数的平方根函数,如果将参数设置为负数,即返回“#NUM!”错误值,

如下图所示。

B2		× ✓ fx	=SQRT(A2)
	A	B	C
1	数字	公式返回结果	公式表达式
2	-2	#NUM!	=SQRT(A2)

4.“#N/A”错误值

当公式引用的某个单元格中的数值对函数或公式不可用时,即会返回“#N/A”错误值。

一般查找引用函数公式的返回结果中常会出现这一错误值。如下图所示,L3:N5 单元格区域中设置了 VLOOKUP 函数,根据 K3:K5 单元格区域中的姓名查找相关信息,当关键字错误或为空时,VLOOKUP 函数无法查找到匹配值,即返回“#N/A”错误值。对此,输入正确的关键字或嵌套 IFERROR 函数屏蔽错误值即可。

L3		× ✓ fx	=VLOOKUP($K3,$C:$I,2,0)				
	A B	C	D	E		K	L	M	N
1									
2	序号 员工编号	员工姓名	入职时间	部门		姓名	性别	学历	部门
3	1 HY001	王程	2011-06-16	生产部		蒋岚	女	本科	人力资源部
4	2 HY002	陈蓉	2011-06-30	行政部		蒋兰	#N/A	#N/A	#N/A
5	3 HY003	张宇晨	2011-08-18	物流部			#N/A	#N/A	#N/A
6	4 HY004	刘亚玲	2011-08-31	行政部					

5.“#NULL!”错误值

如果公式中使用了不正确的运算符或引用的单元格区域的交集为空,就会返回“#NULL!”错误值。如下图所示,在 AVERAGE 函数公式所引用的单元格区域中,起止单元格之间插入了空格,导致公式返回“#NULL!”错误值。对此将其修改为正确的符号,即英文冒号“:”即可。

D2		× ✓ fx	=AVERAGE(A2 C2)	
	A	B	C	D	E
1	销售1部	销售2部	销售3部	平均销售额	公式表达式
2	13210.75	13551.71	13680.77	#NULL!	=AVERAGE(A2 C2)

6.“#DIV/0”错误值

返回“#DIV/0!”错误值的原因是在编写公式时误将数字 0 或空白单元格设置为除数,如下图所示。将除数设置为非 0 和非空白单元格即可解决。

	A	B	C	D
1	被除数	除数	公式返回的错误值	公式表达式
2	12000	0	#DIV/0!	=A2/B2
3	35000		#DIV/0!	=A3/B3

C2 单元格 ＝A2/B2

7. "#VALUE!" 错误值

返回 "#VALUE!" 错误值的主要原因是设置公式时操作方法不正确。例如，设置数组公式时，未在表达式首尾添加大括号 "{}"。如下图所示，K3 和 K4 单元格中的数组公式编写正确，因此返回结果也正确。而 K5:K9 单元格区域中的公式均未添加大括号 "{}"，因此返回 "#VALUE!" 错误值。

K5 单元格 ＝SMALL(IF(F$3:F$62=L$1,E$3:E$62,""),ROW()-2)

	K	L	M
1		6月	
2	出生日期	公式表达式	
3	1973-6-18	{=SMALL(IF(F$3:F$62=L$1,E$3:E$62, ""), ROW()-2)}	
4	1973-6-18	{=SMALL(IF(F$3:F$62=L$1,E$3:E$62, ""), ROW()-2)}	
5	#VALUE!	=SMALL(IF(F$3:F$62=L$1,E$3:E$62, ""), ROW()-2)	
6	#VALUE!	=SMALL(IF(F$3:F$62=L$1,E$3:E$62, ""), ROW()-2)	
7	#VALUE!	=SMALL(IF(F$3:F$62=L$1,E$3:E$62, ""), ROW()-2)	
8	#VALUE!	=SMALL(IF(F$3:F$62=L$1,E$3:E$62, ""), ROW()-2)	
9	#VALUE!	=SMALL(IF(F$3:F$62=L$1,E$3:E$62, ""), ROW()-2)	

8. "#REF!" 错误值

返回 "#REF!" 错误值的原因是单元格引用无效，如公式引用的单元格被删除、链接的数据不可用等。如下图所示，C2 单元格中公式为 "=ROUND(A2*B2,2)"，即引用了 A2 和 B2 单元格，删除 A 列后，B2 单元格（原C2 单元格）中的公式即返回错误值 "#REF!"。在公式中重新设置有效的引用即可。

	A	B	C
1	单价	数量	金额
2	15.68	125	1960.00

	A	B
1	数量	金额
2	125	#REF!

080 审核检查公式错误

扫一扫，看视频

应用说明：

当公式出现错误时，除了返回 8 种错误值以提示纠正错误外，还可运用公式审核功能协助检查公式的正确性，追踪公式中的引用关系及出错源头，从而更有效地保证公式计算的准确性。下面介绍 3 种常用的公式审核功能和操作方法。

1. 追踪引用与从属单元格

追踪引用与从属单元格是审核公式的第一步，是指查看当前公式引用了哪些单元格，同时又被哪些单元格中的公式引用。例如，C2、F2 单元格中的公式分别为 "=A2+B2" 和 "=C2*D2"，其中 C2 单元格的公式引用了 A2 和 B2 单元格，同时又被 F2 单元格引用，是 F2 单元格的从属单元格。

追踪引用与从属单元格的具体操作方法如下。

步骤 01 追踪引用单元格。打开"素材文件 \ 第 12 章 \ 2021 年 1 月员工工资表 2.xlsx"文件，选中包含公式的任意单元格，如 I8 单元格，单击"公式"选项卡中"公式审核"组的"追踪引用单元格"按钮，如下图所示。

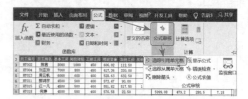

操作完成后，即可看到出现箭头，表示 I8 单元格的公式所引用的单元格，如下图所示。

	A	B	C	D	E	F	G	H	I
1					××市××有限公司2021年1月员工				
2	员工编号	员工姓名	基本工资	岗位津贴	工龄工资	绩效奖金	加班工资	其他补贴	应付工资
3	HY002	陈吾	8000	1000	450	606.02	112.50		10168.52
4	HY004	刘亚玲	7000	800	450	617.36	330.00		9197.36
5	HY013	周云帆	6000	600	400	528.63	632.50		8161.13
6	HY011	郭鸿宇	4500	500	400	573.47	90.00		5294.66
7	HY015	江一凡	4500	500	400	551.82	517.50	100	6569.32
8	HY018	何婷	4500	500	400	576.58	22.50		5999.08

步骤 02 追踪从属单元格。选中其他包含公式的单元格，如 I11 单元格，单击"公式"选项卡中"公式审核"组的"追踪从属单元格"按钮即可。同样使用箭头指向 I11 单元格的从属单元格，如下图所示。

	A	B	C	J	K	L	M	N
1			年1月员工工资表2					
2	员工编号	员工姓名	应付工资	代付工资	代扣公积金	代扣个税	其他扣款	实付工资
3	HY002	陈吾	10168.52	765	280.5	202.30		8920.72
4	HY004	刘亚玲	9197.36	615	280.5	120.19	100.00	8081.67
5	HY013	周云帆	8161.13	420	280.5	73.82		7386.81
6	HY011	郭鸿宇	6063.47	479.2	280.5	9.11		5294.66
7	HY015	江一凡	6569.32	479.2	280.5	24.29		5785.33
8	HY018	何婷	5999.08	479.2	280.5	7.18		5232.20
9	HY024	谢浩明	6340.40	479.2	280.5	17.42		5563.28
10	HY034	钟诗意	6282.75	479.2	280.5	15.69	60.00	5447.36
11	HY037	杨宏睿	6697.16	479.2	280.5	16.12		5921.34

需要删除箭头时，只需单击"公式"选项卡中"公式审核"组的"删除箭头"下拉按钮，在下拉列表中选择"删除引用单元格追踪箭头"或"删除从属单元格追踪箭头"命令即可。单击"删除箭头"按钮，可一次性删除全部箭头。

2. 检查和追踪公式错误

"公式审核"组中的"错误检查"包括检查错误、追踪错误和追踪循环引用。其中，检查错误的作用是检查公式的错误，并提示更正。当公式发生"隐形"错误时更能体现其强大的作用。

"隐形"错误是指公式表达式本身编写并无错误，不会返回前面介绍的8种错误值之一，但可能与相邻单元格中公式不一致而导致不易被察觉的错误。

例如，在"合计"行上插入一行填入数据后，很多时候"合计"行中公式引用的单元格区域不会全部自动扩展，导致合计数据不准确。对此，可使用"错误检查"功能自动检查公式错误。具体操作方法如下。

❶ 单击"公式"选项卡中"公式审核"组的"错误检查"按钮；❷ 弹出"错误检查"对话框，显示公式出错的单元格及其公式，以及出错原因等信息，此时单击"从左侧复制公式"按钮予以更正，如下图所示。

追踪错误的作用是根据公式返回的错误值追踪其引用的单元格，同样是以添加箭头的方式表示返回错误值的单元格公式所引用的单元格。

操作时单击"公式"选项卡中"公式审核"组的"错误检查"下拉按钮，在下拉列表中单击"追踪错误"按钮即可。

3. 公式求值

运用"公式求值"进行公式审核适用于比较复杂的公式。可以对公式中每个表达式逐步求值，了解公式的计算过程，从而理解公式逻辑和原理。具体操作方法如下。

❶ 打开"素材文件\第12章\增值税发票管理表4.xlsx"文件，切换至"供应商税票汇总表"工作表，选中任意包含公式的单元格，如C6单元格，单击"公式"选项卡中"公式审核"组的"公式求值"按钮；❷ 弹出"公式求值"对话框，连续单击"求值"按钮即可依次对公式中的每个表达式进行求值（在"求值"预览框中可以查看求值结果），如下图所示。

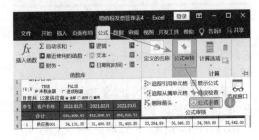

小提示

除上述已介绍的公式审核技巧外，还可运用"显示公式"功能切换显示当前工作表中所有公式的表达式和计算结果。运用"监视窗口"向窗口中添加需要监视的公式单元格，可随时查看公式返回结果的动态变化。

081　启用"迭代计算"允许公式循环引用

扫一扫，看视频

应用说明：

循环引用是指公式直接或间接地引用了公式本身所在的单元格。当公式出现循环引用时，Excel 会频繁弹出提示对话框，提示检查公式，如下图所示。同时，状态栏中也会提示公式中包含循环引用的单元格，或者通过"公式审核"组的"错误检查"下拉按钮中的"循环引用"查看。

但是，在实际工作中，很多时候会因工作原因需要在公式中循环引用，为了避免频繁弹出提示对话框，可启用"迭代计算"功能，允许公式循环引用。

例如，在"××公司现金流水账"表格中，E4:E14 单元格区域的公式用于自动记录记账时间，公式即引用了公式本身所在的单元格，如下图所示。

启用"迭代计算"功能后不再弹出循环引用的提示对话框，同时状态栏中也不再显示提示内容。具体操作方法如下。

❶ 打开"Excel 选项"对话框，切换至"公式"选项卡；❷ 在"计算选项"选项组中勾选"启用迭代计算"复选框；❸ 单击"确定"按钮关闭对话框，如下图所示。

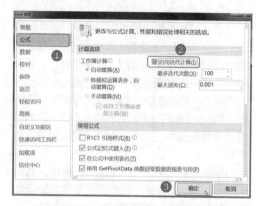

设置完成后，E4:E14 单元格区域的显示结果如下图所示，状态栏中不再显示提示内容。

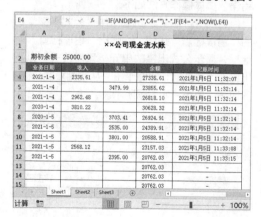

✏ 读书笔记

12.2 函数应用技巧

本书第 4 章详细介绍了 43 个常用函数的语法结构和具体应用方法，相信读者通过学习已经充分掌握了每个函数的作用、语法结构、参数设置规则等基本知识，并能够熟练地运用函数高效地分析数据。但是，每个函数的能量其实远远不止用于本书所列举的示例文件，如果能够拓展思维，巧妙地利用函数的基本作用和特点，还能让各种函数发挥意想不到的作用。本节将介绍 10 个函数应用技巧，希望能够启发读者的思路，掌握运用不同的函数解决更多的数据问题的方法。

082 运用 MID 函数从身份证号码中提取出生日期和性别

应用说明：

从身份证号码提取出生日期除了可以运用分列、组合键 Ctrl+E 外，还可以运用 MID 函数与 TEXT 函数嵌套实现自动获取数据。同时，将其与 IF+OR 函数嵌套使用还可以根据身份证号码自动判断人员性别。企业管理人员管理员工基本信息时，运用以上两个函数组合可以大幅度提高工作效率。

步骤 01 获取出生日期。打开"素材文件\第 12 章\员工信息管理表 5.xlsx"文件，在 E3 单元格中设置公式"=TEXT(MID(D3,7,8),"0000-00-00")"。公式原理如下：

① 运用 MID 函数从 D3 单元格（"身份证号码"字段）中身份证号码的第 7 位开始，截取 8 个字符（即代表出生日期的号码），返回结果为"19800628"。

② 运用 TEXT 函数将字符串"19800628"转换为指定格式，返回结果为"1980-06-28"。

公式表达式及效果如下图所示。

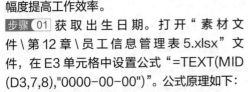

步骤 02 判断人员性别。在 F3 单元格中设置公式"=IF(OR(MID(D3,17,1)*1={1,3,5,7,9}),"男","女")"。公式原理如下：

① 运用 MID 函数从 D3 单元格中身份证号码的第 17 位截取 1 个数字（代表性别），由于截取的数字是文本格式，因此乘以 1 将其换为数字格式。

② 运用 IF+OR 函数组合判断数字是否等于 {1,3,5,7,9} 这一数组中的某一个数字。如果是，则返回文本"男"；否则返回文本"女"。

公式表达式及效果如下图所示。

公式设置完成后，将 E3:F3 单元格区域的公式填充至 E4:F62 单元格区域中即可，如下图所示。

	A	B	C	D	E	F
1			××市××有限公司员工信息管理表5			
2	序号	员工编号	员工姓名	身份证号码	出生日期	性别
3	1	HY001	王程	110100198206280031	1982-06-28	男
4	2	HY002	陈茜	110100197706040142	1977-06-04	女
5	3	HY003	张宇晨	110100198203070393	1982-03-07	男
6	4	HY004	刘亚玲	110100198111040180	1981-11-04	女
7	5	HY005	马怡通	110100198105230041	1981-05-23	女
8	6	HY006	李皓鹏	110100197605280392	1976-05-28	男
9	7	HY007	冯晓寞	110100198111100180	1981-11-10	女
10	8	HY008	孙俊浩	110100197306180932	1973-06-18	男
11	9	HY009	唐小彤	110100198306250341	1983-06-25	女
12	10	HY010	朱煜林	110100198610250211	1986-10-25	男
13	11	HY011	郭鸿宇	110100198407150972	1984-07-15	男
14	12	HY012	于静雯	110100198704080741	1987-04-08	女

示例结果见"结果文件\第 12 章\员工信

息管理表 5.xlsx"。

083　运用 MAX 函数匹配个人所得税的税率

扫一扫，看视频

应用说明：

计算个人所得税时，最关键的一点是根据应纳税所得额准确匹配个人所得税的税率。本书第 4 章运用 LOOKUP 函数的数组形式查找引用个人所得税的税率，公式结果准确无误，其原理非常简单易懂。其实，将统计函数 MAX 与逻辑函数 IF 组合设置公式，同样也能进行准确匹配。函数运用方法如下。

❶ 打开"素材文件＼第 12 章＼个人所得税率表 .xlsx"文件，在 E3 单元格中设置公式"=MAX(IF(D3>={0,36000.01,144000.01,300000.01,420000.01,660000.01,960000.01},{0.03,0.1,0.2,0.25,0.3,0.35,0.45},0))"，公式原理如下。

① 运用 IF 函数判断 D3 单元格的数值是否大于或等于第 1 个数组中的某一个数字，如果符合，则返回第 2 个数组中与第 1 个数组的排列顺序位置相同的数字，返回结果为 3%。

② MAX 函数的作用是统计在 IF 函数表达式所返回的数字 3% 与 0% 之间较大的数字，也就是 3%。因此，公式始终会返回 IF 函数表达式所返回的数字。

❷ 将 E3 单元格的公式填充至 E4:E9 单元格区域中即可。公式表达式及效果如下图所示。

E3			=MAX(IF(D3>={0,36000.01,144000.01,300000.01,420000.01,660000.01,960000.01},{0.03,0.1,0.2,0.25,0.3,0.35,0.45},0))	
	A	B	C	D	E
1	个人综合所得的个人所得税率表			匹配个人所得税率	
2	全年累计应纳税所得额	适用税率		全年累计应纳税所得额	适用税率
3	不超过36000元的部分	3%		32168.62	3%
4	超过36000元至144000元的部分	10%		52210.25	10%
5	超过144000元至300000元的部分	45%		152165.36	20%
6	超过300000元至420000元的部分	45%		321266.29	25%
7	超过420000元至660000元的部分	45%		452165.75	30%
8	超过660000元至960000元的部分	45%		672345.85	35%
9	超过960000元的部分	45%		976579.38	45%
10					

示例结果见"结果文件＼第 12 章＼个人所得税率表 .xlsx"。

084　巧用 MOD 函数设置条件格式实现自动隔行填充

扫一扫，看视频

应用说明：

MOD 函数是一个数学类函数，它的作用是计算两个数字相除之后的余数。语法结构如下：

MOD(number,divisor)

含义：MOD(被除数 , 除数)

实际工作中，运用 MOD 函数除了发挥其数学计算作用外，如果将其巧妙地运用到条件格式中，还可以实现表格的自动隔行填充。

例如，销售报表中的数据量较大，既不方便查看数据，也容易出现错行、漏行查看的情况，如下图所示。

	A	B	C	D	E	F	G	H
1	××公司2020年1-12月产品销售日报表4							
2	销售日期	产品A	产品B	产品C	产品D	产品E	产品F	每日小计
3	2020-01-01	6638.58	6539.84	6514.27	6572.17	7011.87	7166.50	33804.65
4	2020-01-02	6229.50	6776.76	6272.65	6721.50	7335.43	5566.89	32673.23
5	2020-01-03	6933.95	6805.53	7234.77	6212.21	6461.35	7395.83	34109.69
6	2020-01-04	7074.53	6021.55	6002.55	6720.81	6215.93	7211.35	32172.19
7	2020-01-05	7140.49	5865.85	6377.15	7133.06	6272.11	5825.71	31473.88
8	2020-01-06	6642.46	7334.38	7456.99	7530.70	6977.04	6682.70	35981.81
9	2020-01-07	6587.98	6838.82	6560.16	6572.78	6698.67	6909.64	33580.07
10	2020-01-08	7188.50	7134.89	5518.38	6072.72	6895.00	6154.13	31775.12
11	2020-01-09	6605.80	6589.44	6937.70	6636.03	6405.77	7781.10	34350.04

将数据区域隔行填充后，即可有效解决上述问题。操作方法如下。

❶ 打开"素材文件＼第 12 章＼2020 年全年产品销售日报表 4.xlsx"文件，框选需要隔行填充的单元格区域，本例框选 A3:H368 单元格区域，选择"开始"选项卡中"样式"组的"条件格式"下拉列表中的"新建规则"命令，打开"新建格式规则"对话框，在"选择规则类型"列表框中选择"使用公式确定要设置格式的单元格"选项；❷ 在"为符合此公式的值设置格式"文本框中设置公式"=MOD(ROW()-1,2)"，公式的含义是运用 MOD 函数计算由 ROW 函数返回的单元格所在行数减 1 后的数字与 2 相除的余数；❸ 将单元格格式设置为灰色填充（可以在"预览"框中查看预览效果）；❹ 单击"确定"按钮关闭对话框，如下图所示。

设置完成后，隔行填充效果如下图所示。

示例结果见"结果文件 \ 第 12 章 \2020
年全年产品销售日报表 4.xlsx"。

085　运用 SUBTOTAL 函数计算筛选数据

应用说明：

SUBTOTAL 函数是一个数
学类函数，其作用是对筛选状态下
的数据进行各种分类运算，如求和、
计算平均值、统计最大值和最小值、计算方差
等。语法结构如下：

SUBTOTAL(function_num,Ref1)

含义：SUBTOTAL(计算代码，数组区域)

其中，第 1 个参数（计算代码）共包括
22 个代码，分别代表 11 个函数，可以运用 11
种计算方法对筛选出的数据进行分类运算，同
时每个函数均包含两个代码可供选择，以确定
是否计算被手动隐藏行中的数据。如果是通过
筛选操作而被隐藏的数据，则两个代码的计算
结果相同。各代码及对应的函数如下表所列。

代码		代表的函数	函数作用
不计算手动隐藏的数据	计算手动隐藏的数据		
1	101	AVERGER	返回筛选出的数组的平均值
2	102	COUNT	统计筛选出的数组中包含数字的单元格个数
3	103	COUNTA	统计筛选出的数组中不为空的单元格个数
4	104	MAX	返回筛选出的数组中的最大值
5	105	MIN	返回筛选出的数组中的最小值
6	106	PRODUCT	计算筛选出的数组中的乘积
7	107	STDEV	计算筛选出的数组的样本标准差
8	108	STDEVP	计算筛选出的数组的总体标准差
9	109	SUM	对筛选出的数组进行求和
10	110	VAR	计算筛选出的数组中的样本方差
11	111	VARP	计算筛选出的数组中的总体方差

实际工作中，SUBTOTAL 函数非常实用。
例如，可以在工资表中对筛选出的部门、岗位
等工资进行分类计算。如下图所示的工资表中，
F63:L63 单元格区域的各单元格中均设置了
SUBTOTAL 函数公式，可以看到计算结果仅
为"财务部"的合计数据。

如果将 SUBTOTAL 函数与其他函数、
控件配合使用，控制 SUBTOTAL 函数的第
1 个参数动态变化，可以按照不同的方法快速
地对筛选数据进行计算。下面介绍具体的操作
方法。

步骤 01 制作控件。打开"素材文件 \ 第
12 章 \2021 年 2 月工资表 .xlsx"文件，插入
4 个"选项按钮"控件◉，分别命名为"汇总""平
均""最高""最低"，将单元格链接设置为 A2
单元格。逐一选中以上 4 个控件，A2 单元格
中的数字依次返回 1、2、3、4，如下图所示。

步骤 02 设置SUBTOTAL函数公式。❶在F63单元格中设置公式"=SUBTOTAL(LOOKUP($A2,{1,2,3,4},{9,1,4,5}),F3:F62)"，对F3:F62单元格区域进行分类计算。公式原理：SUBTOTAL函数的第1个参数是运用LOOKUP函数在第1个数组"{1,2,3,4}"中查找与A2单元格中相同的数字3后，返回第2个数组"{9,1,4,5}"中与其排列顺序一致的计算代码4。由此即可对筛选出的数据进行动态计算。❷将F63单元格的公式填充至G63:L63单元格区域中，如下图所示。

步骤 03 测试效果。❶单击C2单元格（"部门"字段）的筛选按钮，在展开的下拉列表中取消勾选"全选"复选框；❷勾选"销售部"和"空白"复选框（"合计"行）；❸单击"确定"按钮，如下图所示。

筛选操作完成后，选中其他选项按钮控件，如"平均"，即可看到F63:L63单元格区域中的计算结果为销售部工资数据的平均值，如下

图所示。

示例结果见"结果文件\第12章\2021年2月工资表.xlsx"。

086 运用WEEKDAY函数制作动态考勤表头并标识周末日期

扫一扫，看视频

应用说明：

WEEKDAY函数是一个日期类函数，其作用是根据指定日期计算星期数，返回结果是一个1~7的整数。语法结构如下：

WEEKDAY(serial_number,[return_type])

含义：WEEKDAY(日期 ,[返回数字类型的代码])

其中，第2个参数共包含10个数字代码，省略时默认为1。各代码与其返回数字及对应的星期数如下表所列。

代码	返回数字	代表星期数
1	1~7	星期日—星期六
2	1~7	星期一—星期日
3	0~6	星期一—星期日
11	1~7	星期一—星期日
12	1~7	星期二—星期一
13	1~7	星期三—星期二
14	1~7	星期四—星期三
15	1~7	星期五—星期四
16	1~7	星期六—星期五
17	1~7	星期日—星期六

实际工作中，WEEKDAY函数可用于制作动态考勤表头，并设置条件格式标识周末日期。具体操作方法如下。

步骤 01 制作动态考勤表头。❶打开"素材文件\第 12 章\动态考勤表 .xlsx"文件，在 A2 单元格中输入某月第 1 日的日期，如输入"2-1"，返回"2021-2-1"，将单元格格式设置为"日期"–"2012 年 3 月"，使之显示为"2021 年 2 月"；❷在 E3 单元格中设置公式"=A2"；❸在 F3 单元格中设置公式"=E3+1"，将公式填充至 G3:AI3 单元格区域中；❹在 E4 单元格中设置公式"=WEEKDAY(E3)"，根据 E3 单元格中的日期返回代表星期的数字，自定义单元格格式，格式代码为"aaa"，使之显示为星期数，将公式填充至 F4:AI4 单元格区域中，如下图所示。

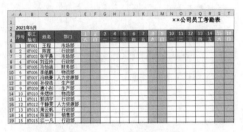

步骤 02 设置条件格式标识周末日期。框选 E3:E64 单元格区域，打开"新建格式规则"对话框，设置公式及条件格式。其中，公式表达式为"=OR(WEEKDAY(E$3)=7, WEEKDAY(E$3)=1)"，格式设置为单元格填充。

公式含义：运用 WEEKDAY 函数计算 E3 单元格中的日期所代表星期的数字，等于 7（星期六）或等于 1（星期日），如下图所示。

设置完成后，条件格式的效果如下图所示。

步骤 03 测试效果。在 A2 单元格中输入其他月份的第 1 日的日期，如输入"5-1"后，可看到日期、星期数及条件格式的动态变化效果，如下图所示。

示例结果见"结果文件\第 12 章\动态考勤表 .xlsx"。

🔔 小提示

（1）本例中，在 E4:AI4 单元格区域中显示星期数，也可以不设置 WEEKDAY 函数公式进行计算。以 E4 单元格为例，只需在其中设置公式"=E3"后将单元格格式自定义为"aaa"即可。

（2）在动态考勤表中，设置了 31 列用于显示日期。但每月的天数各不相同，如 2021 年 2 月仅有 28 天。制作每月考勤表时，首先在动态考勤表中生成当月考勤表表头，将其复制粘贴至新工作表后删除不属于当月日期部分的单元格区域即可。

087 运用 WEEKDAY 函数制作动态万年月历

扫一扫，看视频

应用说明：

实际工作中，巧妙利用 WEEKDAY 函数，再配合其他函数、工具、技巧等，还可制作动态万年月历。具体操作方法如下。

步骤 01 制作控件。新建 Excel 工作簿，命名为"动态万年月历"，插入两个"数值调节钮"控件，分别用于调节代表年份和月份的数字，按照以下两幅图片所示分别设置两个控件的格式。

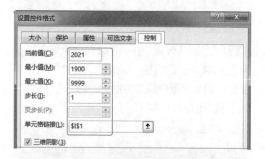

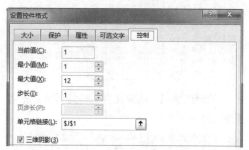

设置完成后，将控件分别移至 I1 和 J1 单元格中，如下图所示。

步骤 02 绘制月历的表格框架。❶ 在 A2:G8 单元格区域绘制表格框架，在 A1 单元格中设置格式"=DATE(I1,J1,1)"，将 I1、J1 和数字 1 组合成为日期"2021-1-1"，将单元格格式设置为"日期"-"2012 年 1 月"，使之显示"2021 年 1 月"；❷ 在 A2:G2 单元格区域中依次输入数字 1~7，自定义单元格格式，格式代码为"aaa"，使 A2:G2 单元格区域依次显示"日""一"……"六"；❸ 自定义 A3:G8 单元格区域的格式，格式代码为"d"，仅显示日期。初始效果如下图所示。

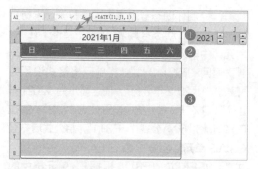

步骤 03 设置公式返回第一周的日期。❶ 在 A3 单元格中设置公式"=IF(WEEKDAY($A1)=A2,$A1,A1-(WEEKDAY(A1)-1))"。公式原理如下：

① 运用 IF 函数判断由 WEEKDAY 函数根据 A1 单元格中的日期计算得到的星期数与 A2 单元格中的星期数是否相同，如果相同，即返回 A1 单元格中的日期，否则返回表达式"A1-(WEEKDAY(A1)-1"的计算结果。

② 表达式"A1-(WEEKDAY(A1)-1)"中，"(WEEKDAY(A1)-1)"的作用是计算 A1 单元格中的星期数与星期日之间所间隔的天数。其中，数字 1 是指星期日，是一周的第 1 天，"WEEKDAY(A1)"返回的数字是 6，那么"(WEEKDAY(A1)-1)"的计算结果为 5（6-1）。由此可计算得到 A1 单元格中的日期减 5 之后的日期为 2020 年 12 月 27 日。由于步骤 02 中设置自定义格式仅显示日期，因此，公式最终的返回结果为 27。

❷ 在 B3 单元格中设置公式"=A3+1"，将公式填充至 C3:G3 单元格区域中，如下图所示。

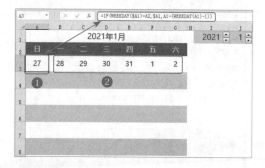

步骤 04 设置公式返回其他周的日期。❶ 在 A4 单元格中设置公式"=G3+1"；❷ 在 B4 单元格中设置公式"=A4+1"，将公式填充至 C4:G4 单元格区域中；❸ 将 A4:G4 单元格区域的公式复制粘贴至 A5:G8 单元格区域中，如下图所示。

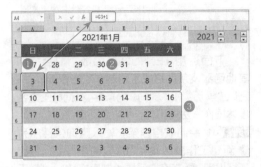

由于 A3:G8 单元格区域中有部分日期不属于本月，而是上月和次月的日期。下面在条件格式中设置公式标识或隐藏这些日期，本例设置为标识。

步骤 05 在条件格式中设置公式标识不属于本月的日期。选中 A3 单元格，打开"新建格式规则"对话框，设置公式和条件格式。其中，将公式设置为"=OR(A3<$A$1,A3>EOMONTH($A$1,0))"，将格式设置为灰色字体，如下图所示。

设置完成后，将 A3 单元格格式复制粘贴至 A3:G8 单元格区域中，如下图所示。

步骤 06 在条件格式中设置公式标识"今天"日期。参照步骤 05 运用条件格式设置公式"=A3=TODAY()"，设置填充效果，将格式复制粘贴至 A3:G8 单元格区域中，如下图所示（当前计算机系统日期为 2021 年 1 月 2 日）。

步骤 07 测试效果。单击"数字调节钮"控件，将年份或月份调整至其他数字后，查看动态月历效果，如下图所示。

示例结果见"结果文件 \ 第 12 章 \ 动态万年月历 .xlsx"。

088　运用 TEXTJOIN 函数实现一对多查询

应用说明：

TEXTJOIN 函数是一个文本类函数，也是 Excel 2019 的新增函数。它的作用是使用分隔符连接列表或文本字符串区域。语法结构如下：

TEXTJOIN(delimiter,ignore_empty,text1,[text2],...)

含义：TEXTJOIN(分隔符 , 是否忽略空白单元格 , 文本 1,[文本 2],...)

参数说明：

① 第 2 个参数的含义为 "是否忽略空白单元格"，用布尔值 TRUE 代表忽略，FALSE 代表不忽略。在公式表达式中可用代码 1 和 0 表示。

② 3 个参数均为必需项。但是第 1 个参数和第 2 个参数可以设置为空。也就是说，如果无须设置第 1 个参数和第 2 个参数，仍然需要输入英文逗号 ","占位。

③ 当第 1 个参数和第 2 个参数同时设置为空时，第 2 个参数默认为 TRUE，即忽略空白单元格。

④ 当第 1 个参数设置为空时，第 2 个参数设置为 FALSE 无效，依然默认为 TRUE。因此，若要设置第 2 个参数为 FALSE，则第 1 个参数不能设置为空。

例如，运用 TEXTJOIN 函数连接 A2:A6 单元格区域中的文本，按照不同方法设置参数的效果及公式表达式，如下图所示。

	A	B	C	D	E
1	学历	TEXTJOIN函数公式效果	公式表达式		参数设置说明
2	研究生	研究生,本科,专科,高中	=TEXTJOIN(",",1,$A$2:$A$6)		按标准语法结构设3个参数，第2个参数设置为"1"，则忽略了空白单元格
3	本科	研究生本科专科高中	=TEXTJOIN(,,$A$2:$A$6)		第1、2个参数均为空，则默认忽略空白单元格
4	专科	研究生本科专科高中	=TEXTJOIN(,0,$A$2:$A$6)		第1个参数为空，第2个参数设置为0，但设置无效，仍忽略了空白单元格
5		研究生,本科,专科,,高中	=TEXTJOIN(",",0,$A$2:$A$6)		按标准语法结构设3个参数，第2个参数设置为"0"，未忽略空白单元格
6	高中				

TEXTJOIN 虽然是文本类函数，但是在实际工作中巧妙利用它的作用和特点，可实现数据的一对多查询。

打开 "素材文件 \ 第 12 章 \ 员工信息管理表 6.xlsx" 文件，其中包含一个工作表，名称为 "员工信息"，如下图所示。

	A	B	C	D	E	F	G	H
1	××市××有限公司员工信息管理表6							
2	序号	员工编号	员工姓名	性别	身份证号码	出生日期	学历	部门
3	1	HY001	王程	男	110100198206280031	1982-06-28	本科	生产部
4	2	HY002	陈茜	女	110100197706040142	1977-06-04	本科	行政部
5	3	HY003	张宇晨	男	110100198203070393	1982-03-07	专科	物流部
6	4	HY004	刘亚玲	女	110100198111040180	1981-11-04	本科	行政部
7	5	HY005	马怡通	男	110100198105230041	1981-05-23	专科	财务部
8	6	HY006	李皓鹏	男	110100197605280392	1976-05-28	专科	销售部
9	7	HY007	冯晓嫣	女	110100198111100180	1981-11-10	本科	人力资源部
10	8	HY008	孙俊浩	男	110100197306180932	1973-06-18	专科	生产部

下面运用 TEXTJOIN 函数，配合控件、其他函数及条件格式工具制作动态查询表，分别以 "学历" 和 "部门" 为条件，查询员工姓名。具体操作方法如下。

步骤 01 绘制表格框架，输入查询条件序列。❶ 新建工作表，命名为 "查询表"，绘制查询表格框架；❷ 在空白区域绘制表格，输入 "学历" 和 "部门" 字段下的序列，如下图所示。

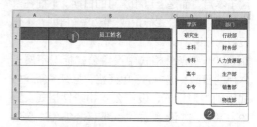

步骤 02 制作控件。插入两个 "选项按钮" 控件 ◉，分别命名为 "学历" 和 "部门"，将控件的单元格链接设置为 A2 单元格。选中 "学历" 控件后，A2 单元格中返回数字 1，选中 "部门" 控件，则返回数字 2。

	A	B
1	⦿ 学历　○ 部门	
2	1	员工姓名
3		
4		
5		
6		
7		
8		

步骤 03 设置公式。❶ 在 A3 单元格中设置公式 "=OFFSET(IF($A$2=1,D$1,F$1),ROW()-2,,)"，根据 A2 单元格中数字的不

同，分别以 D1 或 F1 单元格为起点，向下偏移，偏移的行数是表达式"ROW()-2"的计算结果 1，因此整条公式的返回结果为"研究生"；② 在 B2 单元格中设置数组公式"{=TEXTJOIN(",",TRUE,IF((员 工 信息!$H$3:$H$62=A3)+(员工信息!$G$3:$G$62=A3),员工信息!$C$3:$C$62,""))}"，连接"员工信息"工作表中学历符合 A3 单元格中的"研究生"的员工姓名。公式原理如下：

① TEXTJOIN 函数的第 3 个参数是需要连接的文本所在的单元格区域，运用了 IF 函数判断"员工信息"工作表中 G3:G62（"学历"字段）或 H3:H62 单元格区域（"部门"字段）中是否等于 A3 单元格中的数据，若是，则返回 C3:C62 单元格区域（"员工姓名"字段）的值，否则返回空值。

② 在数组公式中，符号"+"代表逻辑条件"或"，符号"*"代表逻辑条件"且"，作用与逻辑函数 OR 和 AND 相同。

❸ 将 A3:B3 单元格区域的公式填充至 A4:B8 单元格区域中，如下图所示。

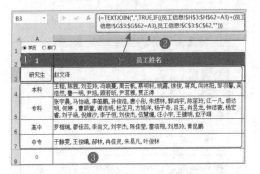

步骤 04 设置单元格格式及条件格式。❶ 自定义 A2 单元格格式，格式代码为"[=1]"学历";[=2]"部门""，当 A2 单元格中数字返回 1 时，显示文本"学历"，返回 2 时，则显示文本"部门"；❷ 框选 A3:B3 单元格区域，分别运用"条件格式"设置以下两组公式和格式。

●第 1 组：设置公式"=A3=0"。

格式：自定义 A3 单元格格式，格式代码为";"。

作用：当 A3 单元格数字为 0 时，隐藏数字。

● 第 2 组：公 式"=IF(NOT($A3=0),

MOD (ROW()-1,2),"")"。

格式：填充单元格背景色。

作用：当 A3 单元格中数字不为 0 时，进行隔行填充，否则返回空值。

设置完成后，效果如下图所示。

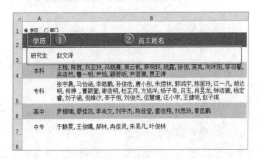

步骤 05 测试效果。选中"部门"选项按钮控件后，即可看到数据及条件格式的动态变化效果，如下图所示。

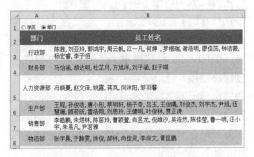

示例结果见"结果文件 \ 第 12 章 \ 员工信息管理表 6.xlsx"。

089 运用 HYPERLINK 函数创建工作簿目录

扫一扫，看视频

应用说明：

本书第 6 章介绍了编写 VBA 代码自动创建工作簿目录的方法，但需要将工作簿保存为"Excel 启用宏的工作簿"文件才能生效。如果用户希望仍然使用普通 Excel 工作簿管理数据，可以运用查找引用函数 HYPERLINK（函数语法及参数说明见第 4 章 4.3.1 节的相关介绍）创建链接，无须启用宏也可以生成工作簿目录。具体操作方法如下。

步骤 01 编辑"目录"工作表。打开"素材文件\第12章\增值税发票管理表 2.xlsx"文件，新建工作表，命名为"目录"，绘制表格并输入工作簿内其他工作表名称。为使表格美观，可设置条件格式进行自动隔行填充（操作方法请参考技巧 084 的相关介绍），如下图所示。

步骤 02 设置公式创建工作表链接。❶ 在 B2 单元格中设置公式"=IF(A2="","–",HYPERLINK("#"&A2&"!A1"," ☞ ")"，创建工作表"2021.01月"的超链接。公式含义：如果 A2 单元格为空，则返回符号"–"，否则运用 HYPERLINK 函数根据 A2 单元格中的内容创建超链接，显示符号" ☞ "。第 2 个参数即为指定显示的文本内容，可以设置为任何文本、符号或指定单元格地址。❷ 将 B2 单元格的公式复制粘贴至 B3:B13 和 D2:D13 单元格区域中，如下图所示。

步骤 03 手动批量创建"返回目录"链接。"返回目录"的链接需要在每个工作表中创建，可以批量选定工作表后，参照步骤 01 和步骤 02 设置 HYPERLINK 函数公式创建，但是在每个工作表中需要占用两个单元格。为了节省表

格空间，也可以批量手动创建。❶ 批量选定工作簿内除"目录"工作表以外的其他全部工作表，在第 1 行之上插入一行，合并 A1 和 B1 单元格后取消批量选定工作表，右击"客户和供应商信息"工作表中的 A1 单元格，单击"插入"选项卡中"链接"组的"链接"按钮；❷ 弹出"插入超链接"对话框，选择"链接到"列表框中的"本文档中的位置"选项；❸ 在"要显示的文字"文本框中输入"返回目录"；❹ 在"请键入单元格引用"文本框中输入一个单元格地址，默认为"A1"单元格，本例不做更改，在"或在此文档中选择一个位置"列表框中选择"目录"选项；❺ 单击"确定"按钮关闭对话框，如下图所示。

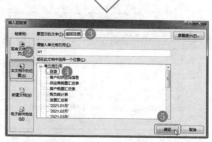

操作完成后，A1 单元格中已插入"返回目录"超链接。复制 A1 单元格，批量选定其他工作表，选中 A1 单元格后粘贴即可批量插入链接，如下图所示。

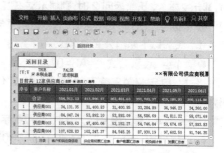

示例结果见"结果文件 \ 第 12 章 \ 增值税发票管理表 2.xlsx"。

090　运用 GET.WORKBOOK 宏表函数自动创建工作簿目录

应用说明：

运用 HYPERLINK 函数创建工作表链接需要手动输入工作表名称。如果用户希望运用宏自动创建链接，但又对 VBA 代码不够熟悉或难以理解，则通过"定义名称"的方法，运用 Excel 宏表函数 GET.WORKBOOK 将名称的引用位置设置为公式，再配合其他函数、功能和技巧同样可以实现这一目标。GET.WORKBOOK 函数的作用是提取工作簿内的工作表名称，其语法结构如下：

扫一扫，看视频

GET.WORKBOOK(type_num, name_text)

含义：GET.WORKBOOK(信息类型代码，打开工作簿的名称)

其中，第 2 个参数可省略，默认为活动的工作簿。第 1 个参数中，各代码及其返回的信息内容如下表所列。

类型代码	返回的信息内容
1	返回工作簿及所有工作表的名称
3	返回工作簿及当前工作表的名称
4	返回工作簿中工作表的个数
38	返回活动工作表的名字

在定义名称的"引用位置"中设置 GET.WORKBOOK 函数公式，将第 1 个参数设置为不同的代码，返回的信息如下图所示。

	A	B	C
1	单元格公式结果	单元格公式表达式	名称引用位置的公式表示
2	[表12-04.xlsm]Sheet1	=工作表名称1	=GET.WORKBOOK(1)
3	[表12-04.xlsm]Sheet1	=工作表名称3	=GET.WORKBOOK(3)
4	3	=工作表名称4	=GET.WORKBOOK(4)
5	Sheet1	=工作表名称38	=GET.WORKBOOK(38)

下面运用 GET.WORKBOOK 函数与其他函数嵌套，自动获取工作簿中的全部工作表名称并生成链接。具体操作方法如下。

步骤 01 定义名称。❶ 打开"素材文件 \ 第 12 章 \ 增值税发票管理表 3.xlsx"文件，新增工作表，命名为"工作簿目录"，在 A1:A31 单元格区域绘制表格，并设置条件格式进行自动隔行填充（操作方法请参考技巧 084 的相关介绍），选中 A1 单元格，单击"公式"选项卡中"定义的名称"组的"定义名称"按钮；❷ 弹出"新建名称"对话框，在"名称"文本框中输入名称"目录"；❸ 在"引用位置"文本框中输入公式"=INDEX(GET.WORKBOOK(1),ROW(工作簿目录 !A1))&T(NOW())"；❹ 单击"确定"按钮关闭对话框，如下图所示。

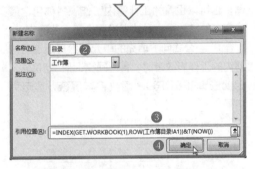

公式原理如下：

① 运用 INDEX 函数在指定范围内查找工作表名称。

② INDEX 函数的第 1 个参数是查找范围，即运用 GET.WORKBOOK 函数所返回的工作簿中的全部工作表名称。

③ INDEX 函数的第 2 个参数是查找的行号，运用 ROW 函数返回工作表"工作簿目录"中 A1 单元格的行号，结果为 1，其作用是使

INDEX 函数查找第 1 个工作表名称。向下填充公式后，依次返回连续的数字。

④ 表达式"T(NOW())"中，NOW 函数用于返回当前的日期和时间，是数字类型的值，运用函数 T 检测其为非文本类型值后即返回空值，这样既获取了当前日期和时间，又不会对前面表达式的结果产生影响。其作用是当新增或删除工作表后，可自动刷新目录。

步骤 02 创建链接。因为第一个工作表名称（即"工作簿目录"）无须获取，因此可直接在 A2 单元格中设置公式"=IFERROR(HYPERLINK(目录 &"!A2",MID(目录,FIND("]",目录)+1,100)),"–")"，将公式填充至下面的单元格区域中即可。公式原理如下：

① 运用 HYPERLINK 函数为已定义名称的公式所查找到的 A2 单元格的工作表名称（第 1 个参数）创建链接。

② HYPERLINK 函数的第 2 个参数为单元格中显示的内容，运用 MID 函数截取工作表名称，截取位置从 FIND 函数查找到的符号"]"后的第 1 个字符开始，截取字符的个数是 100，由于工作表名称所包含的字符未到 100 个，将返回空值，因此这只是一个估计的范围值，也可以设置为工作簿内工作表名称包含最多字符的其他数字，或者设置为更大的数字。

③ 当公式向下填充的单元格数量超过工作簿内的工作表数量时，将返回错误值"#N/A"，因此嵌套 IFERROR 函数将其屏蔽，显示为符号"–"。

设置公式的效果如下图所示。

步骤 03 测试效果。❶ 在工作表"工作簿目录"后面新增一个工作表，名称为"Sheet1"，切换至"工作簿目录"工作表，按 F9 键刷新后可看到 A2 单元格中已自动创建工作表"Sheet1"的链接；❷ 删除工作表"Sheet1"，可看到"工作簿目录"工作表中 A2 单元格中的"Sheet1"工作表链接已被同步替换为后面的工作表名称（无须按 F9 键），如下图所示。

	A
	工作表名称
2	Sheet1
3	客户和供应商信息
4	供应商税票汇总表
5	客户税票汇总表
6	税负统计表
7	发票汇总表
8	2021.01月
9	2021.02月
10	2021.03月
11	2021.04月
12	2021.05月
13	2021.06月
14	2021.07月
15	2021.08月

工作簿目录　Sheet1　客户和供应商信息

	A	B
1	工作表名称	
2	客户和供应商信息 ❷	
3	供应商税票汇总表	
4	客户税票汇总表	
5	税负统计表	
6	发票汇总表	
7	2021.01月	
8	2021.02月	
9	2021.03月	
10	2021.04月	
11	2021.05月	
12	2021.06月	
13	2021.07月	
14	2021.08月	
15	2021.09月	

工作簿目录　客户和供应商信息　供应商税票汇总表

最后在其他工作表中批量创建"返回目录"

链接，并将工作簿保存为"Excel 启用宏的工作簿"文件即可。

示例结果见"结果文件 \ 第 12 章 \ 增值税发票管理表 3.xlsm"。

091 巧用 FILES 宏表函数批量提取文件名后批量修改文件名

应用说明：

实际工作中，时常需要对文件名称进行修改。如果需要更名的文件数量较多，可以创建 Windows 批处理文件进行批量修改。但是如何输入批量编辑修改文件名称的命令呢？对此，可以巧妙运用 Excel 宏表函数 FILES 及其他函数、功能、技巧实现。

FILES 函数的作用是批量提取指定文件夹中指定数量的文件名。其语法结构如下：

FILES(path)

含义：FILES(文件所在的路径及文件名称)

例如，要求将存放在下图所示的"D : \ 员工照片"文件夹中的每一张员工照片（共 60 张）的名称前面添加一个序号。

批量修改文件名称的具体操作方法如下。

步骤 01 定义名称。❶ 新建一个 Excel 工作簿，命名为"批量修改文件名"，单击"公式"选项卡中"定义的名称"组的"定义名称"按钮，

打开"新建名称"对话框，在"名称"文本框中输入"员工姓名"；❷ 在"引用位置"文本框中输入公式"=FILES("D:\ 员工照片 *.*")"，提取"D:\ 员工照片"文件夹中的全部文件名称；❸ 单击"确定"按钮关闭对话框，如下图所示。

步骤 02 提取文件名称。❶ 在 A2 单元格中设置公式"=INDEX(员工姓名 ,ROW()-1)"，在已定义名称"员工姓名"的引用位置范围中查找第 1 个文件名称；❷ 将 A2 单元格的公式填充至 A3:A61 单元格区域中，如下图所示。

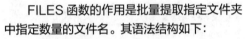

步骤 03 自动生成新文件名。在 B2 单元格中设置公式"=TEXT(ROW()-1,"000")&"-"&A2"，将表达式"ROW()-1"返回的序号转换成格式为"000"的文本后与符号"-"和 A2 单元格中的文本组合，将公式填充至 B3:B61 单元格区域中，如下图所示。

步骤 04 生成批处理命令的文本。在 C2 单元格中设置公式"="ren "&A2&" "&B2"，将替换文件名称的命令"ren"与 A2、1 个空格和 B2 单元格中的文本组合成为批处理命令文本，将公式填充至 C3:C61 单元格区域中，如下图所示。

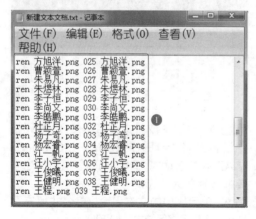

步骤 05 批量修改文件名。❶ 在"D:\员工照片"文件夹中新建一个文本文档，将 C2:C61 单元格区域的内容复制粘贴至文本文档之中；❷ 保存并关闭文本文档，将其扩展名".txt"修改为".bat"，生成批处理文件，双击运行后即可迅速地批量修改文件名称，如下图所示。

运行批处理文件后，即可看到文件夹中的全部文件名称已被修改，如下图所示。

最后保存工作簿时弹出对话框，提示保存为启用宏的工作簿，可以单击"是"按钮仍然保存为普通工作簿（如本例）。

示例结果见"结果文件\第 12 章\批量修改文件名 .xlsx"。

✎ 读书笔记

第**13**章

Excel 图表应用技巧

本章导读

　　图表的作用是将生涩、抽象的数据生动形象地展现出来，是数据内涵的外在体现。第 5 章讲过图表应用的核心是图表的布局，并且列举了图表的布局方法。本章将针对图表布局的各个细节进行查漏补缺，再补充介绍 5 个基本图表和 2 个创意图表的实用布局技巧，以帮助读者掌握更多的图表布局方法，从而更直观、形象地展示各类数据的内涵。

知识技能

本章相关技巧应用及内容安排如下图所示。

Excel 图表应用技巧 ── 5个基本图表布局技巧 ── 分离饼图中的单个饼块，突出重点数据
　　　　　　　　　　　　　　　　　　　── 在图表中显示数据源中隐藏的数据
　　　　　　　　　　　　　　　　　　　── 在图表中筛选数据
　　　　　　　　　　　　　　　　　　　── 自定义图表中的数字格式
　　　　　　　　　　　　　　　　　　　── 解决坐标轴标签倾斜问题

　　　　　　　　── 2个创意图表布局技巧 ── 设置填充方式实现水位图效果
　　　　　　　　　　　　　　　　　　　── 制作动态图表，突出显示选中的数据点

13.1 基本图表的布局技巧

除了本书第 5 章介绍的图表布局技巧外，在图表中还可以运用多种技巧实现意想不到的效果。例如，分离饼图中的单个饼块，以便突出重点数据；在图表中显示数据源中被隐藏的数据；在图表中筛选数据；图表中的数字格式同样也可以自定义；解决坐标轴标签超长而倾斜的问题等。下面逐一介绍上述图表布局技巧的具体操作方法。

092 分离饼图中的单个饼块，突出重点数据

扫一扫，看视频

应用说明：

在工作表中创建饼图后，如果需要重点突出某个数据系列，可以将代表该数据系列的饼块单独分离出来。具体操作方法如下。

❶ 打开"素材文件 \ 第 13 章 \2021 年 1 月产品销售统计表 .xlsx"文件，选中某个需要分离的数据系列的饼块，本例选中"产品 C"数据系列，按住鼠标左键不放并向外拖动；❷ 拖动至合适的位置后释放鼠标，即可看到该饼块已经被分离出来，如下图所示。

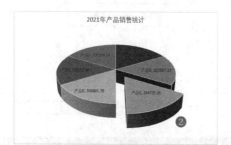

示例结果见"结果文件 \ 第 13 章 \2021 年 1 月产品销售统计表 .xlsx"。

093 在图表中显示数据源中隐藏的数据

扫一扫，看视频

应用说明：

图表是根据数据源创建的，如果数据源中隐藏了某些行或列，则默认图表中也会隐藏其中的数据。

例如，在"2021 年 1 月部门产品销售统计表"中，隐藏了第 7 行与 D 列，导致"产品 E"与"销售 3 部"的数据无法在图表中显示，如下图所示。

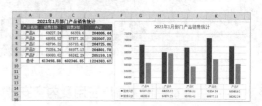

若需要显示已隐藏的数据，可以通过一个简单的设置实现。具体操作方法如下。

❶ 打开"素材文件 \ 第 13 章 \2021 年 1 月部门产品销售统计表 .xlsx"文件，选中图表，激活"图表工具"选项卡，单击"设计"选项卡中"数据"组的"选择数据"按钮；❷ 弹出"选择数据源"对话框，单击左下角的"隐藏的单元格和空单元格"按钮；❸ 弹出"隐藏和空单元格设置"对话框，勾选"显示隐藏行列中的数据"复选框，单击"确定"按钮返回"选择数据源"对话框，再次单击"确定"按钮关闭对话框，如下图所示。

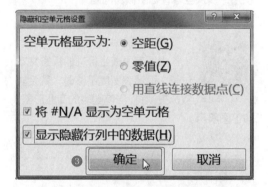

操作完成后，可看到之前被隐藏行和列中"产品 E"和"销售 3 部"的数据已经显示在图表中，如下图所示。

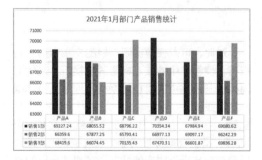

示例结果见"结果文件\第 13 章\2021 年 1 月部门产品销售统计表 .xlsx"。

094　在图表中筛选数据

扫一扫，看视频

应用说明：

　　创建图表后，当数据系列较多，不便查看图表时，可以在数据源中进行筛选操作，突出重要数据。不过，在数据源中仅能进行纵向筛选。虽然可以采用快捷操作技巧实现横向筛选，但是也会影响工作效率。其实，图表也具备筛选功能，可以对图表中的数据系列进行筛选，而不会影响数据源。具体操作方法如下。

❶ 打开"素材文件\第 13 章\2021 年上半年产品销售报表 .xlsx"文件，选中图表，单击右侧的"图表筛选器"快捷按钮；❷ 弹出下拉列表，分别在"数值"选项卡的"系列"和"类别"选项组中勾选目标系列名称和类别名称，本例勾选"产品 E"系列，默认全选所有类别名称；❸ 单击"应用"按钮，如下图所示。

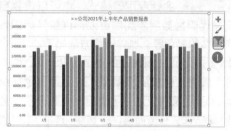

筛选操作完成后，图表即同步呈现筛选效果，如下图所示。

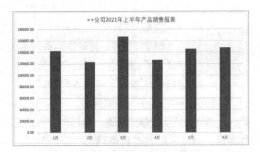

示例结果见"结果文件\第13章\2021年上半年产品销售报表.xlsx"。

095 自定义图表中的数字格式

应用说明：

在图表中可以对数字进行格式设置。例如，可以设置为数值、会计专用等格式，也可以设置自定义代码为数字添加单位或根据条件标识数字字体的颜色等。具体操作方法如下。

步骤 01 为纵坐标轴上的数字添加单位。❶ 打开"素材文件\第13章\2020年产品销售统计.xlsx"文件，选中纵坐标轴，打开"设置坐标轴格式"任务窗格，在"数字"选项卡的"类别"下拉列表中选择"自定义"选项；❷ 在"格式代码"文本框中输入"0万元"，单击"添加"按钮，将其添加至"类型"预览框中，如下图所示。

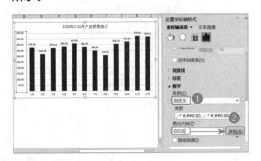

步骤 02 在数据标签上标识小于350万元的数字。参照步骤01中自定义数字

标签的数字格式，格式代码为"[红色][<350]0.00;0.00"。

设置完成后，即可看到纵坐标轴与数据标签中的数字格式变化，如下图所示。

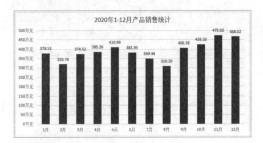

示例结果见"结果文件\第13章\2020年产品销售统计.xlsx"。

096 解决坐标轴标签倾斜问题

应用说明：

当图表中横坐标轴的标签文本过长，而图表宽度不够时，就会导致标签倾斜，影响图表的专业形象，如下图所示。

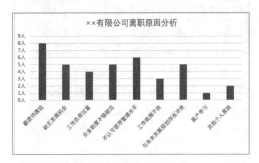

对此，可以在数据源表格的文本中插入换行符，使图表中的文本标签同步换行，之后取消数据源表格中的"自动换行"即可。具体操作方法如下。

步骤 01 插入换行符。打开"素材文件\第13章\员工离职原因分析.xlsx"文件，将光标定位在与标签对应的数据源表格单元格的文本字符串中需要插入换行符的位置，按组合键Alt+Enter即可插入换行符。此时可以看到图表中的文本标签效果，如下图所示。

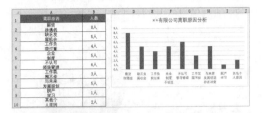

在数据源表格的文本中强制插入换行符后，即自动将单元格格式设置为"自动换行"，影响表格的规范和美观，取消即可，不会影响图表中的文本标签格式。

步骤 02 取消自动换行。框选 A2:A10 单元格区域，单击"开始"选项卡中"对齐方式"组的"自动换行"按钮，如下图所示。

操作完成后，可以看到数据源表格中的文本对齐方式的效果，同时图表中的文本标签未发生变化，如下图所示。

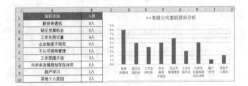

示例结果见"结果文件 \ 第 13 章 \ 员工离职原因分析 .xlsx"。

13.2　创意图表的布局技巧

制作创意图表的关键是熟练掌握图表的基本布局方法后能够进一步拓展思维，充分运用相关技巧改变图表布局，以使图表达到更理想的数据可视化效果。本节将介绍创意图表的布局技巧，包括设置填充方式实现水位图效果、在动态图表中突出显示选中的数据点，以帮助读者拓展思维，制作更具创意的图表。

097　设置填充方式实现水位图效果

应用说明：

本书第 5 章详细介绍了球形水位图的制作技巧和操作步骤，其制作原理是绘制小圆环图重叠在柱形图之上，再绘制白色大圆环图遮挡柱形的四个边角，以此实现球形水位图的效果。其实，要实现同样的效果，运用一个更简单的技巧设置系列层叠方式即可。具体操作方法如下。

扫一扫，看视频

步骤 01 插入柱形图。打开"素材文件 \ 第 13 章 \2021 年销售总指标达成分析表 1.xlsx"文件，选中 G2 和 E4 单元格，插入一个柱形图，如下图所示。

步骤 02 填充柱形图并设置系列重叠值。❶ 绘制两个颜色深浅不同的圆形，分别填充至两个数据系列中；❷ 打开"设置数据系列格式"任务窗格，在"系列选项"选项卡中设置"系列重叠"为 100%，设置"间隙宽度"为 200%，如下图所示。

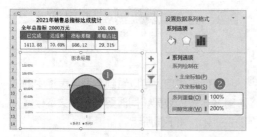

步骤 03 设置系列层叠方式。选中"系列 2"数据点，打开"设置数据点格式"任务窗格，选中"填充"选项卡的"层叠并缩放"单选按钮即可，图表已同步呈现效果，如下图所示。

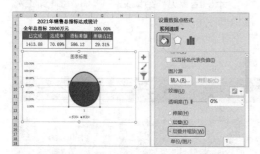

步骤 04 添加数据标签，删除不必要的元素。选中"系列 2"，添加数据标签，在数据标签中添加显示 D4 单元格中的值，调整数据标签中数字的字体及颜色，再次调整数据系列的间隙宽度、图表宽度和高度，删除坐标轴、图例、网格线等元素，将图表边框设置为"无轮廓"，将图表的填充色设置为"无填充"。最终效果如下图所示。

A	B	C	D	E	F	G
1	2021年销售收入统计表		2021年销售总指标达成统计			
2	金额单位：万元		全年总指标 2000万元			100.00%
3	月份	实际销售收入	已完成	达成率	指标差额	差额占比
4	1月	138.26	1413.88	70.69%	586.12	29.31%
5	2月	129.62				
6	3月	155.72				
7	4月	132.50				
8	5月	138.08				
9	6月	145.66		1413.88，70.69%		
10	7月	152.26				
11	8月	155.78				
12	9月	266.00				
13	10月					
14	11月					
15	12月					

步骤 05 测试效果。在 B13 单元格中输入数字，可以看到图表的动态变化效果，如下图所示。

A	B	C	D	E	F	G
1	2021年销售收入统计表		2021年销售总指标达成统计			
2	金额单位：万元		全年总指标 2000万元			100.00%
3	月份	实际销售收入	已完成	达成率	指标差额	差额占比
4	1月	138.26	1613.88	80.69%	386.12	19.31%
5	2月	129.62				
6	3月	155.72				
7	4月	132.50				
8	5月	138.08				
9	6月	145.66		1613.88，80.69%		
10	7月	152.26				
11	8月	155.78				
12	9月	266.00				
13	10月	200.00				
14	11月					
15	12月					

示例结果见"结果文件 \ 第 13 章 \ 2021 年销售总指标达成分析表 1.xlsx"。

098 制作动态图表，突出显示选中的数据点

应用说明：

制作动态图表的原理是将数据源动态化。巧妙利用这一原理，添加辅助列，设置公式并配合控件构建动态数据源，可以实现在图表中突出显示被选中的数据点的动态效果。

扫一扫，看视频

例如，下图所示的图表是根据 A3:B9 单元格区域中的数据制作的一个普通柱形图。现要求选中某一个产品名称后，图表中与之对应的数据点也将填充为不同颜色。

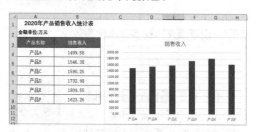

具体操作方法如下。

步骤 01 构建动态数据源。❶ 打开"素材文件 \ 第 13 章 \2020 年产品销售收入图表 .xlsx"文件，制作一个"列表框"控件，将数据源区域设置为 A4:B9 单元格区域，将单元格链接设置为 A2 单元格，其他设置默认不变，自定义 A2 单元格格式，格式代码为"金额单位：万元"；❷ 在 C3:C9 单元格区域中绘制表格作为辅助列，在 C4 单元格中设置公式"=IF

(LOOKUP($A$2,{1,2,3,4,5,6},$A$4:$A$9)=A4,B4,#N/A)"，将公式填充至 C5:C9 单元格区域中，如下图所示。

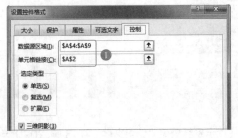

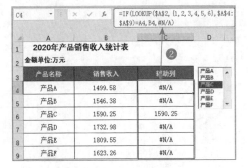

C4 单元格中公式的原理如下：

① 运用 LOOKUP 函数根据 A2 单元格中在"列表框"控件中选中的产品名称所对应的数字，依次返回 A4:A9 单元格区域中的产品名称。

② 运用 IF 函数判断 LOOKUP 函数表达式所返回的产品名称是否与 A4 单元格的产品名称相同，若是，则返回 B4 单元格中的销售收入数据，否则返回错误值"#N/A"。

这里设置返回错误值，而未设置返回空白或 0 的原因是：前者在图表中不会生成数据点，后者将在图表中生成值为 0 的数据点，因此生成的动态效果有所不同。

步骤 02 添加数据源并设置显示已隐藏的数据。❶右击图表，选择快捷菜单中的"选择数据"命令，打开"选择数据源"对话框，单击"添加"按钮，打开"编辑数据系列"对话框，设置"系列名称"为 C3 单元格，设置"系列值"

为 C4:C9 单元格区域；❷单击"确定"按钮，返回"编辑数据源"对话框；❸ 动态图表制作完成后将隐藏辅助列，因此应勾选"显示隐藏行列中的数据"复选框（具体操作步骤见技巧 093 中的介绍），如下图所示。

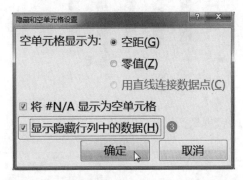

步骤 03 设置图表数据系列的重叠值和间隙宽度。返回 Excel 工作表，打开"设置数据系列格式"任务窗格，在"系列选项"选项卡中将"系列重叠"设置为 100%，将"间隙宽度"设置为 150%，图表已同步呈现效果，如下图所示。

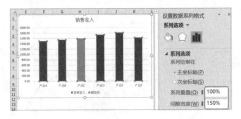

步骤 04 设置数据标签。❶ 框选 C4:C9 单元格区域，自定义单元格格式，格式代码为"★ 0.00 ★"；❷ 分别选中图表中的"销售收入"和"辅助列"数据系列后添加数据标签，如下图所示。

	A	B	C
1	**2020年产品销售收入统计表**		
2	金额单位:万元		
3	产品名称	销售收入	辅助列
4	产品A	1499.58	#N/A
5	产品B	1546.38	#N/A
6	产品C	1590.25	★1590.25★
7	产品D	1732.98	#N/A
8	产品E	1809.55	#N/A
9	产品F	1623.26	#N/A

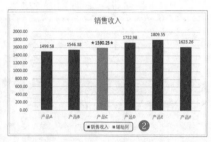

步骤 05 测试效果。隐藏辅助列（C 列），依次选中"列表框"控件中的其他产品名称，可以看到图表中对应数据点的动态变化效果，如下图所示。

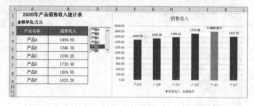

　　示例结果见"结果文件 \ 第 13 章 \2020 年产品销售收入图表 .xlsx"。

✏️ 读书笔记